水平井采油技术

陈仁保　主编

海洋出版社

2012年·北京

内容简介

如何进一步提高水平井开发水平，改善油田的开发效果，提高最终采收率，有效控制水平井含水上升，延长水平井生产周期，是油田开发工作者面临的难题。

本书汇集了冀东等油田、北京石油勘探开发研究院的攻关试验成果，重点展示了水平井采油技术研究与应用的新工艺、新方法和新成果。这些将推动水平井采油技术的发展，为水平井高含水治理提供借鉴。

本书可供油田从事水平井开发相关工作人员交流使用。

图书在版编目（CIP）数据

水平井采油技术/陈仁保主编．—北京：海洋出版社，2012.12
ISBN 978－7－5027－8466－9

Ⅰ．①水…　Ⅱ．①陈…　Ⅲ．①水平井－石油开采　Ⅳ．①TE355.6

中国版本图书馆 CIP 数据核字（2012）第 308138 号

责任编辑：高　英　安　淼
责任印制：赵麟苏

海洋出版社　出版发行

http://www.oceanpress.com.cn
北京市海淀区大慧寺路 8 号　邮编：100081
北京旺都印务有限公司印刷　新华书店北京发行所经销
2012 年 12 月第 1 版　2012 年 12 月第 1 次印刷
开本：787 mm×1092 mm　1/16　印张：16
字数：380 千字　定价：68.00 元
发行部：62132549　邮购部：68038093　总编室：62114335
海洋版图书印、装错误可随时退换

前　言

　　水平井是指钻入储集层部分的井眼轨迹呈水平或近似水平状态的井。国外应用水平井来提高油气田采收率尝试在 20 世纪 20 年代就开始了，大规模应用在 20 世纪 80 年代至今。

　　国内应用水平井起始于 20 世纪 60 年代，大规模应用在 20 世纪末至今。水平井已成为国内提高油气产量和采收率、解决各类完井问题的重要手段。

　　2006 年，为了解决直井开发占总量70%左右的低渗特低渗油气储量遇到的"多井、低产、低效"问题，中国石油行业领导层提出了"转变发展模式"的战略，以大力推动水平井的规模应用，改善低渗储量的开发效果，提高储量动用程度，从此水平井在各种类型油气藏大规模应用。

　　冀东油田自 2002 年以来，规模应用水平井 324 口，涉及 5 种不同类型油藏，从常规水平井到侧钻水平井、大斜度水平井、鱼骨刺水平井等多种井型。该技术初期单井产量高、采油速度高、经济效益好。

　　2008 年以后，水平井含水上升快，水平井高含水问题严重制约了水平井的应用效果。由于国内外关于水平井控水方面的研究少，2008 年，在"水平井低渗透改造重大攻关项目"中增加了"水平井控水技术研究"的内容，由北京石油勘探开发研究院和冀东油田共同攻关，旨在技术研究的基础上，通过现场试验形成适用于冀东油田规模应用的水平井控水技术。

　　在对油藏充分认识的基础上，采用"防－治结合、堵－疏结合、区别对待、分类治理"的方法，研发并应用了从完井到后期治理的一系列控水技术，现场试验 183 井次，取得较好经济效益，为高含水水平井深化挖潜、进一步提高水平井开发效果，提高油田的采收率有重大意义。

　　本书共收集了 31 篇论文结集出版，重点展示了水平井控水方面的钻完井技术、油层保护技术、产液剖面测试技术、环空化学封隔技术、机械控水技术、产液剖面调整技术、二氧化碳吞吐技术等，可供从事水平井开采技术与管理人员参考。

　　本书的出版得到了论文作者、相关单位的大力支持，在此，谨向北京石油勘探开发研究院、编审专家及相关单位表示诚挚的谢意！

陈仁保

2012 年 10 月

目　次

1

水平井分段完井控水管柱研究与应用

张立民[1]，邱贻旺[1]，姜增所[1]，马艳[1]，李勇[2]，汤濛[2]

（1. 中国石油冀东油田 钻采工艺研究院，河北 唐山 063000；2. 中国石油冀东油田 陆上作业区，河北 唐山 063200）

摘要： 目前，冀东油田在陆地浅层疏松砂岩已规模推广应用了水平井技术，从而大大提高了单井产量，但由于地层复杂，水平井井眼轨迹控制难度大等原因，造成水平井目的层油层渗透率、含油率情况变化大，笼统非选择性完井技术对长井段水平井、井眼轨迹复杂水平井不适用；为进一步提高水平井的产量，减少后期措施费用，延长水平井低含水采油期，研究了不同类型水平井分段完井技术，配套了分段完井井下工具和施工工艺，进行了矿场试验和推广应用，大大提高水平井开发的综合经济效益。

关键词： 水平井；分段；完井；控水；遇油/水膨胀封隔器

水平井开发技术已成为油气田开发中一项具有广阔前景和提高采收率的重要技术，近年来在世界各油田中得到了越来越广泛的应用。冀东油田自 2002 年底在浅层油藏开始应用水平井开发，2004 年后规模应用，2007 年达到产量高峰，取得了显著开发效果。截止 2010 年，冀东油田规模应用水平井 387 口，筛管完井 260 口，其中分段筛管完井 160 口，形成了独具特色的水平井筛管完井技术：水平井油层顶部注水泥、裸眼封隔器分段筛管完井技术，水平井油层专打、尾管悬挂、裸眼封隔器分段筛管完井技术，侧钻水平井尾管悬挂、裸眼封隔器卡封分段筛管完井技术，侧钻水平井尾管悬挂、油层顶注水泥、裸眼封隔器分段筛管完井技术。

水平井技术可以提高油层控制程度、动用程度，降低产液强度，抑制边底水突进，防止油层出砂、堵塞。水平井主要分布在封闭油藏、底水油藏、气顶油藏、边水油藏，底水气顶油藏[1]。从冀东油田水平井完钻情况看，井眼轨迹长度在 32~791 m 之间，平均长度 160 m，油层钻遇率 97%。

通过水平井优化研究，最优水平段长度是当井筒内摩擦损失显著减少水平井产能时的长度，将显著摩擦损失点定义为 20%，即 $PE = 20\%$ 的产能。水平井段位置，对于盒状封

作者简介：张立民（1967—）男，河北省卢龙人，高级工程师；1989 年毕业于大庆石油学院采油工程专业，现任中国石油冀东油田钻采工艺研究院副院长。E-mail：zhanglm188@ petrochina. com. cn

闭油藏，垂向渗透率和原油黏度对水平井的垂向最优位置影响较大；底水油藏水平井的最优垂向位置为 $H_w = 0.9$ 左右；气顶油藏水平井的最优垂向位置为 $H_w = 0.1$ 左右；对气顶底水油藏水平井最优垂向位置影响最大的因素是油水密度差与油气密度差；对于边水油藏，水平井的最优垂向位置在油层中部。

为提高水平井的产能和综合经济效益，在充分考虑最优长度和最佳位置的基础上，结合油井后期的非主力层接替，研究水平井分段完井技术[2]，并形成了水平井分段完井管柱 4 套：常规筛管 + 常规封隔器分段完井；常规筛管 + 遇油/遇水膨胀封隔器分段完井；调流控水筛管[3] + 常规封隔器分段完井；调流控水筛管 + 遇油/遇水膨胀封隔器[4]分段完井。

1 水平井分段完井技术适应性

1.1 油藏适应性[5]

1.1.1 （气顶）底水油藏

在油田的实际生产中，气水锥进是一个非常严重的问题。气水锥进的主要原因之一是压力降落，气水锥进的趋势和密度差成反比，与黏度、生产压差成正比。若用直井开发底水油藏，要保持较高的极限产量就必然在井筒附近形成较大的压力降落，导致井筒周围气水严重锥进。所以，降低压力降落的唯一途径就是尽量减小压力降。减小压降的同时必然导致产油量下降。在产能方面，水平井技术可以弥补直井的不足，水平井的长度不受地层条件制约，水平井具有泄油面积大、生产压差小，并可以根据开发需求决定水平井的类型、水平段长度等。

1.1.2 断块油藏

断块油气藏含油层系多，单套层系不能全油田连片含油，不同区块含油层系不同，原油性质、油层产能和动态特点差异大等原因使勘探和开发的工作更加复杂和艰难。当采用直井开发时，井筒穿透油藏数量少，与油藏接触面积小，因而储量动用程度低，油田开发效果差。

水平井在油田开发中有许多优势，特别是对于断块油田的开发更显示出其优越性，它可穿透多层油藏，能起到"掏墙角"的特殊功能，储量动用程度高，水驱控制储量大，能改善开发效果，增加原油产量，提高单井和整个油田的经济效益。

1.1.3 薄互层油藏

薄互层油藏就是指的是储层薄而且又和夹层间互沉积的油藏，油层在纵向剖面上分层性好，层数多。各单层厚度 1 ~ 10 m，层状不等，层间差异较大，以边底水驱动为主。一口水平井可以开发多个层系，通过分采管柱，单井动用多个层系的储量，提高单井产量。

1.2 水平井分段应用井况

由于水平井井眼轨迹的特殊性，目的层物性差异大，增大了水平井完井的难度。

（1）长井段水平井：笼统完井时，导致沿水平井筒高渗透区域入流速度快，低渗透区域入流速度慢，生产段供液不均，这种现象在底水或气顶油藏中极易诱发和加剧水锥进发生，严重影响水平井开发效果。

（2）气顶、边底水驱油藏：由于井下情况复杂，部分水平井的轨迹难以按照设计要求实现，导致水平井在目的层中钻进时，或接近气顶、或接近边底水，完井时就需要分段处理，以备后期不产液或高含水时，进行措施恢复油井产量。

（3）薄互层油藏：利用水平井开发薄互层油藏，采用水平井分段完井，使用裸眼封隔器对各小层进行分隔，实现油井各层分采。

（4）油层钻遇率低：对于油层钻遇率低的油层，在考虑不污染储层的情况下使用封隔器卡封分段，开发油层段。

1.3 水平井分段原则

水平井分段要以产液剖面均衡为目的，提高低渗层段的储量动用。

（1）依据井眼轨迹、测井结果、油水关系、储层特征进行井段分段划分；

（2）以主力层段、高渗层段为主要目标进行层段组合，避免主力层在同一段内存在矛盾；

（3）尽可能以泥岩段、致密段、低渗段等天然隔层段为生产段单元分段界线；

（4）各生产段不宜过短，避免增加管串下入难度，推荐段长 20 m 以上。

2 水平井分段完井理论研究

冀东油田水平井完井初期采用的参数沿整个水平井段大都采用同一完井参数，即沿整个水平井筒筛管参数一样，没有实现针对具体油藏特征进行水平井完井参数分段优化设计，这导致沿水平井筒高渗透区域入流速度快，低渗透区域入流速度慢，这种现象在底水或气顶油藏中极易诱发和加剧水锥进的发生，严重影响了水平井的开发效果。因此，开展水平井分段组合完井参数优化设计研究，指导现场施工，实现沿整个水平井筒入流剖面尽可能均匀，达到稳油控水。

半解析模型[6-7]是将油井分成若干小段，对每一段进行油藏渗流和井筒流动的耦合，然后通过迭代求得这一段油井的压力分布和流量分布，得到不同类型油藏水平井产量递减数据，从而得到整个油井的产能与产量递减曲线。

所模拟的油藏为盒状，几何尺寸：1 000 m×1 000 m×10 m，顶深 2 000 m，渗透率 K_x = K_y = K_z = 100×10^{-3} μm^2，流体黏度为 5 mPa·s，原油体积系数 1.2，套管内径 121.4 mm，完井管径 76 mm，生产压差为 1.0 MPa，水平井产能单位为 m³/（d·MPa）。

2.1 水平段打开程度与产能曲线

长度为 500 m 的水平井，在断块油藏和边底水油藏中产能表分别为表 1、表 2，产能曲线分别为图 1、图 2。

断块油藏和边底水油藏不同打开程度的产能变化曲线如图 1 和图 2 所示，从图中可以看出在不考虑后期堵水作业的前提下，水平井选择性完井段间隔距离越大，产量越高。如果完井段选择合适，即使较小的完井段也能够得到较高的产能。

表1　断块油藏产能表（t/d）

水平段打开程度/%	筛管分段	50 d	100 d	150 d	200 d	250 d	备注
100	1	61.2	47.7	40.1	34.7	30.6	水平段完全打开
80	2	61.5	47.9	40.2	34.8	30.7	水平段分两段，每段200 m，两段之间100 m
60	3	58.4	46.0	38.8	33.7	29.9	水平段分3段，每段100 m，各段相隔100 m
40	2	48.0	39.5	34.1	30.1	27.0	水平段分2段，每段100 m，两段之间100 m
20	1	25.8	22.5	20.6	19.1	17.8	水平段打开中间1段100 m

表2　边底水油藏产能表（t/d）

水平段打开程度/%	筛管分段	50 d	100 d	150 d	200 d	250 d	备注
100	1	120	111.9	111.2	111	110.9	水平段完全打开
80	2	119	111.9	111.2	111	110.9	水平段分两段，每段200 m，两段之间100 m
60	3	115	108	107	107	107	水平段分3段，每段100 m，各段相隔100 m
40	2	99.1	94.5	94.2	93.95	93.92	水平段分2段，每段100 m，两段之间100 m
20	1	54.7	53.3	53.2	53	52.9	水平段打开中间1段100 m

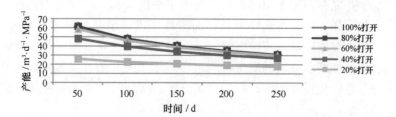

图1　断块油藏不同打开程度综合对比图

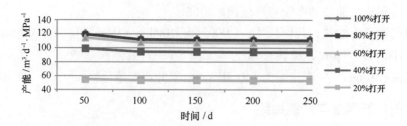

图2　边底水油藏不同打开程度综合对比图

2.2　结论

利用半解析模型对水平井进行分段完井优化，结果表明：完井段长度相同的条件下时，沿水平段进行分散完井的效果最好，且完井程度越高，水平井产能越高，但是产能的增加幅度越小。

3 水平井分段筛管完井方式

冀东油田水平井筛管完井技术主要有以下几种：水平井油层顶部注水泥＋裸眼封隔器分段筛管完井技术，水平井油层专打尾管悬挂＋裸眼封隔器分段筛管完井技术，侧钻水平井尾管悬挂＋裸眼封隔器卡封分段筛管完井技术，侧钻水平井尾管悬挂＋油层顶注水泥＋裸眼封隔器分段筛管完井技术。

3.1 常规水平井筛管完井技术

3.1.1 水平井油层顶部注水泥＋裸眼封隔器分段筛管完井技术

以 7 in 油层套管为例（完井管柱示意图见图 3）：7 in 筛管＋裸眼封隔器＋顶部注水泥分段完井工艺主要应用在能量充足的浅层油藏常规水平井。在 8½ in 井眼中采用 7 in 筛管完井，泄油面积大、降低了流动阻力，并为大排量举升方式的选择提供了空间；采用筛管完井避免了水泥固井对油层的污染，有助于降低表皮系数。

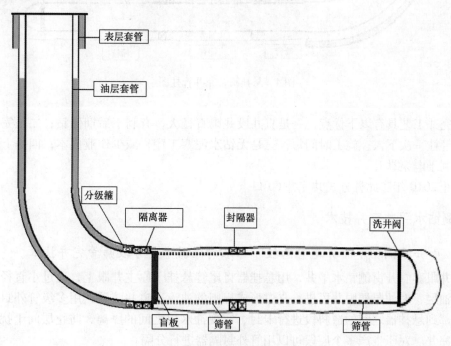

图 3 顶部注水泥筛管完井管柱图

截止到 2010 年底，该项完井技术在冀东油田浅层疏松砂岩油藏共实施 65 井次。

3.1.2 水平井无固相钻井液油层专打，尾管悬挂、裸眼封隔器分段筛管完井技术

为更好的保护油气层，达到长期高产高效开发的目的，2006 年以来，冀东油田开展了管外封隔器＋悬挂滤砂筛管完井（完井管柱示意图见图 4）技术应用研究。即：先将技术套管下至油层顶部、固井，三开时利用无固相钻井液打开油气层，并钻开水平段，悬挂滤

砂筛管完井，同时，完井管柱结合使用遇油膨胀裸眼封隔器，降低油层污染程度的同时，也缩短了作业周期。

该完井方式不仅减少了工序且大大增强了对油层的保护，提高了水平井开发的效果。

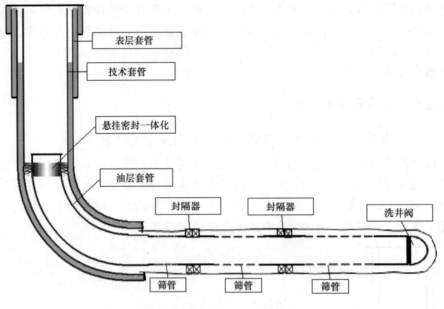

图4　悬挂筛管完井管柱图

该完井工艺具有以下优点：一是直井段井眼直径大，有利于后期侧钻；二是完井时洗井胀封管柱一次下入，施工时间短；三是无钻水泥塞工序，减少作业成本；四是上部套管大，有利于电泵举升。

截止2010年底此种方式共完井60口。

3.2　侧钻水平井完井技术

3.2.1　小井眼侧钻水平井尾管悬挂＋裸眼封隔器卡封分段筛管完井技术

小井眼套管开窗侧钻水平井，用悬挂器将尾管悬挂于原主井眼上，通过小直径防砂筛管对准油层，对油层裸眼井段进行支撑形成规则的油流通道并防砂；用多级管外封隔器对油层上部到悬挂器之间的造斜段进行卡封、实现油水层之间的隔离，防止层间干扰，实现不固井完井。对于生产多个层段可以用管外封隔器进行分隔。

冀东油田侧钻水平井主要是在 $5\frac{1}{2}$ in 套管内下 $\varPhi$118 mm 钻头侧钻水平井，由于原井套管和侧钻井眼两方面限制（原井套管 $5\frac{1}{2}$ in，侧钻水平井裸眼尺寸 $\varPhi$118 mm），侧钻水平井完井套管只能在 $2\frac{7}{8}\sim 3\frac{1}{2}$ in 之间，完井工具最大外径为 $\varPhi$114 mm。

目前实施较多、也较成熟的是在 $5\frac{1}{2}$ in 套管内侧钻水平井（带管外封隔器封隔的）悬挂 $2\frac{7}{8}$ in 筛管完井（完井管柱示意图见图5）。该完井技术是对以前完井技术的完善，可有效地进行油井造斜段气、水层的封堵，油井造斜段的油层也得到了有效的开发，与以前的完井技术相比有了很大的提高。尤其是对一些生产了十几年甚至几十年即将报废的老井，又有了一种新的利用方式。

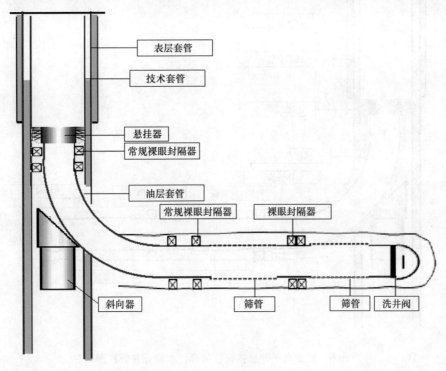

图 5　小井眼侧钻完井管柱图

截止 2010 年底此种方式共完井 20 口。

3.2.2　侧钻水平井尾管悬挂＋油层顶注水泥＋裸眼封隔器分段筛管完井技术

随着对复杂结构型油藏的不断开发，对侧钻井完井技术的要求越来越高，完井过程中既要满足油层防砂、分采分注要求，又要实现造斜段水、气层的有效封堵，以达到井眼的充分利用。为此也开展了侧钻水平井筛管顶部注水泥完井技术的研究（完井管柱示意图见图 6）。

该项完井技术是将注水泥固井技术、管外封隔器加筛管（或滤砂管）完井技术有效地结合在一起，是对上述几项完井技术的进一步发展。

该完井技术于 2006 年在 N36 – CP1 井首次进行了现场应用，取得较好的效果，特别是对造斜段有油层、水层和气层的油井封堵效果尤为突出，也为后期造斜段油层的开发打下基础。目前已经成功应用 15 井次。

4　调流控水筛管分段完井技术

完井方式采用调流控水筛管完井，在水平井完井阶段对油井产液进行控制，以抑制含水上升。对于一口水平井，根据地层特性、产层状况、设计产量和水平段长度等参数，现场调整控水筛管的喷嘴大小，达到均衡水平段的流动阻力、使水平段上各井段具有基本相同的生产压差、均衡产液的目的，最大限度地提高油井产量，控制底水锥进或脊进。

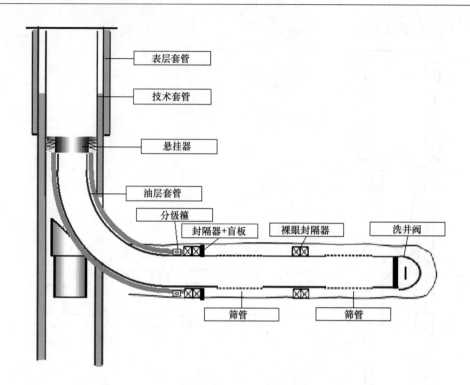

表层套管

技术套管

悬挂器

油层套管

分级箍

封隔器+盲板   裸眼封隔器   洗井阀

筛管   筛管

图 6   侧钻水平井悬挂筛管顶部注水泥完井管柱图

4.1   技术原理

如图 7 所示,采用调流控水防砂筛管与裸眼封隔器配合使用,将水平井段分隔成多个分段,将经过每段筛管的流体集中控制,分别配置不同大小的喷嘴,地层流体流经喷嘴时将产生不同的流动阻力,用喷嘴来限制个别大流量分段的流量,进而实现均衡的有效生产压差剖面和产液剖面。

调流控水筛管对筛管内流体的速度很敏感,如果某分段见水或产生油水混合物中水的指进现象,流速就会上升很快,此时管内的调流喷嘴就会对这类高速流体产生阻力,从而降低该分段的产液量,达到调节流量的目的。

4.2   调流控水完井管柱

调流控水筛管完井管柱如图 8 所示,管柱结构为:洗井阀 + Ⅱ 型调流控水筛管 + 遇油膨胀封隔器 + Ⅱ 型调流控水筛管 + 套管阀 + 普通管外封 + 分级箍 + 套管至井口。

完井施工工艺过程:下完井管柱→固井→候凝→钻盲板→下洗井管柱→反洗井→下套管阀开关工具→关闭套管阀→下泵完井。

该完井技术于 2007 年在 M125 - P6 井首次进行了现场应用,采油曲线见图 9;M125 - P6 井投产初期日产液 39. 5 m³,日产油 39. 1 m³,含水降至 0. 9%,M125 - P6 井的无水采油期达到 3 个月,含水大大降低,控水效果非常明显。

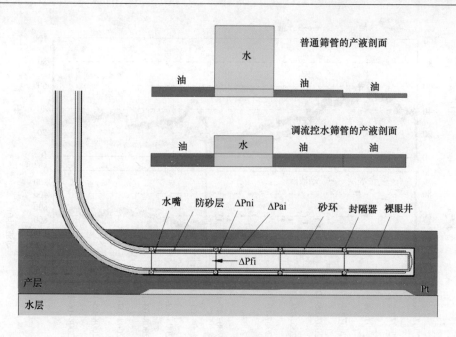

图 7 调流控水筛管的技术原理示意图

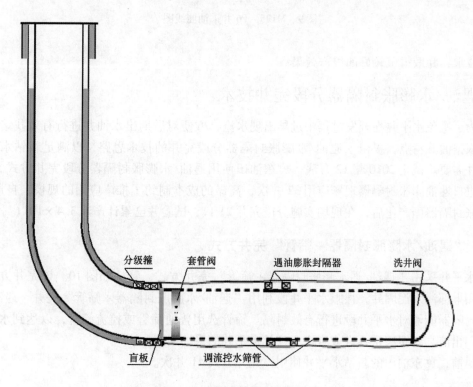

图 8 调流控水筛管完井管柱图

冀东油田从 2007 年 4 月份到 2011 年 12 月份共计 14 口水平井现场应用调流控水筛管

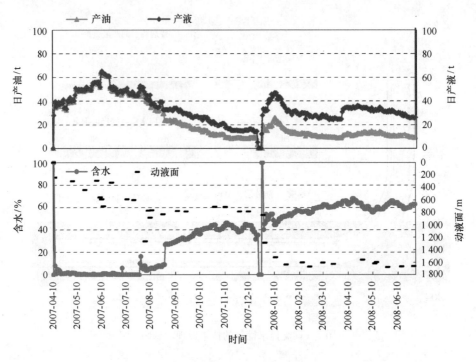

图9   M125-P6井采油曲线图

完井技术,并取得了较好的投产效果。

5 遇油/水膨胀封隔器分段完井技术

为了避免水平井在开发过程中过早出现水淹,方便对后期出水油井进行有效找堵水作业,根据油藏特点,提出了遇油/水膨胀封隔器分段完井的技术思路,以满足新钻水平井的完井需要。截止2010年12月底,冀东油田使用遇油/水膨胀封隔器分段完井方式51口井,进口遇油膨胀封隔器现场应用32井次,高昂的成本制约了推广应用的规模,自遇油/水膨胀封隔器国产化后,在现场实施分段完井21口,试验井已累计产油 3.4×10^4 t。

5.1 "遇油/水膨胀封隔器+筛管"完井方式

水平井采用"遇油/遇水膨胀封隔器+筛管"完井方式,管柱如图10。该完井方式普遍采用上部注水泥固井,裸眼水平井段利用"遇油/水膨胀封隔器+筛管"完井。遇油/水膨胀封隔器能够对水平井段进行有效隔封。筛管选用普通筛管或控流筛管,以达到水平井段均匀出液,延缓底水锥进或脊进,延长水平井的采油周期。

目前,冀东油田的新钻水平井使用该完井方式41井次。

5.2 老井侧钻完井技术

为了挖掘剩余油,冀东油田对一些老井重新进行了开发利用,侧钻水平井是一种既能够利用部分原井套管,又能省去部分完井费用,完成油田上产的一种新途径。由于大多数

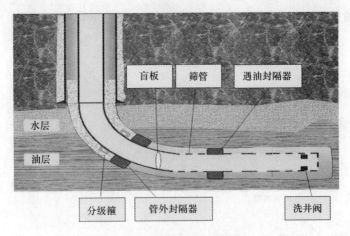

图 10 "遇油/水自膨胀封隔器 + 筛管"完井方式

油井侧钻是在原 $5\frac{1}{2}$in 井眼内进行 Φ118.5 mm 井眼的侧钻，其侧钻井眼尺寸较小，不宜采用水平段固井射孔完井方式。经研究，采用"遇油/遇水膨胀封隔器 + 筛管"完井，遇油/水膨胀封隔器对水平段进行分段，取代裸眼封隔器打压胀封工序，大大简化了侧钻井的完井工艺。常用的侧钻完井方式如图 11 所示。

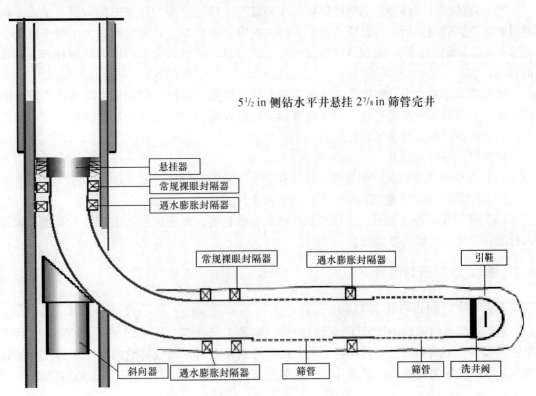

图 11 侧钻水平井完井工艺示意图

G104 –5P15CP1、G59 –12CP1、G215 –4CP2 等 10 口油井均采用了该种完井方式。

6 水平井分段完井工具

6.1 调流控水筛管

调流控水筛管结构如图 12 所示。

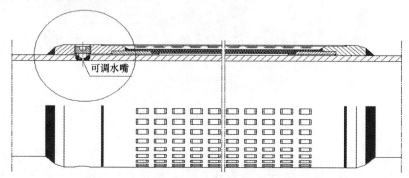

可调水嘴

图 12 调流控水防砂筛管结构局部放大图

地层流体经过防砂筛管的防砂层后，在基管与防砂层之间的环形空间内横向流动，再通过喷嘴流到管内。所有经过筛管的流体都由喷嘴集中控制，调节喷嘴的大小就可以调节喷嘴处的流动阻力，同时限制单段筛管的最大产液量，达到均衡生产压力剖面和产液剖面的目的。

喷嘴的大小根据设计产能和井底流动阻力计算结果，运用专门的调流喷嘴优化设计软件确定。准备好各种不同孔径的调流喷嘴后，可以在制造厂内安装喷嘴、编号、现场依次下入；也可以根据需要现场调配安装。

调流控水筛管的特点

（1）对于非均质油藏，调流控水筛管在沿水平段上能够自行调节各分段的产液量；

（2）调流控水筛管能起到防砂、控水的双重作用；

（3）使用调流控水筛管，不仅达到防砂完井的目的，而且在正常生产后不需要下入管内分层开采管柱，提高投资效益。

6.2 遇油/水膨胀封隔器

6.2.1 遇油自膨胀封隔器结构

遇油自膨胀封隔器由接箍、基管、胶筒、端环 4 部分组成（见图 13）。可作为完井管串的一部分，不需要服务工具即可下入，在管外遇油胀封，形成高效的封堵压力，通过胶筒与油气的接触实现密封，紧贴井壁，如果有损伤能自动修复，工艺简单、长期有效。

6.2.2 技术参数

国产遇油/水膨胀封隔器技术参数见表 3。

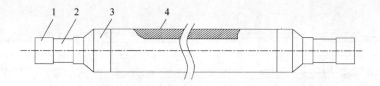

图 13　自膨胀封隔器结构示意图

1—接箍　2—基管　3—胶筒　4—端环

表 3　遇油/水封隔器技术参数表

基管规格/in	胶筒规格/mm·m	封隔器内径/mm	耐压/MPa	耐温/℃	橡胶膨胀率
$2\frac{7}{8}$	Φ110×2.0	62	25	180/140	4.5/6.0
4	Φ140×2.5	88	30	180/140	4.5/6.0
$5\frac{1}{2}$	Φ203×2.5	121.4	40	180/140	4.5/6.0
7	Φ226×3.0	159.7	50	180/140	4.5/6.0

6.2.3　技术特点

遇油自膨胀裸眼封隔器具有以下几个特点：

（1）不需要单独下胀封管柱打压胀封。当产层出液后，遇油介质后自行膨胀，减少作业占井周期。

（2）膨胀率高，可以满足不同井眼尺寸的封隔要求，能够达到有效封水层的目的。

（3）基管内径尺寸与油层套管尺寸一致，便于后期措施。

（4）由于胶筒靠遇油反应自由膨胀，在不规则裸眼内可自由膨胀填封，增加了不规则井眼的密封可靠性。

6.3　水平井系列套管阀

将套管阀应用于油井完井管柱上，较好的解决了使用调流控水筛管完井时，筛管对替浆、反洗的节流影响。

作用是：将套管阀连接在完井管柱上，通过液压开关工具控制滑套，能实现分段采油、找水与控水。

6.3.1　7in 套管阀基本参数（表4）

表 4　套管阀的基本参数

基本参数	参数值	基本参数	参数值	基本参数	参数值
刚体最大外径/mm	220	最小内径/mm	159.4	总长/mm	1 990
关闭或打开力	4~6 kN	下入深度/m	<3 500	扣型	7 in 长圆套管扣

6.3.2　套管阀工具图

套管阀结构：套管阀由上下接头、阀筒、滑套总成、过流接头、控制短节等组成。见

图 14。

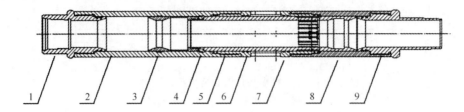

图 14 套管阀工具图

1—上接头，2—阀筒，3—卡簧接头，4—卡簧，5—滑套，6—O 型圈，7—过流接头，8—控制短节，9—下接头

6.3.3 套管阀工作原理

工作原理：上接头（1）和下接头（9）与阀筒（2）的两端采用螺纹连接，阀筒（2）和滑套（5）上均匀分布有长方形的通孔，滑套（5）在阀筒（2）内，滑套（5）能在阀筒（2）内壁上滑动，滑套（5）未向上滑动时，阀筒（2）上长方形通孔与滑套（5）上长方形通孔的位置交错不连通；当滑套（5）向上滑动后，阀筒（2）上长方形通孔与滑套（5）上长方形通孔的位置相对并连通，在滑套（5）的外壁上有卡簧槽，卡簧槽内有一个卡簧（4），在阀筒（2）的内壁上有卡簧槽。

6.3.4 套管阀现场应用

目前，套管阀已经用于常规水平井，配套调流控水筛管完井，连接在完井管柱筛管的上部。下井前，套管阀处于"开"的状态，能实现高效的替浆、酸洗等；替浆、酸洗的施工完毕后，通过专门的开关工具，将套管阀滑套关闭。套管阀的实物图见图 15。

图 15 套管阀工具实物图

7 结论

应用水平井技术是改善复杂断块油藏开发效果非常好的措施，冀东油田水平井分段完井工艺通过多年的完善提高，基本满足了油田开发的需要。通过分段完井技术的理论研究与现场试验，形成了具有冀东特色水平井分段筛管完井技术。

（1）理论研究表明水平井完井分段可降低沿水平井筒高渗透区域入流速度，提高低渗透区域入流速度，尽可能使水平井筒整个入流剖面达到均质油藏理想入流剖面，从而可达到稳油控水提高采收率的目的。

（2）通过现场应用分段完井技术，初期完井时投产井段进行分段，并且控制采液强度和生产压差，可以有效的延缓水平井含水上升的速度。

（3）冀东油田水平井分段完井技术形成的常规筛管（控水筛管）+常规封隔器（遇油／水膨胀封隔器）分段完井管柱可应用于各种水平井完井，特别是小井眼侧钻水平井。

参考文献：

［1］ 万仁溥．现代完井工程［M］．北京：石油工业出版社．

［2］ 熊友明，等．延缓和控制底水锥进的水平井完井新方法［J］．西南石油大学学报，2009，31（6）：103—106.

［3］ 强晓光，等．调流控水筛管在冀东油田水平井的应用研究［J］．石油矿场机械，2011，40（4）：77—79.

［4］ 王兆会，等．遇油气膨胀封隔器在智能完井系统中的应用［J］．石油机械，2009，37（8）：96—98.

［5］ 张建军，赵宇渊，等．不同类型油藏水平井开发适应性分析［J］．石油钻采工艺，2009，31（6）：9—12.

［6］ 韩国庆，等．水平井产能预测模型研究［J］．中国石油和化工，2010，12：50—53.

［7］ 隋先富，等．水平井产能预测模型在冀东油田的应用与评价［J］．石油钻探技术，2010，38（2）72—75.

The research and application on horizontal wells of segmental well-completion and controlling water' pipe string

ZHANG Limin[1], QIU Yiwang[1], JIANG Zengsuo[1], MA Yan[1],

LI Yong[2], TANG Meng[2]

(1. *Drilling and Production Technology Research Institute of PetroChina Jidong Oilfield*, *Tangshan* 063000, *China*; 2. *Lushang Oilfield Operation Area*, *Petrochina Jidong Oilfield*, *Tanghai* 063200, *China*)

Abstract：At present, horizontal well technique is promoted in the loose sandstone in shallow-middle zones in Jidong Oil Field, it has greatly improved the production of single well. But by the formations complexity, difficulty in exercising control wells drilled trajectories and other factors has created big changes in rock permeability and oil-content of horizontal wells' target layers, therefore, general and non-selective well-completion techniques does not apply for long horizontal section wells and boreholes complex horizontal wells. For improving the production of horizontal wells, reducing the downhole operation cost, extending low water-content time period, we have researched segmental well-completion techniques for different types of horizontal wells, supported the segmental well-completion tools and operated technology, tested segmental completion-well techniques, and promoted the horizontal wells' technique. It has enhanced greatly overall economic efficiency of horizontal wells.

Key words：horizontal wells; segmental; well-completion; water control; oil/water expandable packer

水平井环空化学封隔器材料的
触变特性及其影响因素

杜政学[1]，刘玉章[1]，熊春明[1]，魏发林[1]，李宜坤[1]

（1. 中国石油天然气股份有限公司 勘探开发研究院，北京 100083）

摘要： 基于水平井环空化学封隔器（ACP）材料的高触变结构强度、快结构恢复速度等特殊要求，建立了结构恢复速度量化评价方法，制备了新型铝镁混层氢氧化物/钠土（MMH/MT）体系，并基于宏观流变与微观动态特征研究了其触变特性。研究表明 MMH/MT 体系触变结构强度高、结构恢复速度迅速，且与温度、剪切速率正相关。试验条件下，其幂律指数为 0.143 7，触变结构强度达 10^2 数量级（217.3 Pa），剪切后静止 20 s 左右结构即可迅速恢复，优于铝镁混层氢氧化物（MMH）、三乙醇胺钛/羧甲基纤维素（Ti/HEC）等常规体系。研究结果深化了对材料触变性的认识，对 ACP 材料的选择及应用具有指导意义。

关键词： 水平井；环空化学封隔器；ACP；触变性；结构恢复速度；触变结构强度；流变测试；微观结构

触变材料具有复杂的依时行为，广泛应用于印刷、建筑、食品等领域，该领域对材料的结构强度、结构恢复速度要求较低。近年来，环空化学封隔器（ACP）技术成为实现筛管完井水平井管外分段的有效途径。该技术利用管内跨式封隔器，向管外环空注入特殊流体，使其在局部环空形成高强不渗透的固体阻流环，即管外环空化学封隔器，为后期各种控水、酸化等措施的实施提供条件[1,3]，但要求材料具有高触变结构强度、快结构恢复速度等特殊性能。

本文建立了结构恢复速度的量化评价方法，基于液相共沉淀法制备了新型铝镁混层氢氧化物，研究了铝镁混层氢氧化物/钠土（MMH/MT）体系的宏观触变性及其影响因素，认识了其微观结构，同时研究了铝镁混层氢

氧化物（MMH）及三乙醇胺钛/羧甲基纤维素（Ti/HEC）的相应特性。研究结果为环空化学封隔器（ACP）材料的选择及应用提供了指导。

基金项目： 中石油股份公司"低渗透水平井改造重大专项（080135 - 4 - 1）"部分成果。

作者简介： 杜政学（1969—），男，山东省龙口市人，高级工程师，中国石油勘探开发研究院采油工程所，从事油气田采油采气工程研究与应用。E-mail：duzhengx@ petrochina. com. cn

1 触变恢复速度的定量表征方法

分散体系触变性及结构恢复速度的评价，目前并无特定的方法。常用有滞后环法、恒剪切速率条件下的应力松弛法及动态实验法[4]等。其中，动态实验方法具有更好的客观性。实施该方法时颗粒几乎处于静止状态，可较为客观的反映出受破坏后触变结构的恢复情况以及恢复后的触变结构强度。

依据触变结构的时间扫描曲线，可实现对触变结构恢复情况的定量表征。设触变体系经预剪切后开始静止时刻的初始储能模量为 G'_0，体系内部结构经长时间静止恢复达到的储能模量为 G'_∞。G' 与恢复时间 t 的关系符合下述指数形式：

$$\frac{\ln G' - \ln G'_\infty}{\ln G'_0 - \ln G'_\infty} = \exp(-ct^m) \tag{1}$$

若令 $A = \ln G'_\infty$，$B = \ln G'_\infty - \ln G'_0$，则式（1）简化为：

$$\ln G' = A - B\exp(-ct^m) \tag{2}$$

式中，c、m 为常数。其中，c 即可反映出触变体系经剪切后静止时，结构恢复速率的相对大小；m 则反映出剪切后触变体系达到结构完全恢复所需要时间的相对长短。

2 MMH/MT 体系的触变性

2.1 实验材料及仪器

材料：铝镁混层氢氧化物：自制（液相共沉淀法[5]，粒径 316.5 nm）；钠质蒙脱土：山东安丘；三乙醇胺钛、羧甲基改性纤维素，分析纯，北京化学试剂厂。

仪器：RS600 流变仪，HAAKE 公司。

2.2 实验方法

室温下，分别用蒸馏水溶解铝镁混层氢氧化物、铝镁混层氢氧化物/钠土（质量比为 1:0.1）、三乙醇胺钛/羧甲基改性纤维素（质量比 0.02:1），形成总含量为 1% 的体系。

上述体系静止 24 h 后，利用 RS600 测定材料的黏度－剪切速率（$\dot{\gamma}-\eta$）关系，研究材料网络结构的破坏情况；然后静止，利用动态法测定弹性模量－恢复时间（$G'-t$）关系，研究网络结构在被破坏后的重新恢复情况。

2.3 结果及分析

不同触变材料的 n 及 c 值见表 1。

表 1 不同触变材料的 n 及 c 值（1%，30℃）

触变材料材料名称	n	c
MMH/MT	0.096 78	0.714 5
MMH	0.322 0	0.570 0
Ti/HEC	0.290 1	0.102 5

从 3 种材料的幂律指数看，MMH/MT 体系的 n 值低于单独的 MMH 体系以及 Ti/HEC 体系，远远偏离 1，这表明剪切条件下 MMH/MT 体系具有更好的流动特性。这种特性一方面保证了其良好的注入特性，同时可以保证 ACP 材料在进入筛管与井壁间的水平环空后的轴向流动过程中形成稳定的段塞前缘，形成对环空的理想填充；从表征材料结构恢复速度的参数 c 值看，MMH/MT 体系高于其他两个体系。也即，MMH/MT 体系在剪切条件下更易于流动，而且剪切停止后，受破坏的结构更易于恢复；此外，从触变恢复后的结构强度看，MMH/MT 体系远远高于其他两个体系。如剪切后 20 s 时，单独的 MMH 体系、Ti/HEC 体系的弹性模量分别为 37.43、17.76 Pa，而 MMH/MT 体系的相应值则为 207.3 Pa。

综合考虑材料的剪切稀释、结构恢复及强度 3 方面因素，MMH/MT 体系适宜于用作 ACP 材料。颗粒边、面带有的相反电荷是其呈现高触变性的可能原因，一方面不同颗粒的边、面相互吸引，降低了颗粒取向对结构恢复阻碍作用，提高了结构恢复速度，另一方面强的粒子间引力同时保证了体系高的结构强度；而单纯 MMH 体系颗粒间因静电斥力形成的是排斥型凝胶，粒子在剪切停止后重新排布，初始阶段形成的结构将不利于后续粒子的排布，因此结构恢复慢。

3 MMH/MT 体系的微观结构

MMH/MT 体系的触变特性与其内部的微观结构有关。室温下，利用 RS600 流变仪剪切 MMH/MT 体系（1%）30 s（1 000 s^{-1}），再静止不同时间，然后迅速移取部分样品于新解理的云母片上，并置入液氮中冷冻；按上述方法，分别制得静止 0、10、20 s 后的样品；将 4 个冷冻样品真空干燥 24 h，然后镀膜进行 SEM 观察。如图 1。

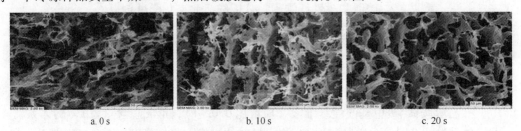

| a. 0 s | b. 10 s | c. 20 s |

图 1　剪切后静止不同时期时 MMH/MT 体系的微观动态变化（×2 000）

SEM 图像中，剪切后恢复不同时间，体系网络结构的变化非常迅速。

（1）剪切后立即冷冻的试样中，体系的片状结构尺寸小，无规律分散，接触点（缔合点）较少。体现了剪切对结构的破坏。实际上由于剪切停止后，流变仪锥板的上升及转移操作均需要一定的时间，因此所观察到应该是大约恢复 10 s 左右的结构，实际的分布尺寸应该较观察的要小。

（2）剪切后静止 10 s 时，体系中的片状结构尺寸变大，分散趋于规律，缔合点开始变得明显。说明此时片状结构开始发生聚并、联接，进而形成网络结构。

（3）剪切后静止 20 s 时，明显的网络结构开始形成，体系整体呈层状，上下层状结构间又有层状结构相联。

4 剪切及温度对 MMH/MT 体系触变性的影响

触变性是由材料粒子间缔合结构的联接、解离所造成的，其应用过程中所涉及的主要因素为剪切、温度等。

4.1 剪切速率的影响

蒸馏水配制 4% 的 MMH/MT 体系。一定速率下剪切上述体系 30 s，然后测定相应的弹性模量 –恢复时间（$G'-t$）关系。剪切速率分别取 1 000、3 000、5 000、7 000 s^{-1}。不同剪切速率下 MMH/HT 的 $G'-t$ 见图 2。

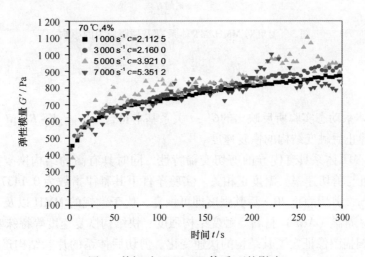

图 2 剪切对 MMH/MT 体系 G' 的影响

从图 2 可见，剪切速率越高，剪切后材料的视剪切黏度越低，但反映触变结构恢复速度的 c 值越大。说明由于剪切速率的增大，MMH/MT 体系结构的破坏程度越大，但其在静置后的初始阶段的结构恢复速率也越大，而且可恢复至基本相近的触变结构强度。其该特性类似于弹性元件的力学特征，表现出了触变的可逆特性，即体系没有体现出剪切降解性质，这与原油触变性有所区别[7]，是由 MMH/MT 体系的特性所决定的。

4.2 温度的影响

用蒸馏水配制 4% 的 MMH/MT 体系，在 1 000 s^{-1} 剪切 60，然后分别在 30、50、70℃ 下，测定其 $G'-t$ 关系，见图 3。

图 3 表明温度升高，MMH/MT 体系的初期结构恢复速度增大，同时体系的触变结构强度也明显增大，这可归因于温度升高引起的粒子聚并速率增加。剪切体系结构完全恢复后的屈服应力测试（图 3 内嵌图）显示，30、50、70℃ 时，触变结构完全恢复后的屈服应力值依次升高，分别为 200、300、340 Pa。这从另一个侧面表明，温度可提高体系的触变结构强度。

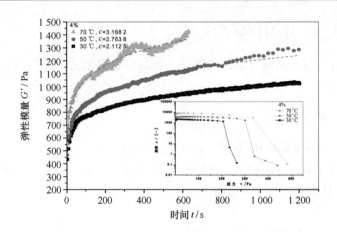

图 3　温度对 MMH/MT 体系 G' 及屈服应力的影响

5　结论

（1）触变体系动态实验所反映出的 $G'-t$ 关系基本符合 $\ln G' = A - B\exp(-ct^m)$, c 可来定量表征剪切静止后触变结构的恢复速度。

（2）MMH/MT 体系具有优异的剪切变稀特性，同时具有高的结构恢复速度及最终触变结构强度，且与剪切速率、温度正相关。实验条件下其幂律指数为 0.1437，最终触变结构强度为 256 Pa，剪切静止 20 s 后其强度即可恢复，优于常规的 MMH 以及 Ti/HEC 体系。满足环空化学封隔器（ACP）材料高触变结构强度、快结构恢复速度等特殊要求。

（3）冷冻扫描图像证实了其结构的快速变化。剪切后体系的片状结构迅速呈无规分散状态，静止后片状结构则快速缔合，形成的是一种片状结构联接的上下层状结构。

参考文献：

［1］　Asheesh Shukla, Yogesh M. Joshi. Thixotropic investigation on cement paste：Experimental and numerical approach ［J］. Chemical Engineering Science, 2009, 64：4668—4674.

［2］　Adel Benchabane, Karim Bekkour. Thixotropy – A general review ［J］. Colloid Polym Sci, 2008, 286：1173—1180.

［3］　Arangth Mkpasi. Water Shut – off Treatments in Open Hole Horizontal Wells Completed with Slotted Liners ［Z］. SPE74806, 2002.

［4］　Kemblowski Z, Petera. Rheological Study of Fumed Silica Suspensions in Chitosan Solutions ［J］. J Rhcological Acta, 1980, 19：529.

［5］　于跃芹，武玉民，侯万国，等. 氢氧化铝镁正电溶胶稳定性研究 ［J］. 高等学校化学学报, 2000, 21 （10）：1575—1577.

［6］　Albert P Philipse, Anieke M Wierenga. On the density and structure formation in gels and clusters of colloidal rods and fibers ［J］. Langmuir, 1998, 14：49—54.

［7］　李传宪，路庆良. 非牛顿原油的不可逆触变性及其机理研究 ［J］. 油气田地面工程, 2004, 23 （11）：19—21.

Thixotropic properties of a new aluminum magnesium hydroxide / montmorillonite-based suspension

DU Zhengxue[1], LIU Yuzhang[1], XIONG Chunming[1], WEI Falin[1], LI Yikun[1]

(1. *Research Institute of Petroleum Exploration and Development*, *CNPC*, *Beijing* 100083, *China*)

Abstract: To obtain higher rate of thixotropic recovery after breaking down and higher thixotropic strength emphasized in certain fields, a new aluminum magnesium hydroxide / montmorillonite-based suspension was prepared and its unique thixotropic behavior was studied. It was found that the broken down structure could recover rapidly up to over 200 Pa within 20 seconds in the range of temperature and shear rate investigated. Compared with other thixotropic materials, such as MMH and Ti/HEC suspension, the MMH/MT suspension exhibited higher rate of thixotropic recovery and higher thixotropic strength. The higher recovery rate was identified by SEM technology as well. Furthermore, the recovery rate and thixotropic strength had positive correlation to temperature and shear rate, which would be favor of some certain applications.

Key words: thixotropy; thickening; shear thinning; rate of thixotropic recovery; structure strength; microstructure; aluminum magnesium hydroxide / montmorillonite-based suspension

水平井环空化学封隔器技术
研究与应用

周燕[1]，陈仁保[1]，李良川[1]，魏发林[2]，强晓光[1]，杨小亮[1]

(1. 中国石油冀东油田公司，河北 唐山 063004；2. 中国石油勘探开发研究院，北京 100083)

摘要： 针对冀东油田浅层疏松砂岩油藏筛管完井水平井管外封隔器密封不严或因长期生产之后失效的问题，为避免堵剂笼统注入的局限及风险，达到分段堵水的目的，研究形成水平井环空化学封隔器（ACP）堵水技术。研制的 ACP 材料具有高触变性、高强度，胶凝时间 2～7 h 可控、耐温 50～90℃，有效期 1 年以上。配套的施工工艺可实现对 ACP 材料的定位放置，偏差 ±5 m，固化后的段塞轴向持压强度大于 0.8 MPa/m，可实现对水平井管外环空的分段。矿场应用 15 井次，工艺成功率为 93.3%，验封合格率为 100%，累计降水为 27.8×10^4 m^3，平均有效期为275 d。

关键词： 水平井；筛管完井；环空化学封隔器（ACP）；堵水

冀东油田自 2002 年投入水平井开发以来，水平井的完井方式经历了 3 个阶段，2004 年之前以固井射孔、防砂筛管完井为主；2005 年至 2006 年 7 月，以筛管完井为主；2006 年 8 月至今，以三开悬挂筛管完井为主。筛管完井的水平井已达到浅层油藏水平井总数的72%。这部分水平井主要部署在高孔、高渗，储层物性好，供液能力充足的疏松砂岩油藏。筛管在水平井生产过程中有效解决了地层出砂问题，但水平井受底水脊进、边水注入水突进、水窜、水淹等问题影响，含水迅速上升，目前已达到 90% 以上，水平井控水的问题亟待解决。

在水平井堵水的初期研究中，国内都是针对简单的射孔完井水平井，立足于机械堵水[1]。国外主要针对筛管完井水平井，早期主要采用化学剂笼统注入法[2]，20 世纪 90 年代中期环空封隔技术的提出为筛管完井水平井堵水技术提供了新的思路，但从其研究水平、应用规模及实施效果看，该项技术仍处于研究阶段[3]。

针对冀东油田浅层疏松砂岩油藏筛管完井水平井管外封隔器密封不严或者因长期生产之后失效[3]的问题，为避免堵剂笼统注入的局限及风险，达到分段堵水的目的，研究形成水平井环空化学封隔器（ACP）堵水技术。

基金项目： 中国石油股份公司"低渗透水平井改造重大项目（080135-4-1）"部分成果。
作者简介： 周燕（1982—），女，湖北省十堰市人，工程师，现从事水平井控水研究工作。E-mail：zhouyan188@petrochina.com.cn

1 环空化学封隔器（ACP）技术原理

借助配套施工管柱，在筛管完井水平井管外环空放置 ACP 材料，形成不渗透的高强度阻流环，直接封堵出水层段或者辅助定向注入堵剂。如图 1 所示。若水平段不存在物性隔夹层，局部高产水，则采用 ACP 分段后化学堵水；若水平段有隔夹层，采用 ACP 直接堵水；若水平井管外封隔器密封不严，或者套管外固井差，造成水窜，则采用 ACP 封堵水窜部位。

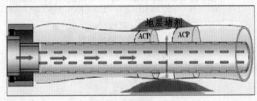
ACP管外分段

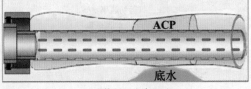
ACP直接封隔出水层/段

图 1　ACP 控水原理示意图

2 环空化学封隔器（ACP）材料室内研究

2.1 ACP 材料的制备

以铝镁混合层状金属氢氧化物/钠质黏土矿物（MMH/MT）为触变控制剂、丙烯酰胺（AM）单体为强度控制剂，配合交联剂、稳定剂等助剂，反应形成 ACP 材料。

2.2 室内实验

2.2.1 ACP 材料的触变性

ACP 材料的关键特性是其高触变性，在高剪切下可以流动，剪切降低后又能立即形成网状结构，避免常规材料的重力"坍塌"，便于在管外环空形成高强度阻流环。室内采用流变仪测定 ACP 材料的剪切速率 – 黏度（$\dot{\gamma} - \eta$）关系；静止后，用动态法测定弹性模量 – 时间（$G' - t$）关系。实验结果见图 2，ACP 材料触变特性值 0.714 5，触变结构强度达 300 Pa，剪切静止 20 s 后其结构即可恢复，表明 ACP 材料具有突出的剪切变稀特性、高的结构恢复速度以及触变强度。

2.2.2 ACP 材料的可控胶凝特性

ACP 材料良好的触变特性使其能够完全填充水平环空，但仅依靠其触变结构强度并不能满足工艺需要，油藏条件下还需具备胶凝特性，能够形成高强不渗透段塞。冀东浅层油藏温度一般为 60 ~ 75℃，通过引发体系的调整，形成高强度弹性凝胶体，胶凝强度达 50 kPa，在 50 ~ 90℃下 2 ~ 7 h 内由触变流体成为高强黏弹固体。胶凝材料具有良好热稳定，70℃油藏条件下 1.5 a 内可保证有效强度，满足浅层油藏温度需要和不同施工工艺要求。

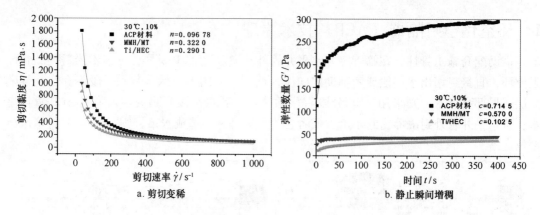

a. 剪切变稀　　　　　　　　b. 静止瞬间增稠

图 2　ACP 材料的流变特性

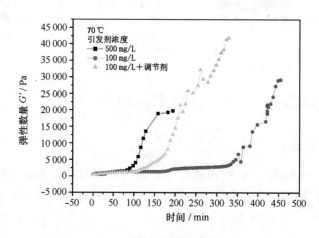

图 3　ACP 材料的胶凝时间

3　环空化学封隔器（ACP）施工工艺研究

3.1　注入量设计

注入量按填充出水水平段长度所需要的 ACP 材料用量设计，考虑材料的黏附、井眼扩径等因素，见下式：

$$V = \alpha \pi (R_2^2 - R_1^2) L \varphi \tag{1}$$

式中，R_1 为 完井筛管半径，m；R_2 为 钻井井眼半径，m；L 为 ACP 放置长度，m；φ 为孔隙度，%；α 为 附加系数。

3.2　施工管柱

为使 ACP 材料准确地放置在管外环空预定的位置，研究形成 2 种放置管柱：双封隔器管外循环放置管柱（图 4）和三封隔器管外循环放置管柱（图 5）。施工时根据储层物性、封堵位置、放置精确度等条件选择不同的放置管柱。ACP 材料在管外环空胶凝后，使用双封隔器管外循环放置管柱作为验封管柱，用于检验 ACP 分布的位置和胶凝强度是否符合设计要求。

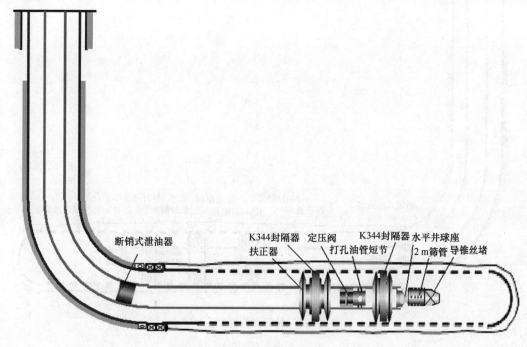

图 4　双封隔器放置管柱/验封管柱

3.3　放置工艺

具体施工步骤如下：下入 ACP 施工管柱—封隔器坐封—测吸收量—套管灌液至井口，正替 ACP 材料—扩散压力 1.5~2 h—封隔器解封—起管至 ACP 以上 200 m—候凝 8 h—反洗井—起管—验封。

3.4　验封工艺

具体施工步骤如下：对 ACP 注入井段刮削—洗井—下验封管柱—封隔器坐封—油管正打压 3~5 MPa 压力不降合格—封隔器解封—上提管柱 5 m 逐级验封—封隔器解封—起管。

3.5　配套解堵技术

作为工艺预案以及后期开发方案调整的需要，针对 ACP 材料配套了解堵技术，可保证工艺的可逆性。胶凝后的 ACP 材料在复合氧化解堵剂作用下，36 h 即可完全溶解。

4　现场应用及效果

2008 年 8 月在冀东油田浅层油藏首次开展了矿场先导试验，截至 2010 年 12 月累计在高尚堡、老爷庙浅层区块实施 ACP 控水 15 井次，工艺成功率 93.3%，验封合格率 100%，

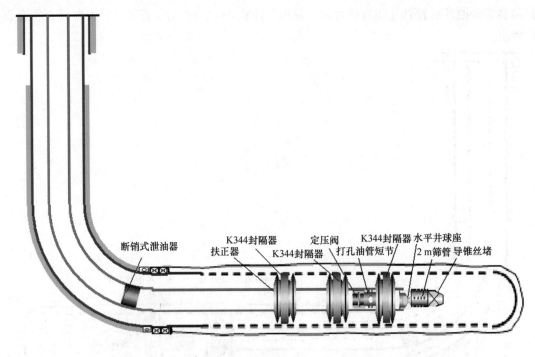

图5 三封隔器放置管柱

验封结果证明 ACP 段塞实际位置与设计偏差 ±5 m，累计增油为 2 713.1 t，降水为 27.8 × 10^4 m^3，平均有效期 275 d。

4.1 庙 28 – 平 7 井

庙 28 – 平 7 井位于庙北浅层庙 28 – 6 断块 Ng I 6^2 小层构造高部位，2007 年 8 月投产，投产初期日产液 38.3 m^3，产油 33.8 t，含水 11.7%，含水上升较快，措施前日产液 50 m^3 左右，油量 0.5 t，含水 99%。依据 LWD 和氧活化找水资料，在泥岩附近建立 15 mACP 段塞，卡封高产液的上部水平段（105 m），对原不产液的下部水平段（55 m）酸化之后投产。为验证 ACP 段塞在管外环空的密封情况，酸化时，开套管闸门，油管注土酸 80 m^3，注入压力 12 MPa。挤注酸液过程中，套管未返液，表明 ACP 段塞在水平环空密封性良好，且其轴向承压强度大于 12 MPa（15 m）。措施后工作制度不变，该井投产初期产液量由 50 m^3/d 降为 30 m^3/d，产油量由 0.5 t/d 增加为 5.0 t/d，含水由 98.6% 降至 83.3%。

4.2 高 104 – 5 平 79 井

高 104 – 5 平 79 井开发高浅北区 Ng13^1 小层，控水措施前日产液 152.6 m^3，日产油 2 t，含水 98.7%。根据小层来水方向分析认为该井 B 端出水，采用管外 ACP 分段之后注地层堵剂封堵下部边水的思路，注入地层堵剂过程中，油压 6 ~ 10 MPa，套压为零，表明 ACP 段塞封隔了水平环空，起到了辅助地层堵剂注入的作用。措施后液量大幅度降低，由 158 m^3/d 降为 9 m^3/d，油量增至措施前 2 倍，后期酸化解堵后，液量 30 m^3/d，油量 5 ~ 6

t，表明 ACP 分段封堵的工艺能有效控制边水推进。

4.3　高 104 – 5 平 105 井

　　高 104 – 5 平 105 井 2008 年 11 月投产高浅北区 $Ng7^3$ 小层，7 in 筛管完井，措施前高含水关井，停井前日产液 7 m^3，含水 100%，动液面 365 m。现场通过扇形胶结测试、氧活化找水资料判断出该井分级箍管外密封不严，导致 $Ng7^2$ 小层水窜至该井生产层（$Ng7^3$ 小层），采用 ACP 对分级箍处管外井段封窜后实施二氧化碳吞吐措施，开井初期日产液 9.2 m^3，日产油 7.45 t，含水降至 19%，动液面 895 m，累计增油 1 005 t，说明 ACP 对分级箍管外密封良好。

5　结论与认识

　　（1）ACP 材料具有高触变性，胶凝后强度高，可实现对疏松砂岩油藏筛管完井水平井管外环空的完全充填。胶凝时间可控，耐温 50 ~ 90℃，有效期 1 年以上，满足浅层油藏施工要求。

　　（2）现场应用表明，配套的施工工艺可成功实现 ACP 材料的定位放置，放置偏差 ±5 m。固化后的段塞轴向持压强度大于 0.8 MPa/m，能保证对水平井管外环空的有效充填。

　　（3）ACP 技术在水平井上应用后，产液量大幅下降，起到了控水的作用。矿场应用时，必须根据水平井生产特点，在油藏认识的基础上，结合分段治理的思路才能有效实现水平井的控水增油。

参考文献：

[1]　李宜坤，胡频，冯积累，等. 水平井堵水的背景、现状及发展趋势 [J]. 石油天然气学报，2005，27（5）：45—48

[2]　Mamora D D，Saavedra N，Burnett D，et al. Chemical wellbore Plug for water and gas shutoff in horizontal wells [J]. J Petr Res Tech，1999，121：40—44.

[3]　魏发林，刘玉章，李宜坤，等. 割缝衬管水平井堵水技术 [J]. 石油钻采工艺，2007，29（1）：40—43.

Research and application of annular chemical packer technology for horizontal well

ZHOU Yan[1]，CHEN Renbao[1]，LI　Liangchuan[1]，WEI　Falin[2]，QIANG Xiaoguang[1]，
YANG Xiaoliang[1]

(1. *PetroChina Jidong Oilfield Company*，*Tangshan* 063004，*China*；2. *PetroChina Research Institute of Petroleum Exploration and Development*，*Beijing* 100083，*China*)

Abstract：Due to the sealing defects of the packer outside the tube of unconsolidated sandstone reservoirs screenless shallow horizontal wells and the failure of long-term production of the packer, the annulus chemical packer (ACP) water plugging technology is introduced in the formation of horizontal well. ACP technology can avoid the general injection limitations and risks of the blocking agent and also achieves the sub-water shut-off effects. There are a number of merits for this ACP material, such as, high thixotropy and strength, gelling time controllable in 2 ~ 7 h, temperature tolerance range from 50 to 90℃, and validation at least 1 year. The supporting construction process developed can place the ACP material point to point, with only ±5 m deviation. After curing, the slug axial pressure intensity is greater than 0.8 MPa / m, which can be realized on the horizontal well pipe and annulus segmentation. The fields test applied in 15 wells, and the success rate of processing is 93.3%, with 100% test pass rate of closure and total rainfall 27.8 × 10^4 m^3. The average period is 275 days.

Key words: horizontal well; screen pipe completion; annular chemical packer technology; water shutoff

水平井选择性化学堵水技术研究与试验

陈仁保[1]，周燕[1]，李宜坤[2]，路海伟[1]，冯建松[1]，宁小勇[1]

(1. 中国石油冀东油田公司，河北 唐山 063004；2. 中国石油勘探开发研究院，北京 100083)

摘要：水平井技术是冀东油田浅层边底水驱砂岩油藏开发的主要方式之一，随着开发的深入，冀东油田大部分水平井已进入高含水期，严重影响了开发效果。针对水平井开采的特点及堵水的难点，本文研究开发了以选择性封堵为主要技术的水平井控水技术。该方法筛选了 HWSO 选择性堵水剂，具有封堵选择性好、封堵效率高、性能稳定，施工工艺简单等优点。依据水平井油藏工程研究并配合 ACP 技术、二氧化碳吞吐技术在矿场应用 15 井次，累计增油为 6 043.8 t，降水为 $31.8 \times 10^4 \ m^3$。矿场试验表明选择性堵水与二氧化碳吞吐技术结合应用在提高水平井产能上的作用更明显。

关键词：水平井；选择性堵水；化学堵水；HWSO 堵剂

水平井开发技术已在冀东油田油藏中普遍起到了提高原油采收率、提高单井产量、改善开发效果、降低成本的作用（特别是一部分常规定向井无法有效动用的难采储量实现了高效开发，效果非常明显)[1]。但水平井开发中后期高含水的问题严重制约了水平井的应用效果。冀东油田自 2002 年底在浅层边底水驱油藏投入水平井开发，2007 年达到产量高峰，同时，综合含水也上升到 90% 以上。浅层油藏 70% 以上的水平井为筛管完井，在生产时地层水在筛管和井壁间的环空窜流，或者在管外地层绕流至井筒内，在管内用封隔器卡堵水几乎没有作用，加之水平井找水技术未能满足生产需要[2]，因此，基于油田水平井开发生产实际，研究笼统注入的水平井选择性堵水技术是控制水平井出水问题的一条可行之路。

1 浅层油藏地质概况和基本特征

冀东油田油藏类型按驱动方式可分为两大类，即浅层天然水驱油藏和中、深层注水开发油藏。浅层油藏特指上第三系明化镇组、馆陶组油藏，埋深一般小于 2 500 m。储层多为河流相沉积，储集层岩性为含砾砂岩及中 - 细粒砂岩，分选好，泥质胶结，孔隙类型以原生粒间孔隙为主，孔隙结构以高渗粗孔喉型为主，各区块平均渗透率 $530 \times 10^{-3} \sim 2\ 235 \times$

基金项目：中国石油股份公司"低渗透水平井改造重大项目（080135-4-1)"部分成果。

作者简介：陈仁保（1968—），男，江西省人，高级工程师，现任冀东油田副总工程师。E-mail: zfj@ petrochina. com. cn

$10^{-3} \mu m^2$，属于高渗透储层；油藏类型主要为构造层状断块油藏；纵向上油层层数多、平面上叠加连片，但单个油层分布范围小、含油高度小，单井钻遇油层为 5 ~ 32 层，单油藏含油面积一般小于 0.5 km^2，油层非均质性强，边底水活跃，天然能量充足。原油密度为 0.845 5 ~ 0.942 1 g/cm^3，原油黏度 2.6 ~ 447 $mPa \cdot s$，地下原油黏度 1.11 ~ 90.34 $mPa \cdot s$，胶质沥青含量为 7.2% ~ 31.4%，含蜡量为 6.3% ~ 21.7%。地层水矿化度 854 ~ 5 599 mg/L，$NaHCO_3$ 型。

浅层油藏主要立足天然能量开发，目前油藏已整体进入特高含水开发阶段，表现为"三高两低"的特征，即特高含水（95.8%）、高递减、高采液速度，采出程度低、采收率低。

2 室内研究

2.1 堵剂合成

HWSO（Horizontal Well Water Shut – Off）系列堵剂有两类，一类是溶液型，即 HWSO – 1，是利用溴化烷基甲基丙烯酸乙酯、丙烯酰胺等单体，在密封充氮条件下反应，然后提纯产物得到。一类是胶粒型，即 HWSO – 2，由亲、疏水单体与引发剂及链控制剂等组分在 45℃聚合反应生成。两类堵剂均无毒，无嗅，无腐蚀性，可化学降解，满足不同油层堵水安全环保的要求。HWSO 堵剂的理化性能指标见表 1。

表 1 HWSO 堵剂的理化性能指标（常压、25℃）

理化性能	HWSO – 1	HWSO – 2
外观，形态	乳白色，黏稠液体	透明、柔韧胶块
气味	无	无
密度/$g \cdot cm^{-3}$	1.01 ~ 1.06	1.022 1
pH 值	7.1 ~ 7.3	7
黏度/$mPa \cdot s$	150	—
凝固点/℃	–4	—
强度/Pa	—	792
耐温/℃	90	90
耐盐/$10^4 \times 10^{-6}$	<8	<8

2.2 作用机理

溶液型堵剂 HWSO – 1 具有特殊的化学结构，若进入油层，则在孔隙中央形成压缩的高分子团簇，油从团簇与孔隙壁间的通道流动，团簇逐渐溶解；若进入水层，则特定基团吸附在孔隙壁上，在整个孔隙空间形成舒张的高分子网络结构，起到阻止水流动的作用。

胶粒型堵剂 HWSO - 2 具有在水中微胀，在原油中收缩的特性。

2.3 室内实验

2.3.1 HWSO - 1 油藏适应性评价

取冀东油田高 2 平台水（HCO_3^- 含量 296.82 mg/L）配制 HWSO - 1 堵剂，分别放于 60℃、90℃ 恒温箱中，每隔一定时间取出，测体系黏度。实验结果如图 1 所示，初始黏度约 230 mPa·s，60℃ 下前 1 个月内下降较快，3 个月后基本平稳，1 a 后黏度约为 120 mPa·s。90℃ 下前 20 d 下降较快，2 个月后下降缓慢，1 a 后黏度约为 95 mPa·s。冀东油田浅层油藏地层温度在 60 ~ 75℃ 之间，个别井地层温度接近 90℃，因此，1% 堵剂黏度基本满足浅层油藏水平井选择性堵水的要求。

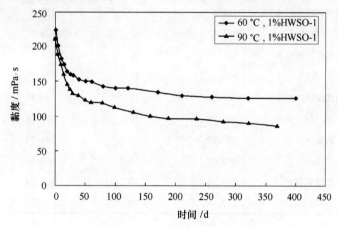

图 1   1% HWSO - 1 在不同温度下黏度变化曲线

2.3.2 HWSO - 1 选择性封堵性能评价

（1）实验仪器与材料

电子天平，NDJ 黏度计，恒温箱，岩心流动实验装置。

HWSO - 1 堵水剂，自来水、冀东油田高浅北区、高浅南区、庙浅水平井产出水（地层水），煤油，40 ~ 120 目石英砂。

（2）实验方法

根据浅层油藏物性参数分组进行岩心实验，每组均制作 2 个填砂管，以 A，B，C，…… 依次标记。岩心管规格为 $\varPhi$22.5 mm × 3.97 m。

①用 40 ~ 120 目石英砂制作 2 个渗透率相近的填砂岩心管，分别记为 1 号、2 号岩心管。按组别标记，如 A1，A2，B1，B2，……。

②抽真空，饱和地层水，求孔隙体积（可入孔隙）、孔隙度。

③每组 1 号注地层水测水相渗透率。

④每组 2 号管用煤油驱替水，直到产出液中不含水，继续注煤油测油相渗透率。

⑤两个岩心管各注入 0.2 PV 1% HWSO - 1 堵水剂。

⑥将两个岩心管在恒温箱中75℃养护，养护时间不同，具体见表2。

⑦取出1号岩心管，反向注地层水，分别测注水1 PV、5 PV、10 PV、20 PV、50 PV时的水相渗透率。

⑧取出2号岩心管，反向注煤油，分别测注煤油1 PV、5 PV、10 PV、20 PV、50 PV时的油相渗透率。

实验结果见表2。

表2　HWSO-1选择性堵水岩心实验结果

岩心编号	饱和液/驱替液	堵前渗透率/mD	养护时间/d	堵后渗透率/mD	封堵率/%
A1	自来水	514.32	30	75	85.4
A2	煤油	823.09	30	819.5	0.44
B1	高浅北区地层水	2 167.4	10	410.2	81.1
B2	煤油	1 771.93	10	626.15	64.7
C1	高浅北区地层水	1 906.33	30	1 305.4	31.5
C2	煤油	1 865.19	30	1 170.3	37.3
D1	高浅南区地层水	635.76	10	174.83	72.5
D2	煤油	804.36	10	763.34	5.1
E1	庙浅地层水	570.09	10	246.28	56.8
E2	煤油	1 040.02	10	880.90	15.3
F1	庙浅地层水	817.53	10	362.17	55.7
F2	煤油	1 217.48	10	1 151.74	5.4

从各组饱和水和饱和煤油的岩心实验结果对比可知，HWSO-1堵剂对水的封堵能力高，平均63.8%；对油的封堵弱，平均23.4%。对比不同水质、不同渗透率的岩心实验结果，HWSO-1堵剂的堵水能力受水质的影响不同，其中高浅北区、高浅南区地层水与自来水对堵剂封堵性能影响小，庙浅地层水对其影响稍大；但其仍具有"堵水不堵油"的选择性封堵性能，因此，该堵剂适用于矿场试验，建议高浅区块的高含水水平井优先实施。

B1、C1饱和水岩心分别养护10 d、30 d后，水相渗透率由81.1%降低至31.5%，说明养护时间长的水相渗透率降低的少；B2、C2饱和煤油岩心分别养护10 d、30 d后，油相渗透率由35.3%增至62.7%，说明养护时间长的油相渗透率恢复的多。表明随着时间延长，堵剂在岩心中对水的封堵能力会降低，但并不影响油的流动。

2.3.3　HWSO-2胶体强度考察

用冀东油田高2平台水配制HWSO-2选择性堵水剂胶块，分别放于室温（25℃、75℃、90℃恒温箱中，每隔一定时间测胶粒强度。由图2可以看出，前15 d堵剂强度变化大，以后基本稳定，室温下强度高于75℃下强度。如图3所示，90℃下一年后强度还在400 Pa以上，能满足矿场堵水需要。

2.3.4　HWSO-2选择性封堵性能评价

实验仪器、材料及方法参照"2.4.4 HWSO-1选择性封堵性能评价实验"，实验结果

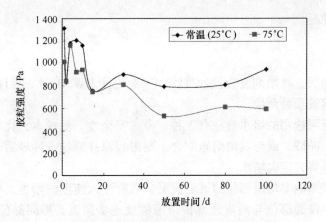

图 2　强度实验结果（25℃、75℃）

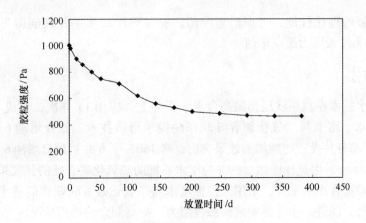

图 3　强度实验结果（90℃）

（表 3）表明 HWSO - 2 也具有选择性封堵性能。

表 3　HWSO - 2 选择性堵水岩心实验结果

岩心编号	饱和液/驱替液	堵前渗透率/mD	养护时间/d	堵后渗透率/mD	封堵率/%
G1	高浅北区地层水	635.8	30	179.1	71.8
G2	煤油	804.4	30	751.1	6.6

3　工艺研究

3.1　选井原则

结合油田定向井堵水的经验[3]，以储量为基础选井，一般原则是：（1）初期产能高，目前供液能力强，动用程度较低，具有一定的剩余可采储量；（2）高含水（不小于 95%），低产油（小于 3 t/d），高产液（不小于 100 m³/d），高液面；（3）井况正常，无套变、套漏等复杂井况。

3.2 施工工艺

在高孔高渗地层，将堵剂复合段塞使用，一般先注 HWSO-1，后注 HWSO-2，之后用高浓度聚合物溶液顶替到位。

根据具体情况可选用的堵水管柱有 3 种，考虑安全性、低成本，优先采用不动管柱施工。如需要检泵、冲砂，或与其他措施配合，则需起原井管柱，冲砂后下光油管，笼统堵水或者下一级封隔器，定向堵水。

注入速度直接影响非均质部位的进液情况，随着注入速度的增加，中低渗透部位进液幅度逐渐增大，中渗透部位与高渗透部位进液幅度逐步接近，不同部位都将有堵剂进入。因此，在施工时控制低注入排量[4]。一般选用 5～8 m^3/h，施工过程中根据施工压力调整排量。

结合工作液的理化性能，考虑沿程摩阻，参考同区块水平井调剖调驱注入井施工压力，取 16MPa 为注入压力最高限值。

4 矿场应用

选择性堵水技术在冀东浅层油藏高含水水平井上共应用 15 井次，形成了选择性堵水、ACP 分段后堵水、堵水与二氧化碳吞吐联作的控水增产技术，累计增油 6 043.8 t，降水 31.8×10^{4}m^3。部分井投产初期增油效果突出，高 160-平 6 井初期日增油 6 t，高 24-平 2 日增油 8 t。将单独采用选择性堵水的井与堵水后辅助二氧化碳吞吐的井效果进行对比后发现：在稠油油藏高含水水平井，采用选择性堵水与二氧化碳吞吐联作的技术，除有效封堵高渗水流通道外，能进一步降低剩余油渗流阻力，提高剩余油动用状况。

高 104-5 平 35 井位于高尚堡油田浅层北区高 104-5 区块 Ng6 油藏构造高部位，筛管完井，2005 年 11 月 1 日投产 Ng6 小层，2008 年 7 月底日产液 222.1 m^3，日产油 2.22 t，含水 99%，动液面 108 m，累积产油 0.34×10^4 t，采出程度仅为 0.6%。2008 年 9 月进行选择性堵水施工，采用复合段塞，共注 3 070 m^3。为避免试验风险，施工管柱采用光油管，调剖泵注入。堵水后，日产液由 220 m^3 降至 100 m^3，日产油由 2.2 t 升至 4.5 t，最高 9 t。至 2011 年 6 月，已累增油 2 216.7 t，降水 8.1×10^4 m^3，有效期 31 个月，且持续有效。

高 104-5 平 101 井 2008 年 3 月投产 Ng6 小层，筛管完井，初期日产液 69.1 m^3，日产油 10.5t，含水 84.8%，动液面 1 029 m。措施前日产液 65.82 m^3，日产油 1.71 t，含水 97.4%，动液面 210 m。因该井油稠，堵水后注入二氧化碳以启动低渗、高含油饱和度层段，增强控水增油效果。措施后产液量降低一半，日增油 10 t，含水降低 46%，已累计增油 843.7 t。

5 结论与认识

（1）室内实验评价结果表明，HWSO 材料对水的封堵能力明显比对油的更强；矿场试验后单井产水量降低，产油量升高；室内实验与现场试验结果均证明 HWSO 堵剂具有明显的油水选择性。

（2）水平井化学堵水采用笼统选择性注入工艺，具有工艺简单、安全方便、施工成本低的优点。

（3）在高含水水平井控水问题上，单独采用选择性堵水技术并不能满足所有油藏条件的需要，必须结合剩余油疏导的技术，启动低渗、高含油饱和度层段的产能，才能更好的实现增油。

参考文献：

[1] 周海民，常学军，郝建明，等. 冀东油田复杂断块油藏水平井开发技术与实践 [J]. 石油勘探与开发，2006，33（5）：622—629.

[2] 李宜坤，覃和，蔡磊. 国内堵水调剖的现状及发展趋势 [J]. 钻采工艺，2006，29（5）：105—106，123.

[3] 刘一江，王香增. 化学调剖堵水技术 [M]. 北京：石油工业出版社，1999：8—11.

[4] 曾祥虹，童志能，蚁步钺，等. 涠洲 11 – 4 油田堵水工艺研究与应用 [J]. 石油天然气学报，2005，6（27）：784—786.

Study and test of selective chemical water shut-off technology for horizontal wells

CHEN Renbao[1], ZHOU Yan[1], LI Yikun[2], LU Haiwei[1]

FENG Jiansong[1], NING Xiaoyong[1]

(1. *PetroChina Jidong Oilfield Company*, *Tangshan* 063004, *China*; 2. *PetroChina Research Institute of Petroleum Exploration and Development*, *Beijing* 100083, *China*)

Abstract：Horizontal technology is one of the main developing methods for edge-bottom water drive and sandstone reservoir in Jidong Oilfield. During the further development, most horizontal well will enter into the high water-cut stage, which seriously deteriorates the exploiting effect. Owing to the difficulty of water shut-off for horizontal wells, this paper mainly focuses on selective blocking technology and find HWSO selective blocking agent for this approach. This measure has some advantages, such as blocking selection wisely, high efficient blocking, stable performance, and also very simple construction process. With reservoir engineering studies of horizontal wells, annulus chemical packer (ACP) manner, and carbon dioxide throughput technology applied in this technology, our approach has be applied in fields test in 15 wells, and totally increase oil production of 6 043.8 t, with $31.8 \times 10^4 \, \mathrm{m}^3$ water fall amount. Field tests showed that the combination of selective blocking method and carbon dioxide throughput technology improve the horizontal well productivity much more evidently.

Key words：horizontal well; selective water shut-off; chemical water plugging; Horizontal Well Water Shut-Off agent

水平井 CO_2 吞吐技术试验

朱福金[1]，马会英[2]，李国永[1]，冯建松[1]，汤濛[1]，石琼林[1]，
薛建兴[1]，岳振江[1]

(1. 中国石油冀东油田分公司 陆上油田作业区，河北 唐海 063200；2. 中国石油冀东油田公司
开发处，河北 唐海 063200)

摘要：冀东油田南堡陆地浅层油藏主要依靠水平井开采，目前大部分水平井已进入特高含水开发阶段，如何有效控水增油是亟待解决的问题。基于油藏数值模拟和产出流体的分析化验，认为水平井 CO_2 吞吐控水增油的主要机理包括膨胀原油体积、对原油的降黏作用和对轻烃的萃取作用。结合浅层油藏地质特征，制定了水平井 CO_2 吞吐的选井条件并优化了工艺设计方案。通过 36 井次的现场试验表明，该技术控水增油效果显著，具有很好的推广前景。

关键词：浅层油藏；水平井；CO_2 吞吐；控水

CO_2 吞吐是一项能有效提高采收率的增油措施，其现场应用最早开始于 1958 年。近年来，随着技术的进步、油价的攀升以及环境保护的需要，注 CO_2 提高采收率的方法越来越受到重视，许多国家开展了现场试验。我国已在大庆、胜利、吉林、江苏等油田开展注 CO_2 驱试验[1—3]，江苏油田从 1992 年开始 CO_2 吞吐研究，在稀油油藏共计 20 余口井开展了 CO_2 吞吐试验，成功率大于 50%，其中，低渗透多层压裂井、高渗透特高含水井效果显著。CO_2 吞吐是该类油藏单井提高采收率的有效方法，能在较短时间内提高单井产量，具有投资少、见效快、资金回收快等特点。在水平井应用 CO_2 吞吐提高单井产量方面，国内外仍未见报导。因此，针对冀东油田普通稠油油藏，开展水平井 CO_2 吞吐控水增油技术试验具有重要意义。

1 浅层油藏水平井概况

冀东南堡陆地浅层油藏位于渤海湾盆地黄骅坳陷北部南堡凹陷[4]，主要含油层系为新近系明化镇组和馆陶组，埋深 1 450 ~ 2 350 m，油藏类型为边底水驱动的层状构造油藏和断块构造油藏，边底水活跃，天然能量充足，包括 3 个稀油油藏和 1 个稠油油藏。南堡陆地浅层油藏 2002 年开始实施水平井，2004 年水平井规模开始扩大，2006 年、2007 年达到

作者简介：朱福金（1968—），男，河北省遵化市人，高工，1991 年毕业于大庆石油学院石油地质勘查专业，现在中国石油冀东油田从事油田开发与管理工作。

最高规模，常规水平井主要分布在高浅北区、高浅南区、庙北浅层和柳南浅层这 4 个浅层区块，高峰期水平井年产油量达到 60.5×10^4 t（2007 年），取得了显著开发效果。南堡陆地浅层油藏目前共完钻投产水平井 274 口，开井 216 口，日产液 23 188 t，日产油 567 t，水平井综合含水 97.6%，浅层油藏高含水水平井已经占浅层油藏水平井总数的 80% 以上。随着水平井数量的增加，平均日产油水平明显上升，取得了明显的开发效果，但随着开发的深入，高含水井不断增多，水平井高含水的问题日益突出。

2 水平井 CO_2 吞吐控水增油机理

常温常压下，CO_2 是一种无色无味气体，其密度比常温条件下的空气重 50%，并且具有很低的压缩系数。CO_2 比一般烃类气体易溶于水，而且在原油中的溶解度大于在水中的溶解度，CO_2 可以从水溶液中转溶于原油中。CO_2 本身的物理化学特性决定了 CO_2 吞吐增油的机理，主要有降低原油黏度、使原油体积膨胀、萃取、溶解气驱以及酸化解堵等[5-7]，每一种机理的作用效果与油藏特征、流体性质和注采条件等有关。冀东南堡陆地浅层油藏水平井 CO_2 吞吐控水增油的主要机理包括 3 项：膨胀原油体积，提高油相的分相流量；CO_2 对原油的降黏作用和对水的碳酸化，改善油水流度比；对轻烃的萃取作用。

2.1 膨胀原油体积

边底水油藏水平井高含水主要是由于油藏内存在水流优势通道，引起底水的锥进和边水的舌进。通过建立底水厚层稠油油藏概念地质模型，进行 CO_2 吞吐数值模拟（图1），认为原油中溶入 CO_2 后体积膨胀，会把地层水挤出水流优势通道，从而形成局部油墙，一方面能够起到暂堵水流通道的作用，另一方面，降低了原油流动过程中的毛管阻力和渗流阻力，有利于膨胀后的剩余油脱离地层水及岩石表面的束缚，变为可动油，从而增加油井产量。

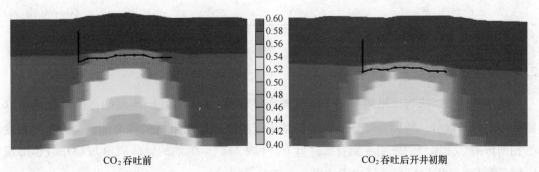

CO_2 吞吐前 CO_2 吞吐后开井初期

图 1 CO_2 吞吐前后含油饱和度剖面对比

2.2 降低原油黏度改善油水流度比

原油分析结果表明（见表1），原油中溶解 CO_2 后，原油黏度降低，从而提高原油的流度。大庆油田勘探开发研究院在 45℃、12.7 MPa 的条件下进行了有关实验表明，CO_2 在油田注入水中的溶解度为5%（质量），而在原油中的溶解度为15%（质量），由于大量CO_2溶于原油，使原油黏度由9.8 mPa·s降到2.9 mPa·s，原油体积增加了17.2%，同时也增加了原油的流度。

水性分析结果显示（表2），措施后总矿化度和碳酸氢根离子浓度显著增加，说明CO_2溶于水后生成碳酸，一方面降低水的流度，另一方面溶解油层中的碳酸盐，提高油层的渗透率。

表1　南堡陆地浅层油藏水平井CO_2吞吐前后原油分析对比

井号	层位	取样日期	密度ρ_{50}	黏度/mPa·s 50℃	胶质/%	备注
C2 - P4	Ng13	2008 - 11 - 14	0.960 1	3 023	38.54	CO_2 吞吐前
	Ng13	2011 - 01 - 08	0.959 2	2 243	34.39	CO_2 吞吐后
差值			- 0.000 9	- 780	- 4.15	
G24 - P2	Ng12	2007 - 08 - 08	0.948 9	12 60.52	25.49	CO_2 吞吐前
	Ng12	2010 - 11 - 27	0.949 3	1 178	24.69	CO_2 吞吐后
差值			0.000 4	- 82.52	- 0.8	

表2　南堡陆地浅层油藏水平井CO_2吞吐前后水性分析对比

井号	取样日期	HCO_3^- $/\times 10^{-6}$	Ca^{2+} $/\times 10^{-6}$	总矿化度 $/\times 10^{-6}$	pH 值	备注
G104 - 5P79	2004 - 04 - 24	742	5	1 554	7	CO_2 吞吐前
	2011 - 04 - 24	1 702	85	2 713	6	CO_2 吞吐后
	2011 - 05 - 07	1 493	69	2 395	7	CO_2 吞吐后

2.3　对轻烃的萃取

地层条件下，未被原油溶解的CO_2气相密度较高，CO_2吞吐浸泡期间，能气化或萃取原油中的轻质成分。特别是部分经膨胀仍然未能脱离地层水束缚的残余油，与CO_2气相发生相间传质，使原油的胶质-沥青质含量下降（表2），束缚油的轻质成份与CO_2气体形成CO_2-富气相，在CO_2吞吐过程中产出，增加单井产量。

3　水平井CO_2吞吐选井条件

影响单井CO_2吞吐效果的因素众多，包括：早期的井位筛选、注采参数的优化、适宜的采油措施等。对单井注CO_2吞吐候选井的筛选需要确定其主要影响因素，并考虑各参数之间的关联性，提出评价标准，进而确定各个因素对开发效果的影响程度。基于冀东油田浅层油藏地质特征和水平井CO_2吞吐的增油机理，确定以下选井原则（见表3）。

表 3 南堡陆地浅层油藏水平井 CO_2 吞吐选井条件

项目分类	标准	冀东浅层油藏
井间连通性	井间连通性差	相对封闭
油层孔隙度/%	偏低	30
油层渗透率/$\times 10^{-3} \mu m^2$	>5	300~800
含油饱和度/%	≥30	50 左右
油层厚度/m	2.5~180	3~7
油层埋深/m	>600	1 600~2 000
采出程度/%	<35	<15
油层温度/℃	<120	60~80
胶结物中 CO_3^{2-} 含量	少好	少
泥质含量/%	<10	7~10
原油黏度/mPa·s	<2 000	300~500
原油密度/g·m^{-3}	0.79~0.96	0.86~0.95
胶质+沥青质含量/%	<35	20~30

4 现场试验

4.1 工艺方案设计

（1）注入量

室内实验表明，注入量是产油量的主要影响因素。单井注入量根据油藏渗透率、模拟油藏范围、处理半径、油层孔隙度、经验系数等参数决定。

水平井 CO_2 吞吐注入量设计采用椭圆柱体模型（图2），其计算公式为：

$$V = \varphi P_v \pi a b H$$

式中，V 为地层条件下的 CO_2 气体体积，φ 为孔隙度，P_v 为注入体积经验系数，a、b 为处理半径（m），H 为生产段长度（m）。

处理半径 a 为椭圆柱体的短轴，一般取油层厚度的一半；b 为椭圆柱体的长轴，也是 CO_2 横向作用半径，根据油藏渗透率、剩余油饱和度确定，高渗透油藏为 8~10 m、中渗透油藏 5~8 m、低渗油藏 3~5 m。注入体积经验系数根据地层压力和亏空程度综合判断，一般采用 0.2~0.4。

（2）注入速度

分析国内外 CO_2 吞吐经验，注入速度的确定遵循两条原则：一是在低于岩石破裂压力的前提下，较快的注入速度可取得更好的吞吐效果；二是避免过快的注入速度导致 CO_2 沿高渗通道窜流到邻井或边底水水体中。综合这两条原则，同时参考设备能力，设定注入速度为 3~5 t/h。

（3）焖井时间

CO_2 注入油藏后，焖井时间与其在原油中的溶解、对流扩散能力及原油的多少有关，

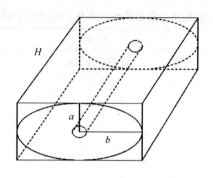

图 2　水平井 CO_2 吞吐椭圆柱体模型

因而不同类型、不同规模的油藏，CO_2 吞吐所需要的焖井时间不同。如果焖井时间短，CO_2 不能侵入地层深处与原油充分混合，开井后大量气体反排，不能起到理想的增产作用。但过长的焖井时间反而会消耗 CO_2 的膨胀能，而且 CO_2 还会从原油中分离出来，降低 CO_2 的利用率。国内外现场经验焖井时间一般在 15～25 d。具体单井要综合分析施工压力和焖井压力变化来确定合适的开井时机。当 CO_2 注入完毕后，随着 CO_2 向地层周围的扩散，井底压力会有一个下降趋势，此后进入一个相对稳定状态。井口压力则随着井筒温度与地层温度的逐渐平衡，初期会有小幅上升，达一定时间后，井口压力有小幅下降。

4.2　现场相关工艺实验

为了解 CO_2 吞吐过程中低温、腐蚀对井下抽油泵、各种工具的影响，开展了系列的相关实验。

（1）井筒温度、压力测试

为了解 CO_2 注入和焖井过程中井筒压力、温度的变化，选择 G24 – P3、G104 – 5P115、G104 – 5P112 等 3 口实验井，在油管中挂存储式压力计，测试不同深度井筒温度、压力变化。根据监测结果，绘制出温度 – 垂深（图3）和压力 – 垂深变化曲线（图4），结果表明，温度、压力与深度呈多项式关系，CO_2 注入过程中，距离井口 600 m 以上温度变化较快，冰点深度为 480 m。

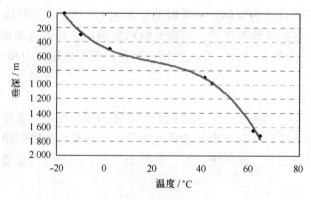

图 3　CO_2 注入过程中温度随深度变化关系

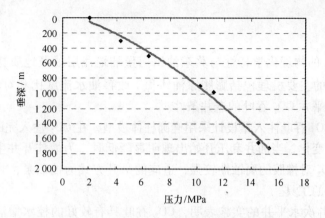

图 4　CO_2 注入过程中压力随深度变化关系

（2）CO_2 腐蚀性实验

为了解 CO_2 注入过程中对橡胶的腐蚀性，评价螺杆泵和电泵举升方式的适应性，从新螺杆泵截取定子橡胶短节加装在 CO_2 注入管线上，使 CO_2 流过定子橡胶，同时，在注入管柱中优选 4 个位置放置电缆和电泵卡子胶皮，待焖井结束后起出并对比分析。发现螺杆泵胶皮发生明显的膨胀变形，电缆铜芯绝缘胶皮发生溶胀，取出后的电缆测试无绝缘。

以上实验表明，CO_2 吞吐措施适应的举升方式为抽油泵采油方式，螺杆泵、电泵均不能满足直接注入要求；吞吐井中尽量避免下入带有橡胶的井下工具；井下 500 m 以上尽量避免安装对温度敏感的工具。

5　水平井 CO_2 吞吐效果及认识

2010 年 8 月开始在浅层油藏水平井实施 CO_2 吞吐辅助控水增产措施，截至到 2011 年 7 月，现场已施工 36 口井，有效增油 34 口井，其中，不动管柱 CO_2 吞吐 30 口，ACP 封窜后 CO_2 吞吐 1 口，不动管柱选择性堵水后 CO_2 吞吐 5 口，阶段累计增油 1.3×10^4 t，平均单井增油 382 t；阶段累计降水 13.7×10^4 m^3，平均单井降水 4 029.4 m^3。目前有多口井仍然有效，控水增油效果显著。

根据 CO_2 吞吐效果分析，油藏构造类型、地层物性、原油物性对 CO_2 吞吐效果影响差异较大；水平井段位于不同的构造部位以及不同的残余油饱和度、地层能量都会对吞吐效果产生较明显的影响。实际数据表明，残余油饱和度越高，CO_2 吞吐增油效果越好，残余油饱和度在 0.4 ~ 0.5 之间的 12 口井吞吐后换油率为 0.82，而残余油饱和度在 0.5 ~ 0.6 之间的 7 口井换油率则达到 1.15。构造位置处于断层根部或者局部微构造高点的井，吞吐增油效果较好，如处于构造高部位或断层根部的 19 口井吞吐后换油率在 1.3 以上，而处于构造低部位的 5 口井换油率则只有 0.27。边底水能量较强的井，增油效果较好，如封闭小断块的 3 口井 CO_2 吞吐后换油率只有 0.81，而底水油藏的 8 口井换油率则达到 1.40。地层能力越强的井，增油效果较好，如压力系数只有 0.6 的井 CO_2 吞吐后换油率只有 0.11，而压力系数为 0.9 以上的 11 口井换油率则达到 1.33。

6　结论

（1）结合 CO_2 的物理化学特性与冀东油田南堡陆地浅层油藏地质特征，认为水平井 CO_2 吞吐控水增油的主要机理包括膨胀原油体积、改善油水流度比和对轻烃的萃取作用。基于此，制定了水平井 CO_2 吞吐的选井条件。

（2）水平井 CO_2 吞吐注入量设计采用椭圆柱体模型，在 CO_2 注入完的焖井过程中，要密切关注油井压力变化，当油井套压开始出现明显降低时，为最佳开井生产时机。相关的工艺实验表明，CO_2 对橡胶的腐蚀性较强，适应的举升方式为抽油泵，井下 500 m 以上避免安装对温度敏感的工具。

（3）通过 36 井次水平井的实施表明，CO_2 吞吐具有较好的控水增油效果。油藏构造类型、地层物性、原油物性、残余油饱和度、地层能量和水平井水平段的构造部位对吞吐效果影响较大。

参考文献：

[1] 杨胜来，王亮，何建军，等. CO_2 吞吐增油机理及矿场应用效果 [J]. 西安石油大学学报（自然科学版），2004，19（6）：23—26.

[2] 王守玲，孙宝财，王亮，等. CO_2 吞吐增产机理室内研究与应用 [J]. 钻采工艺，2004，27（1）：91—94.

[3] 于云霞. CO_2 单井吞吐增油技术在油田的应用 [J]. 钻采工艺，2004，27（1）：89—90.

[4] 祝春生，程林松. 低渗透油藏 CO_2 驱提高原油采收率评价研究 [J]. 钻采工艺，2007，30（6）：55—57.

[5] 常学军. 复杂断块油藏水平井开发技术文集 [M]. 北京：石油工业出版社，2008.

[6] 付美龙，熊帆，张凤山，等. 二氧化碳和氮气及烟道气吞吐采油物理模拟实验——以辽河油田曙一区杜 84 块为例 [J]. 油气地质与采收率，2010，17（1）：68—70.

[7] 郝永卯，陈月明，于会利. CO_2 驱最小混相压力的测定与预测 [J]. 油气地质与采收率，2005，12（6）：64—66.

[8] 郑强，程林松，黄世军，等. 低渗透油藏 CO_2 驱最小混相压力预测研究 [J]. 特种油气藏，2010，17（5）：67—69.

Technical Testing for horizontal wells CO_2 huff and puff

ZHU Fujin[1], MA Huiying[2], LI Guoyong[1], FENG Jiansong[1], TANG Meng[1],

SHI Qionglin[1], XUE Jianxing[1], YUE Zhenjiang[1]

（1. *Lushang Oilfield Operation Area*，*Petrochina Jidong Oilfield Company*，*Tanghai* 063200，*China*；

2. *Development Departmant Petrochina Jidong Oilfield Company*，*Tanghai* 063200，*China*）

Abstract：Horizontal wells are the main development mode in Jidong Nanpu onshore shallow reservoir. Most horizontal wells have entered the high water cut stage and how to contrle water and enhance oil effectively is the most serious problem to solve. The michanism of water-control and oilenhance for horizontal wells CO_2 huff and puff includes expansion of the crude oil volume, reduction of the viscosity, and extraction for light hydrocarbon, according to the laboratory analysis of fluid output and reservoir simulation. Based on the geological character of shallow reservoir, well selection condition was developed for CO_2 huff and puff, and optimizes the process design. Implementation of 36 wells and related technical experiments showed that it achieved significant results in water – control and oil – enhance, and shows a good prospect for promotion.

Key words：Jidong Oilfield; shallow reservoir; horizontal well; CO_2 huff and ruff; water control

水平井二氧化碳吞吐室内膨胀
实验研究

石琼林[1]，李勇[1]，冯建松[1]，杨小亮[1]，宁小勇[1]，任丽[1]

（1. 中国石油冀东油田分公司 陆上油田，河北 唐海 063200）

摘要： CO_2 吞吐是一项能有效提高采收率的增油措施，在冀东陆上油田已取得了较好的应用效果。为研究 CO_2 吞吐控水增油机理，并为后续数值模拟研究提供基础数据，严格按照规范配置实验样品，开展室内高压相态实验、CO_2 - 原油互溶性膨胀实验，测定 CO_2 - 原油多组分体系的相行为，评价压力 - 体积关系和 CO_2 对原油的溶胀效应，从而深入认识 CO_2 吞吐的机理和规律。

关键词： CO_2 吞吐；饱和压力；相态特征；溶胀效应

水平井 CO_2 吞吐在冀东陆地浅层油藏已取得了非常显著的控水增油效果，换油率达到 0.6 t/t 以上。本文在 CO_2 驱相态实验理论的基础上，研究 CO_2 吞吐的相行为，进一步深入认识水平井 CO_2 吞吐的机理和规律，为开展后续的数值模拟研究以及制定合理的 CO_2 吞吐方案提供必要的基础数据和实验依据。

1 实验仪器及流程

1.1 实验仪器

本次开展的注 CO_2 流体相态实验研究，所采用的实验设备为加拿大 DBR 公司研制和生产的 JEFRI 全观测无汞高温高压多功能地层流体分析仪。该装置带有一个 150 ml 整体可视高温高压 PVT 室，温度范围：$-30 \sim 200℃$，测试精度为 0.1℃；压力范围：$0.1 \sim 70$ MPa，测试精度为 0.01 MPa。JEFFRI 地层流体分析仪的 PVT 室中安装有一个底部紧配合的锥体柱塞，使可视的 PVT 筒内壁与活塞之间形成一个很小的环形容积空间，能通过外部测高仪准确测试样品中析出的很少量的反凝析液量。从而该仪器能适应各种性质的凝析油气体系的相态研究要求[1]。

作者简介： 石琼林（1983—），男，工程师，油气田开发专业硕士学位，现在中国石油冀东油田分公司陆上油田作业区地质所从事油藏描述及提高采收率方面工作。E-mail：shiql1983@126.com

1.2 实验准备

1.2.1 样品的准备

将现场送来要分析的油气样品逐项登记入账，同时根据送样单检查样品数量，从外表检查是否有漏油、漏气现象，检查样品瓶的标签是否与送样单一致。根据部颁标准检查样品的开阀压力和饱和压力，将检查合格的油气样品按标准配制成地层油样，待分析之用。

1.2.2 PVT 仪的准备

（1）仪器的清洗

每次实验前须用无铅汽油或石油醚对 PVT 仪的注入泵、管线、PVT 筒、分离瓶、黏度仪和密度仪等进行清洗，清洗干净后用高压空气或氮气吹干待用。

（2）仪器试温试压

按国家技术监督局计量认证的技术规范要求，对所用设备进行试温试压，试温试压的最大温度和压力为实验所需最大温度和压力的 120%。

（3）仪器的校正

用标准黏度油和密度油对黏度仪和密度仪进行校正，按操作规程对泵、压力表、PVT 筒体积、温度计进行校正。

1.2.3 地层流体实验样品配制

根据研究区块选择具有代表性的样品，本次实验选取水平井 CO_2 吞吐主力实施油藏 G104 – 5P11 井的油气样。该区块和井的基本参数见表1。

表1 油藏物性数据表

区块	井号	地层温度/℃	地层压力/MPa	生产气油比/$m^3 \cdot m^{-3}$
高浅北	G104 – 5P11	65	15	30

本次实验油气体系按国标 SY/T5543 – 2000 "地层原油物性分析方法" 进行配样。配样条件下的气体用量按后面公式计算[2]：

将所取油、气样品配制成地层挥发油流体，其用量由 PVT 实验分析项目的用量确定。

（1）配制一定量地层流体样品所需的分离器油量

$$V_{os} = \frac{366x}{GOR_s + 183} \tag{1}$$

式中，x 为需要配制的地层流体样品的体积，cm^3。

（2）配制一定量地层流体样品所需的分离器气量

$$V_{sg} = \frac{p_{sc} V OSGOR_s T_p Z_p}{Z_{sc} T_{sc} P_p} \tag{2}$$

式中，p_{sc} 表示标准压力，为 0.101 MPa；T_{sc} 表示标准温度，为 293.15 K；P_p 为配样压力，MPa；T_p 为配样温度，K；Z_{sc} 为标准条件下的气体偏差因子；Z_p 为配样条件下的气体偏差因子。

2 地层流体相态特征实验研究

2.1 井流物组成的确定

2.1.1 井流物组成的确定

对复配后的样品,按单次闪蒸实验数据进行井流物成计算,计算公式如下:

$$x_{fi} = \frac{\dfrac{W_O}{\overline{M}_O}X_i + \dfrac{p_1 V_1}{RZ_1 T_1}Y_i}{\dfrac{W_O}{\overline{M}_{Oi}} + \dfrac{p_1 V_1}{RZ_1 T_{1i}} + \dfrac{W_w}{\overline{M}_w}} \tag{3}$$

式中, x_{fi} 为地层流体 i 组分的摩尔分数; W_O 为单次闪蒸油的质量分数,g; W_w 为单次闪蒸水的质量分数,g; $\overline{M}_O$ 为单次闪蒸油平均相对分子质量,g/mol; $\overline{M}_w$ 为单次闪蒸水平均相对分子质量,g/mol; X_i 为单次闪蒸油的摩尔分数; Y_i 为单次闪蒸气的摩尔分数; p_1 为实验时大气压力的数值,MPa; V_1 为放出气体在室温、大气压力下的体积数值,cm³; T_1 为室温的数值,K; Z_1 为实验条件下 (p_1, T_1) 气体偏差因子; R 为摩尔气体常数,8.314 7 MPa·cm³/(mol·K)。

2.1.2 井流物组成计算

在进行配样后,通过油气样品组成色谱分析及井流物组成计算,得到地层流体组成,取样井的井流物组成列于表2,其中 C_1 含量为22.108%, $C_2 - C_6$ 含量为7.638%, C_{7+} 含量为68.549%, C_{11+} 含量为58.505%,属于普通黑油。

表2　井流物组分、组成数据

组分	物质的量组成/%	重量组成/%（湿重）
CO_2	1.167	0.298
N_2	0.539	0.088
C_1	22.108	2.06
C_2	1.017	0.178
C_3	0.425	0.109
iC_4	0.175	0.059
nC_4	0.272	0.092
iC_5	0.393	0.165
nC_5	0.372	0.156
C_6	4.983	2.432
C_7	2.212	1.234
C_8	3.325	2.067
C_9	2.609	1.834
C_{10}	1.898	1.478

注: C_{11+} 性质: 相对密度 = 0.882 3, 分子量 = 264.62。

2.2 单次闪蒸和 PV 关系

表3、表4列出了单次闪蒸和 PV 关系数据，实验油藏的饱和压力为 9.5 MPa，在目前地层压力以下，油藏地层流体仍以单相形式存在，为低气油比原油及中黏原油，且地层流体自身膨胀能量较小。

表 3　取样井单次闪蒸数据

项目	数值
体积系数	1.086
气油比/$m^3 \cdot m^{-3}$	33.775
气油比/$m^3 \cdot t^{-1}$	35.553
气体平均溶解系数/$m^3 \cdot m^{-3} \cdot MPa^{-1}$	3.555
收缩率/%	7.9
地层原油密度/$g \cdot cm^{-3}$	0.8983
脱气原油密度（20℃）/$g \cdot cm^{-3}$	0.95
脱气油分子量/$g \cdot mol^{-1}$	231.0146
饱和压力/ MPa	9.5
压缩系数 MPa^{-1}	5.685×10^{-3}
地层压力下黏度/$mPa \cdot s$	41.39

表 4　流体地层温度下 PV 关系测试结果

压力/MPa	相对体积（V/Vb）	Y 函数	体积系数	密度/$g \cdot cm^{-3}$
15	0.969682		1.086	0.8983
13	0.975134		1.092106	0.893278
12	0.978982		1.096416	0.889766
11	0.983558		1.10154	0.885627
10	0.991514		1.110451	0.87852
9.5	1		1.119955	0.871065
8	1.020376	9.201914346		
5.5	1.204428	3.557598429		
4	1.348443	3.946128319		

2.3 实验室复配代表性讨论

采用前述的配样方法，对取得的油气样品进行配样。从目前的生产实际情况看，目前地层压力在泡点压力以上，地层原油在油藏中仍然以单相形式存在，目前的油样和气样的组成变化不大，按原始条件进行配样，样品具有一定的代表性。

2.4 PVT 相态实验拟合分析

CO_2 – 原油体系室内 PVT 相态实验拟合工作主要包括地层流体重馏分的特征化、组分归并、饱和压力计算、单次闪蒸实验拟合、等组成膨胀实验拟合、多级脱气实验拟合以及相图计算等。选用 CMG 数值模拟软件中的 Winpro 相态软件包进行模拟，最后得到能反映地层流体实际性质变化的流体 PVT 参数场[3—4]。

2.4.1 原始地层流体 P – T 相图模拟

图 1 为地层原油 P – T 相图模拟结果，模拟流体饱和压力为 9.67 MPa。

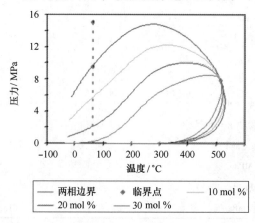

图 1 地层流体压力 – 温度相图

2.4.2 单次闪蒸实验数据拟合

另一关键拟合对象是单次闪蒸实验数据。由于原油体积系数是气油比、原油密度的函数，故在单次闪蒸实验数据拟合中重点考虑原油气油比和地面脱气油密度的拟合程度。表 5 为饱和压力与单次闪蒸实验数据对比表，可以看出，相对误差均小于 5%，拟合效果能满足后续相态模拟计算及组份油藏模拟的需要。

表5 饱和压力与单次闪蒸实验数据对比表

项目	单位	实验值	拟合值	绝对误差	相对误差/%
饱和压力（65℃）	MPa	9.5	9.67	−0.17	−1.76
单次闪蒸气油比	m^3/m^3	33.775	34.412 02	−0.637 02	−1.85
地面脱气油密度	g/cm^3	0.95	0.908	0.042	4.60

2.4.3 等组成膨胀实验数据拟合

地层原油 CCE（等组成膨胀）实验是模拟地层原油在降压开采过程中原油性质变化的方法之一。其主要反映原油和逸出的溶解气的膨胀能力，图 2 为 CCE 实验 P – V 关系拟合结果。由图 2 可以看出：在地层压力降低到饱和压力之前，地层油的弹性膨胀能力小。

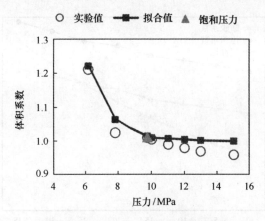

图2 地层流体等组成膨胀实验拟合

3 地层原油注 CO_2 膨胀实验

3.1 地层原油注 CO_2 膨胀实验

为了研究加入不同比例 CO_2 对目前地层流体相态的影响，确定 CO_2 吞吐注入过程驱油机理，研究专门设计了注气膨胀实验。实验过程是在地层压力下将一定比例的 CO_2 气加入到原油中，按照设计注次数加气，每次加气后逐渐加压使注入气在油中完全溶解并达到单相饱和状态。每次加入气体后，饱和压力和油气性质均会发生变化，进行泡点压力、PV 关系、体积系数、密度等参数的测试和计算，从而研究注入 CO_2 气对原油性质的影响[5-6]。

注入 CO_2 后，随着注入量的增加，原油泡点压力会逐渐增大，原油的膨胀系数、体积系数以及溶解气油比均逐渐增大，而原油的密度则随注入量的增加逐渐变小。图3给出了 CO_2 注入原油在泡点压力下的各主要物性特征变化数据。

3.2 目前地层压力和不同温度下饱和 CO_2 的地层油 PV 实验

为了分析焖井后饱和 CO_2 的地层油返排过程（吐过程），设计了针对目前地层压力和不同温度下饱和 CO_2 的地层油溶解气析出膨胀过程实验。实验过程是在目前地层压力下将饱和 CO_2 地层原油在65℃及100℃的情况下分别进行单次闪蒸，PV 关系和多级脱气的实验测试，从而研究在不同温度下注入的 CO_2 对地层油返排过程的影响。

3.2.1 CO_2 饱和油的组成变化

在对地层原油在目前地层压力15 MPa，不同温度下饱和 CO_2 后，通过油气样品组成色谱分析及流体组成计算，得到地层流体不同温度下饱和 CO_2 至地层压力后的组成。对比可以看出，65℃下饱和油的 CO_2 含量为 15.99%，C_1 含量为 18.79%，$C_2 - C_6$ 含量为 6.49%，C_{7+} 含量为 58.27%，属于普通重质流体组成；100℃下饱和油的 CO_2 含量为 13.03%，C_1 含量为 19.45%，$C_2 - C_6$ 含量为 6.72%，C_{7+} 含量为 60.32%，属于更重质的流体组成。

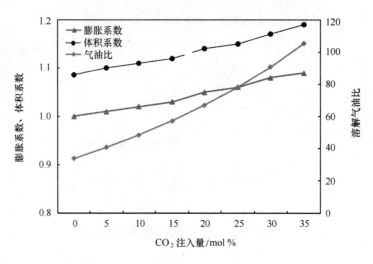

图3　注 CO_2 膨胀过程对原油主要物性的影响

可以看出，在两个不同温度下饱和 CO_2 至目前地层压力后，地层流体仍属于普通黑油流体组成且 CO_2 的含量会有较显著的增加。65℃时 CO_2 在井地层原油的饱和溶解度略大于其在100℃下的饱和溶解度。同样说明在近临界温度范围内，CO_2 在地层原油中的增溶能力仍然大于远离临界温度的高温范围。

3.2.2　溶解气油比及体积系数变化

图4为原始地层流体不同温度下饱和 CO_2 至目前地层压力后溶解气油比对比曲线，可以看出随温度的升高，地层流体溶解度也呈现下降的趋势，体积系数呈现上升的趋势，温度影响明显。

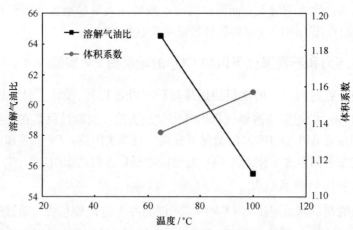

图4　地层流体不同温度下饱和 CO_2 至目前地层压力后溶解气油比及体积系数对比曲线

3.2.3　多级脱气分析

图5是不同温度下饱和 CO_2 至目前地层压力后流体多级脱气过程各级压力溶解气油比

和体系数的变化。可以看出，在多级脱气过程中，随着压力的降低，溶解气油比和体积系数呈现逐渐下降的趋势。65℃注 CO_2 后的气油比较 100℃注入 CO_2 后的大，但是体积系数 100℃时高于 65℃的。

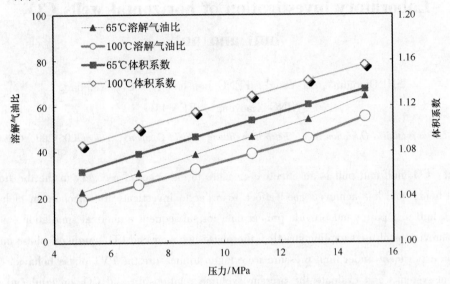

图5　不同温度下饱和 CO_2 地层流体多级脱气各级压力溶解气油比及体积系数变化

4　结论

（1）通过 CO_2 - 原油室内膨胀实验，可开展室内 PVT 相态实验分析，主要包括地层流体重馏分的特征化、组分归并、饱和压力计算、单次闪蒸实验拟合、等组成膨胀实验拟合、多级脱气实验拟合以及相图计算等。

（2）注入 CO_2 后，原油的饱和压力不断上升，溶解气油比也逐渐增大，原油体积系数增大，注入气有利于增溶驱油。并且随注入量的增加，膨胀系数逐渐增加，注入气能增加地层原油的能量和饱和度。

（3）CO_2 在不同温度下，在 CO_2 近临界区温度范围，CO_2 的密度接近液体，具有较强的超临界特性，在原油中溶解能力会明显大于远离 CO_2 近临界区的高温范围。

参考文献：

［1］　Ali Danesh. 油藏流体的 PVT 与相态［M］. 沈平平，韩冬，译. 北京：石油工业出版社，2000：20—256.

［2］　谢尚贤. 大庆油田 CO_2 驱油室内实验研究［J］. 大庆石油地质与开发，1991，10（4）：32—35.

［3］　张茂林，梅海燕、孙良田，等. 三维四相多组分数学模型和数值模型的建立［J］. 断块油气田，2002，9（5）：29—31.

［4］　张茂林，梅海燕，杜志敏，等. 凝析油气藏流体相态和数值模拟理论研究［M］. 成都：四川科学技术出版社，2004.

［5］　沈平平，黄磊. 二氧化碳 - 原油多相多组分渗流机理研究［J］. 石油学报，2009，30（2）：248—249.

[6]   郝永卯,薄启炜,陈月明. CO_2 驱油实验研究 [J]. 石油勘探与开发, 2005, 32 (2): 110—112.

Laboratory investigation of horizontal wells CO_2 huff and puff

SHI Qionglin[1], LI Yong[1], FENG Jiansong[1], YANG Xiaoliang[1],
NING Xiaoyong[1], REN Li[1]

(1. *Lushang Oilfield Operation Area*, *Petrochina Jidong Oilfield Company*, *Tanghai* 063200, *China*)

Abstract: CO_2 huff and puff is an effective measure to enhance oil recovery in the the Jidong on-shore oil field, and has achieved good effect. In order to investigate the mechanism of horizontal wells CO_2 huff and puff, and provide project data for subsequent numerical simulation, according with the provisions of the sampling strictly, the phase behavior and CO_2-crude oil phase miscibility expansion experiment under high pressure were taken to measure the PVT phase behavior of multi-component system, and evaluate the pressure volume relationship and CO_2 on crude oil swelling effect. Thus horizontal wells CO_2 huff and puff mechanism was disclosed.

Key words: CO_2 huff and puff; saturation pressure; phase fehavior; swelling effect

水平井吞吐后防 CO_2 腐蚀缓蚀剂的研究与应用

赵永刚[1]，陈勇[1]，陈召洋[1]，李佳慧[1]，王桂杰[1]，魏慧慧[1]，陈亮[1]

（1. 中国石油冀东油田 瑞丰化工公司，河北 唐海 063200）

摘要： 随着冀东油田 CO_2 吞吐水平井控水技术的现场应用，大量的 CO_2 注入到地层，由此产生的腐蚀问题愈加突出。本文通过室内模拟现场条件分析了温度、CO_2 分压对冀东油田油气井管线的腐蚀影响，研制了一种防 CO_2 腐蚀的缓蚀剂，现场应用取得了良好的效果。

关键词： 二氧化碳；腐蚀；咪唑啉；改性

CO_2 吞吐水平井控水是发展较快的一项提高原油采收率工艺技术，可应用于多种条件的油藏。然而，在 CO_2 吞吐过程中大量注入的 CO_2 已经成为油气井及设备腐蚀的主要因素。控制油气井管腐蚀的方法主要有选用耐蚀材料、有机或无机涂层、添加化学药剂以及管道清扫等。由于 CO_2 吞吐中腐蚀发生的部位广泛，在防腐过程中应尽量做到既不能造成环境污染，更不能伤害油气资源，还要综合考虑开采成本问题，在不改变工艺条件下，选择投加缓蚀剂是一种切实有效的措施，因而研究防 CO_2 腐蚀的缓蚀剂具有十分重要的意义。

1 室内研究

1.1 不同 CO_2 分压的腐蚀情况

（1）模拟地面管线的腐蚀影响

冀东油田采出液到达地面后的温度约为 60℃，取现场采出液，使用 A3 钢片测定不同 CO_2 分压条件下的腐蚀速率变化情况，结果见图 1。

从图 1 可以看出，CO_2 分压达到 2 MPa 时，腐蚀速率达到最大值，当 CO_2 分压大于等于 0.1 MPa 时，腐蚀速率超过标准要求的 0.076 5 mm/a。

（2）模拟井底管线的腐蚀情况

冀东油田采出液地层温度约为 90℃，取现场采出液，使用 N80 钢片测定不同 CO_2 分压

作者简介： 赵永刚（1984—），男，甘肃省庆阳市人，2007 年毕业于西安石油大学应用化学专业；现在中国石油冀东油田瑞丰化工公司从事油田化学剂的研究工作。E-mail：challenge1022@163.com

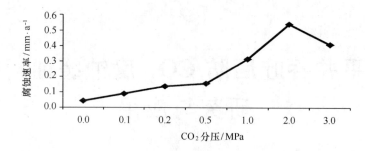

图1　60℃条件下不同 CO_2 分压对 A3 钢片的腐蚀速率变化

条件下的腐蚀速率变化情况，结果见图2。

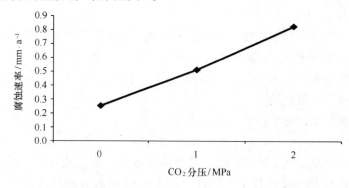

图2　90℃条件下不同 CO_2 分压对 N80 钢片的腐蚀速率变化

从图2可以看出，在地层温度90℃条件下，不存在 CO_2 分压时，采出液的腐蚀速率即超过标准要求。

1.2　防 CO_2 腐蚀缓蚀剂的研制

取一定量的二甲苯作为携水剂倒入500 ml 的带有分水装置的烧瓶中，加入一定量的二乙烯三胺和油酸和催化剂，加热至沸腾一段时间后，减压蒸馏出二甲苯，得咪唑啉中间体。将咪唑啉中间体与含磷有机物反应改性后得深黄色缓蚀剂。

1.3　防 CO_2 腐蚀缓蚀剂的性能评价

防 CO_2 缓蚀剂的性能评价参照 SY/T5273 - 1991《油田注水缓蚀剂评价方法》进行。在温度60℃，CO_2 分压1 MPa 条件下，缓蚀剂加药浓度为200 mg/L，挂片时间为72 h 进行动态挂片试验，试验结果见表1。在温度90℃，CO_2 分压2.3 MPa 条件下，缓蚀剂加药浓度为200 mg/L，挂片时间为72 h 进行动态挂片试验，试验结果见表2。

从表1和表2评价结果可以看出，研制的 JRHS - 2 型防 CO_2 缓蚀剂的缓蚀效果明显。

2　现场应用

冀东油田南堡 NP23 - P2002 井在投产期间采出液约180 m³/d，含水50%，产天然气量

约 $7 \times 10^4 \ m^3/d$，天然气中 CO_2 含量为 21.33%；H_2S 含量为 54 mg/m^3。现场连续 31 d 投加了防 CO_2 腐蚀缓蚀剂 JRHS – 2，加药量为 100 kg/d，加药浓度约 550 mg/L，加药期间现场挂片监测了采出液的腐蚀情况，结果见表 3。

表 1 CO_2 腐蚀 A3 钢片腐蚀速率及缓蚀速率结果

名称	实验前质量/g	实验后质量/g	平均腐蚀速率/mm·a^{-1}	缓蚀率/%
不加药	11.012 8	10.981 8	0.220 8	/
	11.841 5	11.809 0		
BHH – 09	11.166 2	11.152 5	0.112 7	49.0
	11.015 0	10.996 3		
JRHS – 2	11.385 6	11.379 4	0.059 1	73.2
	11.172 3	11.161 5		

表 2 CO_2 腐蚀 N80 钢片腐蚀速率及缓蚀速率结果

名称	实验前质量/g	实验后质量/g	腐蚀速率/mm·a^{-1}	缓蚀率/%
不加药	10.871 2	10.833 4	0.456 5	/
	10.682 6	10.646 5		
ZY – 1	10.860 8	10.848 8	0.150 0	67.5
	10.650 4	10.638 4		
JRHS – 2	10.913 3	10.905 6	0.095 5	79.1
	10.798 2	10.790 5		

表 3 NP23 – P2002 井现场挂片腐蚀速率测定结果

钢片编号	实验前质量/g	实验后质量/g	质量差/g	腐蚀速率/mm·a^{-1}	平均腐蚀速率/mm·a^{-1}
036	11.498 8	11.493 2	0.005 6	0.004 0	0.007 8
122	11.449 2	11.440 3	0.008 9	0.006 4	
898	11.325 3	11.313 1	0.012 2	0.008 7	

从表 3 可以看出，防 CO_2 腐蚀缓蚀剂 JRHS – 2 可以有效保证采出液腐蚀率控制在 0.076 mm/a 以下。

随后，防 CO_2 腐蚀缓蚀剂 JRHS – 2 又在冀东油田南堡 NP23 – P2004 井和 NP23 – P2006 井进行了投加，现场挂片测定腐蚀速率结果见表 4。

表 4 腐蚀速率测定结果

井号	原质量/g	后质量/g	质量差/g	平均腐蚀速率/mm·a^{-1}
NP23 – P2004	11.747 6	11.747 4	0.000 2	0.000 1
	11.529 6	11.529 3	0.000 3	
NP23 – P2006	11.193 1	11.191 6	0.001 5	0.000 9
	11.278 3	11.276 9	0.001 4	

图3　NP23 – P2002 挂片现场

由表4可知，NP23 – P2004 井和 NP23 – P2006 井的腐蚀速率均非常低。

3　结论

（1）冀东油田采出液在 60℃，CO_2 分压达到 0.1 MPa 时，腐蚀速率超标，当温度达到 90℃，不存在 CO_2 分压的情况下腐蚀速率超标。

（2）研制的 JRHS – 2 型防 CO_2 缓蚀剂的缓蚀效果明显，效果优于同类药剂。

（3）JRHS – 2 型防 CO_2 缓蚀剂在冀东油田南堡油井采出液得到应用后，有效的控制腐蚀速率在 0.076 mm/a 以内。

参考文献：

［1］　张学元，雷良才. 二氧化碳腐蚀与控制［M］. 北京：化学工业出版社，2000：1—5.

［2］　赵福麟. 油田化学［M］. 东营：石油大学出版社，2005：290—293.

Research and application of carbon dioxide corrosion inhibitor

ZHAO Yonggang[1], CHEN Yong[1], CHEN Zhaoyang[1], LI Jiahui[1], WANG Guijie[1],
WEI Huihui[1], CHEN Liang[1]

(1. *Ruifeng Chemical Company*, *Jidong Oil Co. Ltd.*, *Tanghai* 063200, *China*)

Abstract： With the development of field application on water control technology in jidong oilfield carbon dioxide throughput of horizontal well, a large number of carbon dioxide is injected into the formation, the subsequent problem becomes more and more prominent. In this paper, after indoor simulated field condition analysis of temperature and partial pressure of carbon dioxide in Jidong Oilfield oil and gas pipeline corrosion effects, we developed a kind of inhibitor which can prevent pipeline from carbon dioxide corrosion, we achieved good results in on-site application.

Key words： carbon dioxide; corrosion; imidazoline; modified

筛管完井水平井作业技术

宋颖智[1]，邱贻旺[1]，姜增所[1]，强晓光[1]，章求征[2]，祝志敏[2]

（1. 中国石油冀东油田公司 钻采工艺研究院，河北 唐山 063000；2. 中国石油冀东油田公司 陆上作业区，河北 唐山 062000）

摘要： 筛管完井水平井作为浅层疏松砂岩油藏油井的主要完井方式之一，在冀东油田已经得到广泛的应用。但是，筛管完井水平井的新井投产与后期措施作业，逐渐暴露出钻井过程中的污染、低压易漏地层的漏失、筛管堵塞等问题。为有效解决这些问题，冀东油田研究形成了多种水平井措施作业技术，取得显著效果。

关键词： 水平井；筛管；作业技术；污染；漏失；堵塞

水平井作为油气田开发的一项先进技术，已成为中国石油提高油田开发效益，转变经济增长方式的重要手段之一。冀东油田自 2002 年底在浅层油藏投入水平井开发，2004—2008 年规模化应用水平井技术，取得了显著的开发效果。针对冀东油田地质和开发特点，充分消化吸收国内浅层疏松砂岩油藏完井技术，研究、形成了一套适合冀东油田浅层油藏特点的完井工艺技术，主要包括常规水平井、侧钻水平井、小井眼侧钻水平井为主的防砂筛管完井及配套技术，并在现场进行实验和推广，确保冀东油田复杂结构井的顺利投产和正常生产。

截止 2010 年底，冀东油田高浅北区共实施水平井 128 口，其中防砂筛管完井应用 99 口。通过油田水平井的开发，水平井防砂筛管完井存在的一些问题[1]：钻井过程中油层污染，低压易漏地层漏失、后期筛管堵塞、油层出砂等，严重影响了筛管水平井的生产，同时也增加了后期措施作业的频次，影响了油田的经济效益。通过近几年的现场试验，冀东油田通过自主研发，逐渐形成了筛管完井水平井措施作业技术——替浆多段塞技术、泡沫酸洗技术、声波震荡解堵技术、微泡修井液技术等。

1 筛管完井水平井存在的问题[2]

1.1 筛管水平井钻井、投产出现的问题

水平井采用筛管完井在低压易漏失油藏完井时，投产时油层漏失、处理井壁泥饼时会出现一些困难，主要体现在以下几个方面：

作者简介： 宋颖智（1977—），男，河北省昌黎市人，工程师，2009 年 1 月毕业于中国石油大学（华东）石油工程，现就职于冀东油田钻采工艺研究院井筒工程研究室，从事水平井完井、水平井控水及大修与井下作业的研究工作。E-mail：syz1977@ petrochina. com. cn

（1）钻井液伤害，为固相堵塞和滤液污染。高浅北区油藏储层物性好，水平段在钻井过程中易受到污染，因浸泡时间不同，受到污染程度多沿轴向递减，远端污染程度最低。

（2）酸液对混油聚合物钻井泥浆的清洗效果欠佳。

（3）清水替浆过程中出现替浆液指进、窜进，替浆效率低，滞留的钻井泥浆消耗大量酸液，使泥饼酸洗解堵效果欠佳。

（4）酸洗泥饼时，酸开一段泥饼后酸液及反应物沿酸开段进入油层深部，其他部位的泥饼不能接触酸液，以致解堵效果欠佳。

（5）冀东油田浅层油藏大部分属天然边底水驱，埋藏浅，胶结疏松，地层压力系数低，漏失严重，常规的洗井技术漏失量大，对油层伤害严重。

1.2 筛管水平井生产过程中出现的问题

筛管完井水平井投产一段时间后，油井会出现油层堵塞、筛管堵塞，需要通过措施来恢复生产。

冀东油田高浅北区储层疏松，原油黏度较高，携砂能力强。生产过程中的颗粒运移易导致堵塞；水平井在正常投产生产一段时间后，会出现颗粒运移堵塞油层或筛管，导致供液不足或不出的现象，需要酸化解堵来释放或恢复正常生产能力。

1.3 水平井施工中存在的问题

水平井井身结构特点，导致冲砂施工困难。主要体现在以下几个方面：

（1）水平井射孔/筛管段较长，产液量较高，地层亏空较严重，地层压力低，使得冲砂液漏失严重，难于正常地建立起循环，冲砂效率低。

（2）水平井段携砂规律复杂，砂粒的沉降方向和携砂液流动方向垂直，维持砂粒的悬浮状态困难，地层砂不易返出。

（3）冲砂管柱遇阻不明显，容易造成对井下情况的误判，从而导致冲砂不彻底甚至导致卡钻事故。

（4）冲砂管柱底部不能用笔尖，必须使用活导锥等带有引鞋的工具。

（5）若不能连续冲砂（如：连续油管冲砂或连续冲砂装置冲砂）时必须采用反循环的方式冲砂。

2 筛管完井水平井替浆多段塞完井液技术

2.1 高黏段塞替浆液[3]

采用天然高分子增稠的不同黏度的胶液作为替浆液，实现替浆时以段塞式推进，增强对井筒内泥浆的携带、悬浮能力和冲刷能力，高效的顶替环空钻井液，对井壁和井筒有较强的清洁作用。

高黏替浆液用量按 2 倍筛管外泥浆量设计。

2.1.1 非交联替浆工作液体研究

采用天然高分子化合物增稠，在不同增稠剂浓度下溶胶的黏度如表 1 所示。

表1 不同增稠剂浓度下溶胶的黏度

浓度/%		0.1	0.2	0.3	0.4	0.5	0.6	0.7	0.8	0.9	1.0
黏度/mPa·s	HPG	18	27	45	60	78	105	171	234	264	306
	GRJ	15	21	39	51	66	90	156	201	222	289

根据实际应用的地层温度,测定在不同温度下,对增稠剂黏度的影响见表2(增稠剂的浓度为0.55%,温度为25~70℃。用Fan 35黏度计测定)。

表2 温度对增稠剂黏度的影响

温度/℃		25	30	40	50	60	70
黏度/mPa·s	HPG	84	81	78	72	54	48
	GRJ	72	66	63	57	48	42

注:HPG——羟丙基瓜尔胶,GRJ——交联剂。

可以看出:随着温度的升高,溶胶的黏度下降明显,因此,若用溶胶作为替浆工作液,只能用在低温地层中。用在高温和中温地层中必须使用交联型替浆工作液。

2.1.2 交联替浆工作液体研究

高黏替浆液具体配方和性能如表3、表4所示。

表3 高黏替浆液系列配方组成

项目组分及名称	浓度范围/%			
	配方A	配方B	配方C	配方D
增稠剂	0.40~0.45	0.45~0.50	0.50~0.55	0.55~0.60
杀菌剂	0.10~0.15	0.15~0.20	0.20~0.25	0.20~0.25
助排剂	0.20~0.30	0.20~0.30	0.20~0.30	0.20~0.30
黏土稳定剂	0~0.20	0~0.20	0~0.20	0~0.20
pH值调节剂	0	0	0.017	0.017
低温胶联剂	0.04~0.05	0.04~0.06	0.04~0.06	0.04~0.06
高温胶联剂	0	0	0.03~0.04	0.05~0.15

注:增稠剂为羟丙基瓜尔胶HPG-1,高温交联剂为有机硼,低温交联剂为无机硼。

表4 高黏替浆液液综合性能

配方	稠变系数 K/Pa·s^n	流变性 n/(常数)	黏度(恒温1 h) μ/mPa·s	滤失系数 C_3/×10^{-4} m·min$^{1/2}$	30℃的胶液黏度 μ/mPa·s
A	4.658	0.302 3	96	6.16~7.76	<4
B	5.447	0.312 5	107	5.32~7.74	<2
C	8.964	0.296 8	570	4.86~6.62	<2
D	7.324	0.384 2	276	4.25~6.84	<2

注:其他性能:残渣率小于3%,岩心伤害率小于1.5%,摩阻相当于同排量清水的40.31%

由于完井液在处理筛管外井壁时，需要通过上部筛管进入筛管外环空。过高的黏度会造成地面泵压的大幅度上升，会对筛管悬挂器和洗井管柱造成不利影响。综合考虑通过性能和配方的黏度等技术指标，确定采用黏度 $\mu = 107\ mPa \cdot s$ 的 B 配方。

2.2 高效清洗段塞——清洗油层油膜

由于大多数钻井泥浆体系在钻遇油层后都会混油，替浆结束后，泥饼表面的油膜会阻止酸液与泥饼的接触，影响钻井泥饼的处理效果。采用高效清洗段塞清洗油膜可以提高酸洗泥饼的效果。高效清洗段塞配方：2% JDB – 1 + 2.5% NH4Cl + 0.5% 清洗剂。JDB – 1 为原油清洗剂。

2.3 复合解堵体系——清除泥饼

分别取聚硅氟泥浆、聚合物泥浆，并将泥浆用 65℃ 烘干，冷却，称量 5 g 分别加入 3% 氯化铵溶液、5% 盐酸溶液、1.5% 氢氟酸溶液、常规酸洗液 150 ml 浸泡 4 h，观察现象，对反应后的泥浆烘干物过滤、洗净（洗至 pH 值为中性）、烘干，并称量其质量，计算泥浆烘干物的溶蚀率，实验结果如下表 5 所示。

表 5 实验组成对泥饼溶蚀率的影响

序号	实验组成	实验现象（聚硅氟泥浆）	溶蚀率/%（聚硅氟泥浆）	实验现象（聚合物泥浆）	溶蚀率/%（聚合物泥浆）
1	烘干物 + 150 ml 2% 氯化铵溶液	无明显变化，溶液变黄色	2.67	无明显变化	4.01
2	烘干物 + 150 ml 5% 盐酸溶液	有气泡产生，但不剧烈	7.0	有气泡产生，但不剧烈	19.29
3	烘干物 + 150 ml 1.5% 氢氟酸溶液	有气泡产生，但不剧烈	5.8	有气泡产生，但不剧烈	9.28
4	烘干物 + 150 ml 酸洗液	有较多气泡产生，反应剧烈，反应放热	13.5	有较多气泡产生，反应剧烈，反应放热	23.73

取聚硅氟泥浆、聚合物泥浆各 200 ml，分别加入 3% 氯化铵溶液、5% 盐酸溶液、1.5% 氢氟酸溶液、常规酸洗液 150 ml 反应 2 h，观察现象，实验结果如下表 6 所示。

表 6 常规酸洗液对泥饼解除效果

序号	实验组成	实验现象（聚硅氟泥浆）	实验现象（聚合物泥浆）
1	泥浆 200 ml + 150 ml 2% 氯化铵溶液	无明显变化	无明显变化
2	泥浆 200 ml + 150 ml 5% 盐酸溶液	有气泡产生，20 min 外溢，不明显放热	有气泡产生，不外溢，不明显放热
3	泥浆 200 ml + 150 ml 1.5% 氢氟酸溶液	有气泡产生，不外溢，不明显放热	有气泡产生，不外溢，不明显放热
4	泥浆 200 ml + 150 ml 酸洗液	有较多气泡产生，10 min 外溢，反应明显放热	有较多气泡产生，10 min 外溢，反应明显放热

由以上实验可以得出：常规酸洗液对聚硅氟泥浆形成的泥饼具有较好的解除作用；常规酸洗液对聚合物泥浆形成的泥饼具有较好的解除作用。

3 泡沫酸洗/酸化技术

由于水平井井身结构的特点和不同于直井的地层渗流规律，决定了水平井的水平段更易受到钻井液固相及液相的伤害，加上水平段钻井时间相对较长，钻井岩屑返排效果差等原因，对单井的产能影响也较大。

针对水平井完井工艺特点，现场开展了泡沫酸洗/酸化工艺技术试验应用。在 G104 – 5P101、G104 – 5P104 井等 10 口井进行了泡沫酸洗/酸化的应用试验，收到了良好的效果。

3.1 泡沫酸酸洗/酸化的基本原理[4]

在石油工程中应用的泡沫流体是以水为液相，以空气、氮气、天然气、二氧化碳等气体为气相，两相充分混合形成的非牛顿连续体系。

泡沫酸液是在地面将加入起泡剂的酸液与压风机提供的氮气一起注入泡沫发生器，经过泡沫发生器的充分混合形成的稳定流体。

泡沫酸原理：用泡沫洗井液建立循环后，将泡沫酸液注入井内，通过酸液的解堵作用以及泡沫流体的返排能力，对裸眼段储层环空进行改造的过程。泡沫洗井液在泵压的支撑下进入渗透率较高的层段，使流体流动阻力逐渐提高，进而在吼道中产生气阻效应。在叠加的气阻效应下，后泵入的泡沫酸液进入低渗透率地层与岩石反应，形成更多溶蚀通道，解除低渗透层污染、堵塞，改善油井产液剖面。

3.2 泡沫酸的特点

3.2.1 泡沫流体密度低

泡沫液中由于有气体的存在，大大降低了泡沫液的密度（常压下其最低密度可达 $0.3 \sim 0.4 \ g/cm^3$，在井眼中泡沫液平均密度可以控制在 $0.5 \sim 1.0 \ g/cm^3$），通过调节气体的量，可以控制泡沫液的密度，便于控制井底压力，减少完井液漏失和污染。

3.2.2 泡沫流体携带能力强

（1）泡沫流体黏度高，携带能力强，在低返速的环境下，其携砂能力比空气、清水甚至普通完井液强。

（2）泡沫酸反应后，洗井、排液时，可有效地携带残酸及酸渣反应物，减少酸液对地层的二次污染伤害。

3.2.3 泡沫流体具有选择性封堵作用

泡沫流体对地层渗透率有选择性，堵大不堵小。泡沫流体对高渗层具有较强的封堵作用，而对低渗透层的封堵作用较弱。

3.2.4 缓速效果好

图 1 为土酸、泡沫酸基液、泡沫酸的岩心溶蚀率与反应时间图。

泡沫酸是一种缓速酸，具有良好的缓速效果，可以实现深部酸化。从实验结果可以发

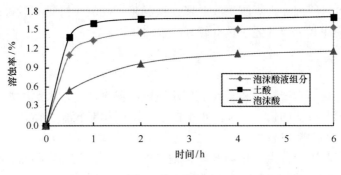

图1　岩心溶蚀率

现，泡沫酸基液的溶蚀速度和溶蚀率明显低于土酸，并且反应时间也明显延长。因此，在酸洗过程中泡沫酸洗液能够进入近井地带与堵塞物反应，所以与常规酸洗液相比能够较为充分的清除泥饼和近井堵塞物，返出物中也能看到大量的泥浆和一些地层细砂。

3.3　泡沫酸洗技术现场应用

应用实例：G104 – 5P96 井

G104 – 5P96 井是高尚堡油田高浅北区高 104 – 5 区块 Ng 9 小层构造高部位的一口开发井，采用 7 in 筛管完井，水平段 110 m，人工井底 2 105 m。该井新井投产时使用了泡沫酸洗技术，现场施工 P – Q – t 如图1。

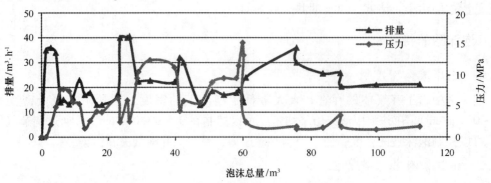

图2　G104 – 5P96 井施工 P – Q – t 曲线图

由图2施工 P – Q – t 曲线可以明显地看出：酸洗接近结束时，施工压力 P 有明显的降低，说明泡沫酸洗对解除油层堵塞起到了良好的作用。

4　微泡修井液堵漏技术

冀东油田浅层油藏大部分属天然边底水驱，埋藏浅，胶结疏松，地层压力系数低，漏失严重，常规的洗井技术漏失量大，对油层伤害严重。为解决漏失问题，开展了微泡暂堵技术研究与应用。

4.1 微泡暂堵技术作用机理[5]

微泡修井液由水和表面活性剂、处理剂等组成，通过物理化学作用自然形成粒径较小的囊状泡或乳滴，分散在连续相中形成稳定的气液体系。微泡暂堵技术，是在其他工作液基础上加入自匹配绒囊封堵材料，提高地层承压能力的一项新技术。它不仅不改变原有工作液的基本性能，而且在流变性、储层保护等方面具有更明显的优势。

在微泡封堵地层过程中，其大小、形状和聚集形式随环境变化而变化，与其同时存在的连续相共同作用，形成了性能独特的自匹配封堵技术（如图3所示）。

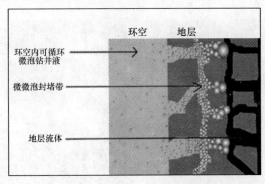

图 3　微泡修井液暂堵示意图

对于不同孔隙的地层，微泡的作用机理有 3 种：

（1）封堵大通道漏失地层：依靠绒囊膨胀，形成非均一的堆积效应。

（2）封堵裂缝或孔喉半径接近绒囊半径的地层：大量的绒囊聚集在一起进行叠加，防漏堵漏。

（3）对低孔低渗地层，依靠可循环绒囊工作液低剪切速率下的高黏度，在井壁形成黏膜效应，骤增流体进入地层的阻力，使工作液侵入地层的速度降低，实现地层封堵。

4.2 微泡修井液适用领域

利用绒囊修井液的暂堵功能可以成功地对地层实现暂时性封堵，在施工时可以建立有效的循环，施工结束后，绒囊修井液的封堵性随时间的延长自动消失。该技术可以应用于以下领域：

（1）完井过程中的替浆作业：每一口新井在完井初期都要求替出井筒内的泥浆，解除泥浆对地层的污染，为后期完井施工提供更好的工作环境。在遇到井漏十分严重的情况时，可以利用绒囊修井液的暂堵功能对地层进行暂时性封堵，建立有效循环，替净井筒中的泥浆。

（2）修井中的冲砂作业：在修井过程中，必须首先对井筒进行处理，冲出井筒内的沉砂。利用绒囊修井液的暂堵功能对地层进行暂时性封堵，有利于冲出井筒内的沉砂，避免在修井过程中发生卡油管、卡工具等事故。

（3）其他施工：在其他措施作业中如堵水作业，可以利用绒囊修井液对地层进行暂堵，更好地达到施工目的。

4.3 现场应用实例

4.3.1 应用实例1

G104 - 5P61井为高浅北区的一口水平井，日产液278.49 m^3，日产油7.24 t、含水97.4%，筛管段长度117.57 m，探砂面2 012 m，砂埋280 m，压力系数0.95。在对该井进行检泵作业时，测得的吸收量为780 L/min/0 MPa。2009年10月12日该井用30 m^3绒囊修井液进行暂堵后成功地完成了冲砂作业。

图4 G104 - 5P61冲砂返液图

4.3.2 应用实例2

NP12 - X60井位于南堡油田1号构造南堡1 - 1区南堡1 - 29断块构造较高部位，目的层为NgⅣ②油藏。在完井替浆过程中，泵车压力0 MPa，流量400 L/min，洗井100 m^3，出口不返液，漏失量非常大，无法建立正常的循环，不能进行有效的完井施工。

为了保证该井正常的施工，研究决定采用绒囊修井液对全井进行"暂堵"。在替入绒囊修井液50 m^3，关井反应半小时后，用大量清水洗井，洗井一段时间后出口开始返出泥浆，且返出量不断增大，随着替浆时间的增加和泵注清水量的增加，井筒中的泥浆全部替出。

替浆结束后，根据设计要求进行胀封作业。此期间由于天气原因，停等30多个小时，胀封结束后测量地层漏失量仅1.9 m^3/h，说明绒囊修井液成功地对地层进行了封堵，为整个完井施工提供了良好的井筒环境。

通过以上两口施工井的现场应用可以看出：在水平井完井、修井等施工过程中，利用绒囊修井液的暂堵性能对地层进行暂堵，能有效解决因井漏问题带来的各种施工困难，为修井工艺的顺利进行奠定基础。

5 结论

（1）根据水平井钻井、完井以及井身结构特点和实际需要开展了相关研究，高黏度替浆 + 酸洗堵漏一体化完井液多段塞技术解决了泥浆和反应物漏失、井壁处理不彻底的问

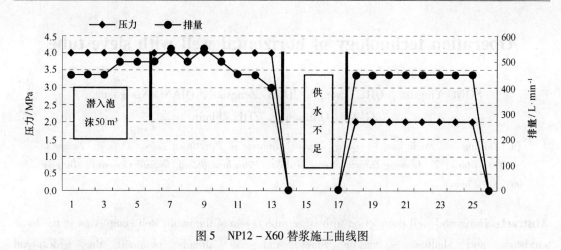

图5　NP12－X60 替浆施工曲线图

题，很好的提高了水平井的完善程度。现场应用取得了良好的应用效果。

（2）利用泡沫流体的性能和特点，泡沫酸洗技术能够较好的解除钻井期间形成的污染，且对地层伤害小，有效保护筛管并改善近井地带渗流状况。

（3）利用微泡流体的性能和特点，微泡修井液调整对地层的封堵时间，为施工作业提供较稳定的井筒条件。

（4）由于水平井井身结构的特点，导致水平井冲砂施工比较复杂。目前油田水平井清砂主要采用泡沫冲砂和捞砂泵捞砂，微泡修井液暂堵技术的应用，为水平井冲砂提供了技术上的保证。

参考文献：

［1］　万仁溥．现代完井工程（3版）［M］．北京：石油工业出版社，2008．

［2］　张建军，赵宇渊，等．不同类型油藏水平井开发适应性分析［J］．石油钻采工艺，2009，31（6）：9—12．

［3］　肖池俊，等．水平井筛管完井多段塞完井液技术［J］．油田化学，2008，25（1）：9—12．

［4］　关富佳，姚光庆，刘建民．泡沫酸性能影响因素及其应用［J］．西南石油大学学报（自然科学版），2004，26（1）：65—68．

［5］　蔺志鹏，雷桐，买炎广．可循环泡沫钻井完井液研究与应用［J］．石油钻采工艺，2005，27（5）：35—39．

Operation technology of horizontal well with sieve tube

SONG Yingzhi[1], QIU Yiwang[1], JIANG Zengsuo[1], QIANG Xiaoguang[1],

ZHANG Qiuzheng[2], ZHU Zhimin[2]

(1. *Drilling and Production Technology Research Institute of PetroChina Jidong Oilfield, Tangshan* 063000, *China*; 2. *Lushang Oilfield Operation Area, Petrochina Jidong Oilfield Company, Tanghai* 063200, *China*)

Abstract: Horizontal well completion with sieve tube is one of the major well completion in the loose sandstone and shallow - middle zones, and has already obtained the widespread application. However, the new wells' production of horizontal well completion with sieve tube and operation technology gradually exposed many problems, such as the drilling pollution, the leakage in low pressure and easy lost circulation formations, the blockage of sieve tube, and so on. In order to solve these problems, researchers in Jidong Oilfield have studied variety of horizontal well operation technology, and obtained remarkable results.

Key words: horizontal well; sieve tube; operation technology; pollution; leakage; blockage

水平井完井管柱摩阻计算与仿真

张建忠[1]，王玲玲[1]，郝夏蓉[1]，强晓光[1]，蓝钢华[2]

（ 1. 中国石油冀东油田公司 钻采工艺研究院，河北 唐山 063000；2. 中国石油冀东油田公司 工程技术处，河北 唐山 063000）

摘要：根据水平井井眼轨迹数据资料及现场完井工艺技术情况，建立起一种实用的完井管柱作业过程中的载荷计算模型。根据数学模型，开发出不同工况下作业管柱受力的仿真模拟器。模拟器在冀东油田某井进行成功应用，其理论计算与测试结果相符，验证了计算模型的准确性。此项研究可以用来设计水平井的生产与作业管柱，具有一定的实用价值。

关键词：摩阻；计算；仿真

水平井井眼轨迹的复杂性决定了其生产作业管柱下井过程中受力比较复杂[1-2]。在其作业过程中，经常要预先分析各种工具及工具串能否顺利通过预定位置，预测作业过程中修井机所承受的悬重是否超出其额定载荷等问题。Johansick[3]、Brett[4]等人先后发表和修正了摩阻预测的软杆模型。本文根据水平井井眼轨迹数据资料及现场完井工艺技术情况，建立起一种实用的完井管柱作业过程中的载荷计算模型并开发其摩阻分析仿真器。

1 水平井管柱有效拉力数学力学模型

1.1 水平井管柱有效拉力数学力学模型

轴向力是指油管沿轴向的拉力或压缩力。一般情况下，在井口的油管柱由于油管自重受拉力作用；在水平段的油管底部，由于油管与井壁接触受套管的支持力、摩擦力以及井内液体浮力等的作用，油管承受压缩力；或者在有封隔器作用时，封隔器处油管也可能受压缩力的作用。油管柱有效轴向力主要是油管自重产生的拉力、浮力、摩擦力、摩阻力、弯矩和完井后井内温度、压力变化产生的附加轴向力以及封隔器引起的压缩力等的综合轴向力。本文将建立水平井油管柱的有效轴向力的数学模型。

图 1 所示为水平井井眼轨迹垂直剖面图。H_k 为造斜点深，H_V 为垂深，入靶点（D）处水平位移为 L_1，靶体 DE 段长度为 L_2，整个井眼斜深为 L。

作者简介：张建忠（1981—），男，河北省迁安市人，工程师，现任职于冀东油田钻采工艺研究院井筒工程研究室，从事油井大修和套损机理方面的研究工作。E-mail：zcy_ zhangjzh@ petrochina. com. cn

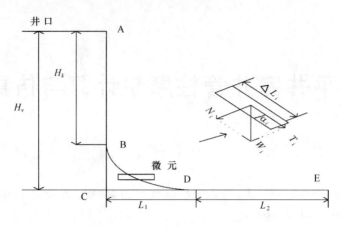

图1　水平井井眼轨迹垂直剖面图

$$W_S = Lq_s \tag{1}$$

$$T_h = W_S \tag{2}$$

式中，W_S 为整个油管在空气中的自重，N；T_h 为井口拉力，N；q_s 为油管单重，N/m。

　　如果按最大拉力计算，可用式（2）计算井口拉力，除以抗拉安全系数后，再选择满足抗拉强度要求的油管，这样设计过于保守。实际水平井中，油管在水平段产生的垂向拉力为零，造斜段产生的垂向拉力也小于造斜段油管实际的总重量。下面将详细推导，如图1中，在造斜段 BDE 曲线上任意取一微小段 ΔL_i，其重量为 W_i，则沿轨迹线的轴向拉力为 T_i，与井壁法向正压力为 N_i，井斜角为 α_i。图2是其力学模型，则其关系有：

$$T_i = W_i \cos \alpha_i \tag{3}$$

$$N_i = W_i \sin \alpha_i \tag{4}$$

$$T_B = \sum_{i=1}^{n} W_i \cos \alpha_i = \int_{BDE} q_s \cos \alpha_i \mathrm{d}l \tag{5}$$

则：

$$T_A = q_s H_k + T_B = q_s \left(H_k + \int_{BDE} \cos \alpha_i \mathrm{d}l \right) \tag{6}$$

式中，T_B 为 B 点油管的轴向拉力，N；T_A 为井口 A 点油管在空气中的实际拉力，N。

　　实际水平井油管柱抗拉强度设计，按式（6）设计比按式（2）设计更经济、更合理。如果井眼中流体不是空气，而是液体，这样式（6）中 T_A 还要扣除浮力，但为安全考虑，油管还是按在空气中的重量设计。

1.2　动态附加力数学模型

　　水平井油管在井眼中活动时，产生动态附加拉力，当油管中不存在流体时，动态附加拉力由造斜段和水平段油管与井壁间的法向力产生的摩擦力构成，其摩擦系数用 f_k 表示，则任意段（图2所示）所产生的摩擦力方向为油管轴向方向，其大小为：

$$T_{fi} = N f_k = f_k W_i \sin \alpha_i \tag{7}$$

　　当油管上提或下放时，最大累计摩擦力发生在图2中 B 点，即造斜点附近，其计算

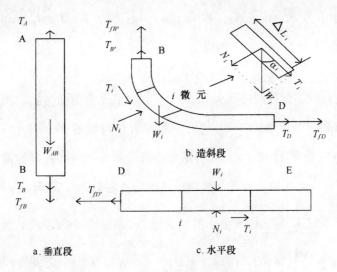

图2　水平井完井管柱力学模型图

式为：

$$T_{fB} = \sum_{i=1}^{n} T_{fi} = \sum_{i=1}^{n} f_k W_i \sin \alpha_i \tag{8}$$

即

$$T_{fB} = f_k q_s \int_{BDE} \sin \alpha_i \mathrm{d}l \tag{9}$$

式（9）表示油管上提或下放时附加动态拉力，当油管上提时，T_{fB} 对油管是拉伸力（ $+T_{fB}$ ），与图2a中 T_{fB} 的方向一致。当油管下放时，T_{fB} 对油管是压缩力（ $-T_{fB}$ ），与图2a中 T_{fB} 的方向相反。因此井口的动态拉力为：

$$T_{A动} = T_A \pm T_{fB} \tag{10}$$

以上各式中，f_k 为油管与井筒之间的摩擦系数；W_i 为第 i 段微元油管重量，N；T_i 为第 i 段微元 ΔL_i 油管上沿轨迹线的轴向拉力，N；N_i 为第 i 段微元 ΔL_i 油管外壁与井壁法向正力，N；α_i 为第 i 段微元 ΔL_i 油管井斜角，弧度；$T_{A动}$ 为由于油管上提或下放时在井口引起的总的拉力，N。已知完井管柱最下端的拉力为零，便可逐点求得完井管柱的轴向拉力。

2　仿真器

在上述完井管柱摩阻力计算模型中，包括了井眼井斜角的数值计算以及轴向力的积分计算。为了使数值微积分计算顺利进行，需要求井眼轨迹数据中的部分插值。本文使用积分法来获得井眼轨迹的数据。根据具体要求，分别开发出水平井完井管柱上提摩阻分析仿真器与下放摩阻分析仿真器。

2.1　井眼轨迹描述

钻井工作中，一个明显的事实是井深变化不大的两相邻点，井斜角和井斜方位角均不会发生突变。这正是积分法的基础，原理如下：设井斜测量中两相邻测点 A、B 的井深、井斜角和方位角分别为 L_A，α_A，ψ_A，和 L_B，α_B，ψ_B 增量为 $\Delta L = L_B - L_A$，$\Delta \alpha = \alpha_A - \alpha_B$，$\Delta \psi = \psi_A - \psi_B$；井斜角和方位角算术均值为 $\alpha_V = \dfrac{\alpha_A + \alpha_B}{2}$，$\psi_V = \dfrac{\psi_A + \psi_B}{2}$。井眼轨迹计算的目的，就是要计算各测量点相对于井口位置的各种位移量。

将过 A、B 两点的实际井眼曲线 $L = L(s)$（以弧长 s 为自变量的空间曲线）分成 n 个小弧段，每个小弧段的长度均为 $\dfrac{\Delta L}{n}$。将井斜角和方位角增量亦分成 n 份，且设第一个小弧段的井斜角和方位角为 α_A 和 ψ_A，以后每个小弧段的井斜角和井斜方位角均比前一个小弧段增加 $\dfrac{\Delta \alpha}{n}$ 和 $\dfrac{\Delta \psi}{n}$。当 n 相当大时，每个小弧段均可近似的看成长度均为 $\dfrac{\Delta L}{n}$ 的空间小线段，这样便将空间曲线 $L(s)$ 用 n 个小线段来近似。第 i 个小线段的长度 $\dfrac{\Delta L}{n}$，井斜角 $\alpha_A + i\dfrac{\Delta \alpha}{n}$，方位角 $\psi_A + \dfrac{i\Delta \psi}{n}$，$i = 0，1，2，\cdots，n-1$。这相当于在实测的两相邻测点 A、B 之间增加了 n 个中间测量点，这 n 个中间测量点虽不是实测的，但它们是按井深差别不大的两相邻点，其井斜角和井斜方位角均不会发生突变的原则确定的，因此具较高的可靠性。

对于每一小弧段，由于长度很小，可近似地看成小线段，按井眼轨迹计算的正切法可准确计算其位移量，再将其累加可得：

$$
\begin{cases}
\Delta H = \displaystyle\sum_{i=0}^{n-1} \frac{\Delta L}{n} \cos\left[\alpha_A + i\frac{\Delta \alpha}{n} \right] \mathrm{d}x \\[2mm]
\Delta S' = \displaystyle\sum_{i=0}^{n-1} \frac{\Delta L}{n} \sin\left[\alpha_A + i\frac{\Delta \alpha}{n} \right] \mathrm{d}x \\[2mm]
\Delta E = \displaystyle\sum_{i=0}^{n-1} \frac{\Delta L}{n} \sin\left[\alpha_A + i\frac{\Delta \alpha}{n} \right] sin\left[\psi_A + i\frac{\Delta \psi}{n} \right] \mathrm{d}x \\[2mm]
\Delta N = \displaystyle\sum_{i=0}^{n-1} \frac{\Delta L}{n} \sin\left[\alpha_A + i\frac{\Delta \alpha}{n} \right] \cos\left[\psi_A + i\frac{\Delta \psi}{n} \right] \mathrm{d}x
\end{cases}
\tag{11}
$$

式中，ΔH 为测点 A 到测点 B 的垂直井深增量；$\Delta S'$ 为测点 A 到测点 B 的水平投影弧长增量；ΔE 为测点 A 到测点 B 的东位移增量；ΔN 为测点 A 到测点 B 的北位移增量。

令 $x = i\dfrac{\Delta L}{n}$，$\mathrm{d}x = \dfrac{\Delta L}{n}$ 则当 $n \to \infty$ 时，$\mathrm{d}x \to 0$，式（11）中的和号便转化为如下的定积分：

$$
\begin{cases}
\Delta H = \displaystyle\int_0^{\Delta L} \cos\left[\alpha_A + \frac{\Delta \alpha}{\Delta L}x \right] \mathrm{d}x \\[3mm]
\Delta S' = \displaystyle\int_0^{\Delta L} \sin\left[\alpha_A + \frac{\Delta \alpha}{\Delta L}x \right] \mathrm{d}x \\[3mm]
\Delta E = \displaystyle\int_0^{\Delta L} \sin\left[\alpha_A + \frac{\Delta \alpha}{\Delta L}x \right] \sin\left[\psi_A + \frac{\Delta \psi}{\Delta L}x \right] \mathrm{d}x \\[3mm]
\Delta N = \displaystyle\int_0^{\Delta L} \sin\left[\alpha_A + \frac{\Delta \alpha}{\Delta L}x \right] \cos\left[\psi_A + \frac{\Delta \psi}{\Delta L}x \right] \mathrm{d}x
\end{cases}
\tag{12}
$$

式（12）由三角函数的积化和差公式较易求得：

$$
\begin{cases}
\Delta H = \dfrac{\Delta L}{\Delta \alpha}(\sin \alpha_B - \sin \alpha_A) \\[2ex]
\Delta S' = \dfrac{\Delta L}{\Delta \alpha}(\cos \alpha_A - \cos \alpha_B) \\[2ex]
\Delta E = \dfrac{\Delta L}{\Delta \alpha - \Delta \psi}\cos(\alpha_v - \psi_v)\sin(\dfrac{\Delta \alpha - \Delta \psi}{2}) - \dfrac{\Delta L}{\Delta \alpha + \Delta \psi}\cos(\alpha_V + \psi_V)\sin(\dfrac{\Delta \alpha + \Delta \psi}{2}) \\[2ex]
\Delta N = \dfrac{\Delta L}{\Delta \alpha - \Delta \psi}\sin(\alpha_v - \psi_v)\sin(\dfrac{\Delta \alpha - \Delta \psi}{2}) + \dfrac{\Delta L}{\Delta \alpha + \Delta \psi}\sin(\alpha_V + \psi_V)\sin(\dfrac{\Delta \alpha + \Delta \psi}{2})
\end{cases}
\tag{13}
$$

2.2 摩阻分析器介绍

摩阻分析仿真器以 VB6.5 作开发平台。主要计算处理部分用 VB 语言编程。仿真器中开发有下拉式菜单。菜单部分包括有数据输入、数据计算、文件输出、仿真运行等 4 部分。其特点是以流行的 windows 窗口作界面，操作方便，并且其仿真实验结果表达合理。

3 计算实例与模型验证

以冀东油田某水平井为例，来说明摩阻分析仿真器的应用。平1658 井油层套管直径为 $5^1/_2$ in。井眼轨迹数据和完井管柱组合结构都已知。完井管柱与套管井壁之间摩擦因数为 0.30。运行完井管柱上提摩阻分析仿真器，计算完井管柱上提拉力。运行完井管柱下放摩阻分析仿真器，计算完井管柱下放拉力。而完井管柱组合总质量约 33.9 t（不包括大钩重量）。其井深与拉力分布如图 3 所示。

从计算结果可知，由于摩阻存在，管柱上提时大钩载荷是管柱总质量的 1.3 倍左右，需防止此拉力超过大钩极限载荷；下放时，大钩载荷小于管柱总质量，防止管柱下放受阻，必要时应采取有力措施。平 1658 井上提和下放拉力计算数据与实测数据比较如表 1 所示。从表 1 可知，计算结果与实际情况相差不大，从而验证了计算模型的准确性。

表1　P1658 井计算数据与现场实测数据比较

工况	计算载荷/kN	实测载荷/kN
上提	447	490
下放	250	278

4 结束语

建立了水平井完井管柱受力模型，开发出完井管柱摩阻分析仿真器，简单实用。

（1）可以用来预测大钩的载荷，防止摩阻超大钩载荷而引发工程事故。

（2）可以用来精确描述井眼轨迹和几何形状。

（3）可以为水平井作业生产管串组合提供计算依据。

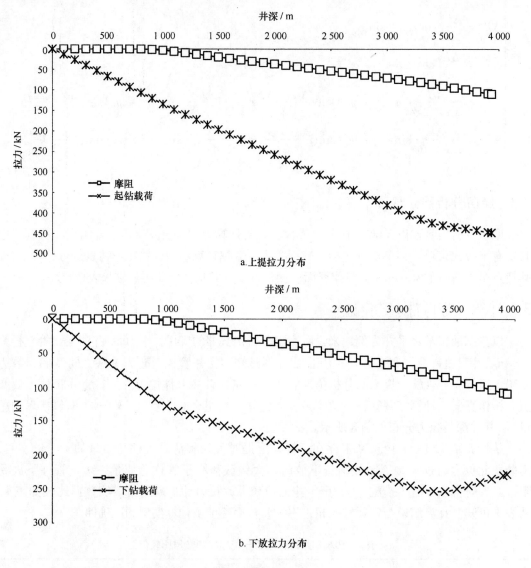

a. 上提拉力分布

b. 下放拉力分布

图 3　井深与拉力分布

参考文献：

［1］　刘修善，王珊，贾仲宣，等. 井眼轨道设计理论与描连方法［M］. 哈尔滨：黑龙江科学技术出版社，1993.

［2］　刘修善，曲阿慈，孙忠国，等. 三维漂移轨道的设计方法［J］. 石油学报，1995，16（4）：118—124.

［3］　Johancsick Frisen Daw son. Torque and drag in directional wells prediction and measurement［R］. SPE11380，1984：987—992.

［4］　Brett Beckett Smith. Uses and limitations of a directional and torque model to monitor hole conditions［R］. SPE16664，1989：223—229.

Simulation and calculating model for friction force on the well completion string in the horizontal well

ZHANG Jianzhong[1], WANG Lingling[1], HAO Xiarong[1],

QIANG Xiaoguang[1], LAN Ganghua[2]

(1. *Jidong Oilfield Drilling & Production Technology Research Institute*, *CNPC*, *Tangshan 063000*, *China*; 2. *Engineering Technology Department*, *Petrochina Jidong Oilfield Company*, *Tangshang 063000*, *China*)

Abstract: On the bases of force analysis on the well completion, string and technoloy of well completion, the calculating model for forces on the string is deduced. And the developing idea about simulator and calculating method are put forward. The example shows that the model is correct, because theoritical result is identical with pratical. the study has pratical value in predicting the friction forecs on the well completion string.

Key words: force with friction; calculating; simulation

水平井大修工艺技术浅析

王玲玲[1]，郝夏蓉[1]，张建忠[1]，胡慧莉[1]，王锐[2]，刘培军[2]

（1. 中国石油冀东油田分公司 钻采工艺研究院，河北 唐山 063000；2. 中国石油冀东油田公司 工程技术处，河北 唐山 063000）

摘要： 为适应水平井开发的需要，针对水平井的特点，具体分析了水平井事故类型及修复难点，水平井中管柱受力情况及下井工具长度，研究了解卡打捞工艺、钻磨铣工艺使用的工具及工艺管柱。开发设计了水平井专用配套打捞解卡工具，掌握了水平井大修作业的一般规律，为水平井修井作业总结了经验，形成了一套完整的水平井大修工艺技术，满足了复杂结构井采油工程的需要，现场应用取得了显著效果。

关键词： 水平井；大修；打捞；钻磨铣；冀东油田

冀东油田从 2002 年 11 月第一口水平井投产至今，在 9 a 多的时间里，水平井从无到有，不断创新，并迅速形成规模，为油田增储上产发挥了重要作用。

随着油田水平井开发的不断深入，水平井修井工作的迫切性也就日益显现出来。部分早期投产的水平井滤砂管开始失效，冲砂作业后仅能维持 2 ~ 3 d 的生产，有的水平井套管发生缩径、变形、错断等问题，部分水平井在多次措施无效后关井停产。冀东油田自 2004 年第一口水平井大修完成，到 2011 年底共完成各类水平井大修 39 井次。通过几年的实践与探索，形成了一套适合于冀东油田的水平井大修工艺技术，并取得了突破性进展。

1 水平井事故类型及主要修复难度

1.1 水平井主要事故类型

（1）小件落物卡阻型

在修井施工中，因操作失误或检查不细，致使一些小件落物，如管钳、牙板、大钳压块、钢球、螺帽、吊卡销子、钢丝绳等掉入井内造成堵塞或卡阻管柱。

（2）工艺管柱断脱卡阻型

射孔、酸化、压裂、分采等工艺管柱在受到套变、砂卡、蜡卡等的作用，造成管柱断

作者简介： 王玲玲（1977—），女，河北省保定市人，工程师，2006 年毕业于河北理工大学机械设计及理论专业，工学硕士学位，现在冀东油田钻采工艺研究院从事大修技术研究工作。E-mail：wjiacar@163.com

脱落入弯曲或水平段,进一步被砂埋或小件落物、电缆等嵌入而造成管柱卡阻。

(3)井下工具卡阻型

井内各种工艺管柱中的下井工具如封隔器、水力锚、支撑卡瓦等失灵失效而使工具坐封原位不能活动,致使管柱受阻而提不动。

(4)套损卡阻型

水平井自身受多重应力、高压注水等外界因素影响,造成水平井套管损坏,出现变形、破裂、错断等,工艺管柱中的大直径工具受阻卡而提不动,不能进行下一步措施,迫使水平井停产或报废。

(5)其他复杂故障型

一般指以上各种卡阻类型之外的卡阻,如水泥凝固卡、化学堵剂凝固卡及砂埋堵塞井眼等。水平井自身泄流面积大,加之采油生产制度的不合理,造成地层出砂,伴随的沉积物掩埋油层或井内管柱,造成油(水)井不能正常生产。

1.2 水平井修复主要技术难度

水平井因为井身结构的特殊性,与直井相比,水平井修井难度大,工程风险大[1]。主要体现为:

(1)受井眼轨迹限制,直井常规井下工具、管柱难以满足水平井修井要求。

(2)斜井段、水平段管柱贴近井壁低边,受钟摆力和磨擦力影响,加之流体流动方向与重力方向不一致和接单根,井内脏物如砂粒等容易形成砂床,作业管柱容易被卡。

(3)打捞作业,鱼头引入和修整困难;斜井段、水平段常规可退式打捞工具不能正常工作,遇卡不易退出落鱼。

(4)水平井摩阻大,扭矩、拉力和钻压传递损失大,解卡打捞困难;倒扣作业中和点掌握不准。

(5)打印过程中铅模易被挂磨损坏,井下准确判断难。

(6)套、磨、钻工艺难度大,套管磨损问题突出,套管保护难度大。

(7)设计的修井液除了保证减少钻具摩阻和具有较好的携砂能力还要减少漏失保护油气层。中低压、特别是异常低压井,防漏及油气层保护难度大。

(8)小井眼水平井修井难度大、风险大。

2 水平井中管柱受力分析

水平井中管柱受力复杂,不同的井段管柱受力不同,特别是"钟摆力"(见图1)和弯曲应力很大、分力多。"钟摆力"使得井内管柱贴近井壁低边,比如在水平段中,由于钻柱重量的轴向分量为零,因而必须借助上部钻柱的"推动"才能使钻柱向前移动。地面显示管柱悬重与实际悬重相差较大,造成打捞钻压不易掌握,打捞解卡成功与否不易判断;钻具拉力和扭矩损耗大,不能最大限度的传递到卡点上,施工成功率低;钻具中和点无法准确掌握,倒扣打捞落物长度短,起工具次数多[2],

$$F = W \times \sin\alpha \tag{1}$$

式中,F 为钟摆力;α 为井斜角;W 为卡点以下管柱质量。

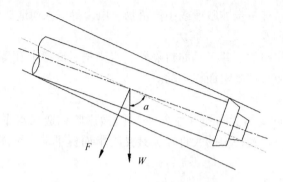

图1　大井斜段下井工具的"钟摆力"

当 $\alpha = 90°$ 时，钟摆力 F 等于水平段管柱重量，使得起下管柱磨阻达到最大，并随着水平段管柱增长而增加。

2.1　打捞管柱受力分析

打捞管柱沿井眼轴线方向受力情况见图2。

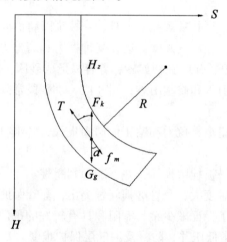

图2　打捞管柱受力分析

由图2分析知，作业设备的提拉载荷 F_k 要克服打捞管柱重量 G_g 及套管与打捞管柱之间的摩擦力 f_m 才能传递到落鱼，打捞解卡的技术核心就在于保证作用在落鱼上的力即解卡力 T 足够大以克服落鱼所受的夹紧力。打捞解卡力由式（2）计算：

$$T = \frac{F_k - q_m(H_z + \frac{\pi R \alpha}{180})}{\cos\alpha} - f_m \qquad (2)$$

式中，T 为解卡力，kN；F_k 为修井机额定提升载荷，kN；H_z 为造斜点深度，m；q_m 为单位长度打捞管柱在井筒液体中的重量，k_N；f_m 为摩擦力，k_N；α 为鱼顶深度井眼井斜角（°）；R 为造斜井段的曲率半径，m。

由式（2）分析可知，作业提升能力、打捞管柱强度、井深及井眼曲率是影响深井、特殊结构井打捞解卡力的主要因素。

2.2 水平井下井工具尺寸的确定

在水平井打捞及大修施工中，经常使用到大直径、长度较大的工具，工具能否顺利通过造斜率较大的井段是关系到施工成败的关键，图 3 可以看出工具通过大井斜段的状态，CD 即为下入工具的最大长度。

$$CD = 2CG = 2 \times \sqrt{OC^2 - OG^2} = 2 \times \sqrt{(OF + EF)^2 - (OE + EG)^2}$$
$$= 2 \times \sqrt{(OF + EF)^2 - (OF - EF + EG)^2} \tag{3}$$

式中，EF 为油层套管半径；EG 为下井工具直径批；OF 为曲率半径，它是从圆心 O 点到井眼中心线 F 点的距离，即 $OF = 360/2\pi \times k$，k 指造斜率。

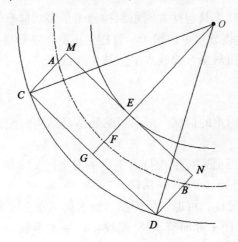

图 3　下井工具长度确定

3　水平井大修管柱的设计

3.1　水平井解卡打捞工艺技术

（1）水平井增力解卡打捞工艺

工艺管柱：可退式倒扣工具 + 安全接头 + 18°斜坡钻杆（根据套管内径和井斜情况安装相应的扶正器）+ 井下打捞增力器 + 普通钻杆。

由于水平井井下受力复杂，无法准确计算卡点位置和确定倒扣时的中和点，不易解卡；打捞管柱使用液压增力器不仅补偿钻具抗拉强度和地面设备提升力的不足，还能够把大钩的垂直拉力转变成水平拉力并具有增力效果，实现解卡目的。水平井增力打捞管柱示意图见图 4。

增力打捞管柱不但可以在井下落鱼的鱼顶处直接产生 500 ~ 650 kN 的拉力，增力器以上部分管柱在增力打捞过程中不受力，套管也不会受到破坏；而且在需要时能够可靠地退出捞矛，打捞失败时不会给井下造成新的事故。

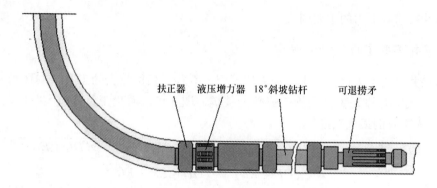

图4　水平井增力打捞管柱示意图

常用的打捞工具及辅助工具包括大倒角倒扣捞矛、多功能套铣倒扣捞筒、可倒可退式捞矛、可倒可退式捞筒、提放式可退捞矛、管柱扶正器和安全接头、防掉铅模等。该工艺管柱适用于各种管柱断脱滑落至弯曲或水平段被卡，或生产、压裂、改造等管柱被砂卡在水平段的情况[3]。

（2）震击解卡打捞工艺

针对水平井钻压传递困难的情况，可采用倒装钻具结构或配合下击器共同作用进行震击解卡。

倒装震击工艺管柱：可退式可倒扣打捞工具 + 安全接头 + 18°斜坡钻杆 + 万向节 + 18°斜坡钻杆 + 加重钻杆（或钻铤）+ 普通钻杆。

倒装配合下击器震击管柱：可退式可倒扣打捞工具 + 安全接头 + 18°斜坡钻杆（20 ~ 50 m）+ 下击器 + 18°斜坡钻杆 + 万向节 + 18°斜坡钻杆 + 加重钻杆（或钻铤）+ 普通钻杆。倒装钻具 + 下击器震击解卡管柱结构示意图见图5。

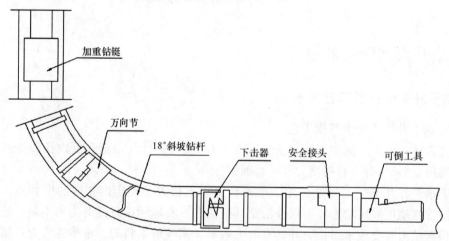

图5　倒装钻具 + 下击器震击解卡管柱结构示意图

该工艺管柱主要适用于管柱掉井后砂卡或小件落物造成的管柱阻卡后的解卡（由于水平井砂卡一般都是砂桥卡）。

（3）套铣解卡打捞工艺

管柱环空被小件落物或沉砂填埋而造成的卡管柱，采用套铣筒及配套钻具进行套铣，把被卡管柱环空中的卡阻物套铣掉，以解除阻卡。现场一般结合倒扣实施。

工艺管柱：套铣筒＋安全接头＋直螺杆＋18°斜坡钻杆＋加重钻杆（或钻铤）＋普通钻杆。动力马达驱动套铣解卡管柱结构示意图见图6。

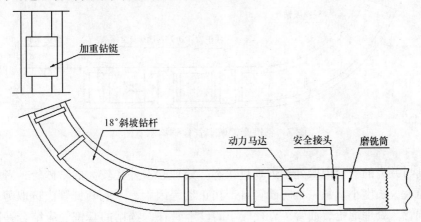

图6　动力马达驱动套铣解卡管柱结构示意图

另外，对于井眼曲率不大摩阻力小或别跳严重的井况，也可不使用螺杆钻具，而采用转盘驱动，工艺管柱：套铣筒＋安全接头＋18°斜坡钻杆＋加重钻杆（或钻铤）＋普通钻杆。特别对井下落物不规则，别劲较大的井况，若采用动力钻具则容易将动力马达别死不转，时间长损坏马达，不利于套铣施工。该井况采用转盘驱动技术较合适，能克服较大扭矩，同时在低转速下又不至于对套管造成伤害，可取得较好的施工效果。

套铣解卡打捞工艺主要适用于砂、水泥、封隔器卡管柱或小件落物等其他外来物体掉井后在环空中将管柱卡死的解卡方法。

3.2　水平井钻磨铣工艺技术

水平井大修过程中，通过钻磨套铣工艺可以处理复杂卡埋事故，修整鱼顶、套铣环空是处理井内复杂井况的关键技术。水平井钻磨铣工艺采用各种钻头、磨铣鞋、套铣筒等硬性工具对被卡落鱼进行破坏性处理，如对电缆、钢丝绳、下井工具等进行钻磨、套铣，清除掉阻卡处的落鱼，以解除阻卡。

工艺管柱：磨（套）铣工具＋安全接头＋扶正器＋直螺杆＋18°斜坡钻杆＋加重钻杆（或钻铤）＋普通钻杆，井内工具外径大于扶正器外径2～3 mm。钻磨套铣解卡管柱结构示意图见图7。

在现场实际操作时，可根据井内的实际情况确定相应的施工管柱，以满足要求。

钻磨铣工具的选择：因磨套铣工具贴近套管的低边工作，在水平段使用时，其侧面不能有硬质合金且硬质合金应小于其本体，防止工具在旋转作业过程中损伤套管。磨套铣工具的外径大于使用的钻杆外径，在磨套铣工具以上相应位置应配备一定量的扶正器，保证

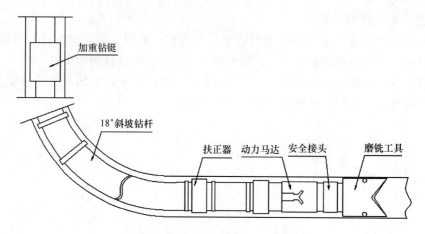

图7　钻磨套铣解卡管柱结构示意图

钻磨铣工具与井内的套管内壁处于近垂直状态。处理砂卡外径较大的防砂管，考虑到井内防砂管外径大，长度小、每一根防砂管自带扶正器等因素，下入套铣管应选取薄壁、柔韧性好的套铣管。处理炮枪、油管等外径较小的砂卡管柱，选用的套铣管应结合井眼轨迹和井内落物单节长度综合考虑。为减少辊子扶正器自身的磨损，对水平井用的扶正器进行了改进，在最大位置镶嵌硬质合金棒（图8），以保持扶正体最大外径。

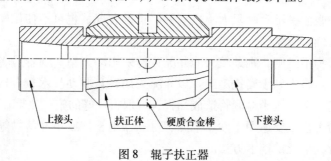

图8　辊子扶正器

4　现场应用

M125 – P10 井于2007年9月上旬检电泵时管柱被卡，上提550 kN 提不动，使用 XJ350 型修井机 600 kN 修井机解卡无效。要求打捞遇卡的电泵管柱和井内的防落物管柱。历次施工证明，该井在待大修过程中邻井固井的水泥窜层，1 678.82 m 以下油管及电泵机组被水泥固住。大修主要技术措施：

（1）电泵管柱聚能切割，提高施工速度。

（2）电缆没有脱落落井：打捞电缆＋打捞油管交替进行；鱼头不清：套铣、磨铣环空电缆清理鱼头＋打捞电缆＋打捞油管交替进行；进入水泥固结段，采用磨铣＋套铣＋打捞相结合的技术措施。

（3）磨套铣工具的选择：本井为 177.8 mm 套管，根据井内电缆及电缆卡子的情况，采用 139.7 mm 套管作为套铣管，套铣鞋铺焊硬质合金；六棱钻头、磨鞋作为磨铣工具。

（4）保护套管的措施：井斜大于45°的井段，根据井内的井斜情况，钻具加装辊子扶正器，磨铣工具打倒角并加装扶正器。套铣鞋外壁不加硬质合金，采取凹底磨鞋、平底磨鞋作为磨铣工具，工具底端端面打倒角；工具进出悬挂位置控制起下速度。

（5）控制井内钻屑床形成及防卡措施：采用高粘度修井液；施工排量大于 800 L/min；钻具加装双捞杯。

M125 – P10 井大修的顺利完成，对于水平段及大斜度段打捞、倒扣、磨套铣等工艺及处理电泵等复杂落物积累了宝贵的经验。

5 结论与认识

（1）水平井解卡打捞工艺技术，能综合运用各种工艺实现水平井复杂落物卡阻的解卡打捞，并保证管柱下得去、抓得住、起得出、有退路，避免新的事故。

（2）水平井钻磨铣工艺技术，工艺安全可靠、施工效率高，管柱、工具具有套管保护功能，能实现复杂落物的钻磨铣施工。

（3）根据冀东油田实际，一方面需要进一步加强研究水平井专用打捞工具，使之逐步系列化；加强水平井磨、套铣工艺技术的研究，满足水平井开发的需求。另一方面要加强水平井摩阻分析、钻柱力学分析。水平井管柱受力复杂，搞好管柱受力分析有利于施工管柱的设计，工具的选择以及施工参数的确定。同时提高地面仪器检测能力，及时预测井下复杂情况，避免井下事故发生，指导现场施工。

参考文献：

[1] 付建华，骆进，李朝阳. 国内水平井修井工艺技术现状［J］. 钻采工艺，2008，31（6）：91—93.
[2] 吴奇. 井下作业工程师手册［M］. 北京：石油工业出版社，2002.
[3] 胡傅仲. 油水井大修工艺技术［M］. 北京：石油工业出版社，1998.

Analysis of the workover technology for horizontal wells

WANG Lingling[1], HAO Xiarong[1], ZHANG Jianzhong[1], HU Huili[1], WANG Rui[2], LIU Peijun[2]

(1. *Drilling and Production Technology Research Institute of PetroChina Jidong Oilfield*, *Tangshan* 063000, *China*；2. *Engineering Technology Department*, *Petrochina Jidong Oilfield Company*, *Tangshan* 063000, *China*)

Abstract：In order to adapt the necessary and the technical characteristic of horizontal well, the article detailed introduce the existing problems and rebuild difficulty of horizontal well, analyse the string force and the length of tools in well, study the tools and string of fishing, drilling and milling. At the same time, we develop the special fishing tools, and master some workover rules of horizontal well, and conclude some experience, and create a set of workover technology of horizontal well. The workover technology for horizontal wells was applied successfully, filled the petroleum engineering necessary of complicate wells, and acquire distinguished effect in field.

Key words：horizontal wells；workover；fishing；drilling and milling；Jidong Oilfield

水平井中子氧活化找水技术

强晓光[1]，李良川[1]，姜增所[1]，宋颖智[1]，周燕[1]

(1. 中国石油冀东油田公司 钻采工艺研究院，河北 唐山 063000)

摘要： 针对目前氧活化测试技术应用的局限性，通过工艺改进，把中子氧活化测试技术成功应用于水平井找水施工中，取得了显著效果，为水平井出水机理认识及后期治理提供了重要依据。该配套工艺技术优化了气举管柱结构，根据不同井况确定了气举阀设计参数，通过地面注气控制流程的控制，成功模拟了油井的正常生产状态，为准确测试水平井的产液剖面创造了条件，为各项气举测试工艺提供了新的技术思路。

关键词： 水平井找水；中子氧活化；气举；产液剖面测试

水平井开发技术已成为油气田开发中一项具有广阔前景和提高采收率的重要技术，近年来在世界各油田中得到了越来越广泛的应用。我国各大油田相继进入开发中后期，在油田长期开发过程中，由于储层之间存在非均质性，导致高渗层出水早、水淹快，油井含水急剧上升；低渗层生产压差减小，产量降低，层间矛盾日益突出[1]。要对这些油井进行挖潜，提高采收率，就必须了解其产状及其水淹状况，及时采取有效措施，降低油井含水，减缓层间矛盾，提高油井产量。

目前，水平井产液剖面测井技术主要是基于井下牵引器工艺和集流型涡轮流量计的测井技术[2]，由于井下牵引器是一个复杂的机械系统，对井下状况要求较高，测井施工前需要对油井进行刮削、洗井等处理，存在辅助工作量大、施工周期长的不足；涡轮流量计具有可动部件，易发生砂卡，测井成功率较低，因此该项测井技术受到很大的限制。为有效解决水平井产液剖面测试难的问题，研究了适用范围广、施工安全、工艺简单的水平井中子氧活化找水技术。

1 水平井中子氧活化找水技术

目前中子氧活化测试技术一般采用注入法用于水井找漏，即在地面向井内注水，注水稳定后，氧活化测试仪在生产段进行定点流量测试[3—5]，这种技术已经成熟，能够准确判断注入井的窜、漏位置。但是，在生产井特别是水平井中应用较少，通过对中子氧活化测

作者简介： 强晓光（1983—）男，河北省遵化市人，毕业于中国石油大学（华东）机电工程学院机械设计制造及其自动化专业，现任职于冀东油田钻采工艺研究院井筒工程研究室，从事水平井控水及水平井完井的研究工作。E-mail: qiangxiaoguang@ sina. com

试原理的研究分析，并通过室内物理模拟试验，研究确定了水平井氧活化测井资料解释及校正方法，将中子氧活化工艺成功应用到水平井找水施工中，取得了良好的应用效果。

1.1 工艺管柱

水平井找水测试需要将油井原有的生产管柱起出，然后下入找水管柱进行测试作业。施工管柱如图 1 所示，主要由气举生产管柱（气举阀参数根据具体情况设计）、筛管、死导锥和中子氧活化测试仪器等组成。为保证能对整个生产段进行测试，要求管柱下到井底或生产井段底部，氧活化测试仪器在油管里进行测试。

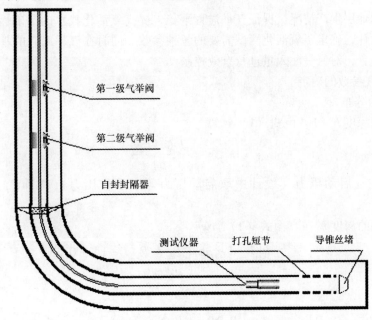

图 1　水平井中子氧活化找水施工管柱图

1.2 施工步骤

先反气举进行排液，为保证测试时流体为地层原始流体，要求返出液量大于井筒内原有液体和施工中漏失入地层的液体总量之和，通过调整注气参数，达到测试需要的稳定流态环境。采用单中子发生器实现同时测量上下两个方向的流量，通过上提电缆带动氧活化测试仪进行逐点测试，测试点密度根据水平段长短和测试要求的精度确定，通常间隔 10 m 左右测试一个点。通过特定的流量解释方法计算出水平井各段的产液情况，从而确定油井高产液部位。

一趟管柱可以实现氧活化、磁性定位、自然伽马、井温、压力 5 个参数的测试。

1.3 配套工艺技术

通过对水平井氧活化找水工艺技术的不断研究，冀东油田配套应用了气举排液技术、流量控制技术，大大提高了氧活化找水的准确性和找水精度，为后期的控水措施提供了可靠的依据。

1.3.1 生产状态模拟技术

气举测试技术国内外其他各油田应用较多,但在气举举升这一环节存在很多问题,主要表现在:(1)气举测试环境不稳定;(2)不能较好地模拟油井的正常生产状态。

气举测试很重要的一点就是要模拟油井的正常生产状态,同时确保在测试过程中地层产液稳定。常规气举测试施工通常是通过经验判断或者在注气压力稳定后就开始测试,这样取得的测试数据与油井真实的生产状况存在较大的误差,不能满足后期定向堵水技术的需求。

为了模拟地层生产情况,保证气举过程平稳,提高氧活化找水的准确性,对气举管柱结构进行了设计,确定了氧活化测试需要的各种参数。同时在气举工艺的基础上增加了一套地面调节装置,对氮气注入量进行有效控制。

1.3.1.1 注气参数的确定

(1)阀的分布

①顶部阀深度 $h[1]$ 由式(1)计算

$$h[1] = \frac{P_{so} - P_{wh}}{\rho g} \tag{1}$$

式中,P_{so} 为注气启动压力(设计中取启动压力等于工作压力),MPa;ρ 为流体密度,kg/m³。

②其他阀的深度 $h[i]$ 由式(2)计算

$$h[1] = \frac{h[i-1] \cdot \rho g + P_{so} - P_t[i-1] - 0.35}{\rho g - G_g} \tag{2}$$

其中,

$$P_t[i] = P_{wh} + 0.2P_{so} + h[i] \frac{P_{tin} - P_{wh} - 0.2P_{so}}{L_{in}} \tag{3}$$

$$G_g = \frac{P_{so} - P_{cin}}{L_{in}} \tag{4}$$

式中,P_{cin} 为注气点处的注气压力,MPa;P_{tin} 为注气点处的流动油压,MPa;P_{wh} 为井筒油压,MPa;L_{in} 为阀间距,m;G_g 为压力梯度,MPa/m。

(2)工作阀注气量的确定

气举阀通气量有最大通气量 Q_{gc} 和实际通气量 Q_{gi} 之分。气举阀的最大通气量 Q_{gc} 是指气举阀在当前的温度压力条件下,气举阀全部打开时的可能通气量:

$$Q_{gc} = \frac{6\,864.365\,5P_{cv}A_{va}F_r}{\sqrt{\gamma_g(492 + 1.8t_v)}} \tag{5}$$

其中,

$$F_r = \sqrt{\left(\frac{k}{k-1}\right)[r^{2/k} - r^{(k+1)/k}]} \tag{6}$$

式中,P_{cv} 为气举阀处套压,MPa;γ_g 为注入气体的相对密度,g/cm³;A_{va} 为气举阀孔全部打开时的过流面积,mm²;t_v 为气举阀处的流动温度,℃;k 为气体的绝热指数。

气举阀的实际通气是指在当前的温度、压力条件下，根据气举阀的有效过流面积求出的通气量，可用式（6）求出：

$$Q_{gi} = \frac{6\,864.365\,5P_{vop}(P_{vop} - P_{cvo})A_{va}F_r}{\Delta P\sqrt{\gamma_g(492 + 1.8t_v)}}$$ (7)

（1）用气井 IPR 确定出的产液量，根据气井产气量和假定的注气量，求出总的气液比。

（2）从井口开始，用所选用的多相流压力梯度预测方法，求出不同注气量下在注气点处的压力。当所算出的压力与原记录的注气点处的流动油压 Ptin 相等时，计算停止。此时的总注气量减地层产出气量，即是所要求的注气量。否则重新假定注气量，重复计算，直到求出注气量为止。

1.3.1.2 气量控制流程

施工时，根据设计参数调节进口注入气量，模拟油井的正常生产状态。当返出液量不小于流体漏失量时（通过气量的调节，此时生产已经达到平稳的要求），测试全井产液量和出口人工计量产液量，待两项数据基本吻合并与施工井正常生产参数一致后开始进行氧活化找水测试，地面注气流程如图 2 所示。

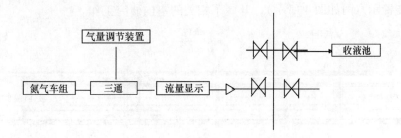

图 2　地面注气流程图

1.3.2 气举排液技术

冀东油田浅层区块井漏问题比较严重，在井筒准备阶段和测试仪器输送阶段会有一定量的流体漏入地层。为了保证在测试过程中，所测流体为地层原始流体，需要将漏入地层的流体全部举出后进行测试，以达到详细、准确地录取施工井原始生产资料的目的，提高氧活化找水的准确性。

氧活化找水技术要求长时间连续气举排液，容易造成地层供液不足，导致测试失败。通过对气举管柱结构的优化及气举阀相关参数的设计，模拟了油井实际生产参数，为氧活化找水气举排液提供了稳定的条件。

气举排液过程分为 3 个阶段：排液阶段：将井筒准备阶段漏失入地层的流体全部排出；调节阶段：根据油井正常生产情况调节注入气量，保证在模拟油井原始生产状态下进行测试；测试阶段：连续气举反排液，为氧活化找水测试提供稳定测试环境。氧活化找水气举排液过程如图 3 所示。

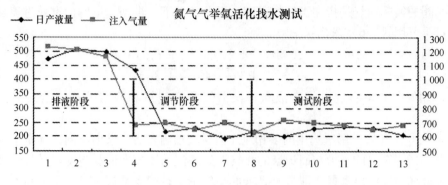

图3　排液过程中注入氮气量－产液量关系示意图

2　室内试验及解释方法研究

2.1　试验过程

为提高水平井氧活化找水资料解释的精度，建立了水平井中子氧活化测试物模试验装置（试验装置示意图如图4所示），开展了相关的室内研究工作。

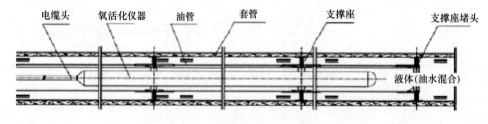

图4　试验装置示意图

（1）模拟条件

套管规范：$5\frac{1}{2}$in（内径：120 mm）

油管规范：$2\frac{7}{8}$in（内径：62.0 mm，外径：73.0 mm）

总流量范围：40 ~ 200 m³/d；含水率范围：85% ~ 100%

（2）模拟目的

模拟水平油水两相流、不同含水率及总流量条件下，套管与油管环形空间内油水相含率及流速分布。

（3）数值模拟结果

图5 ~ 8为入口含油率K_o为5%（含水率为95%），总流量分别为40 m³/d、80 m³/d、150 m³/d和200 m³/d时的数值模拟结果。

从图5 ~ 8可以看出：刚开始混合时油水按照同一的速度运动，但是，随着流动过程中出现油水分层现象，由于油相与水相黏度相差较大，且二者之间存在滑脱，油水分层后的分相流速并不相同。流动稳定后，流速分布廓形两侧呈较好的对称性，且与各截面处持油

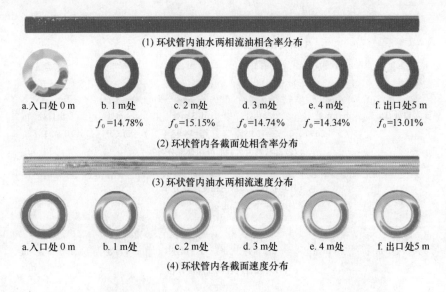

(1) 环状管内油水两相流油相含率分布

a. 入口处 0 m   b. 1 m 处   c. 2 m 处   d. 3 m 处   e. 4 m 处   f. 出口处 5 m

f_0=14.78% f_0=15.15% f_0=14.74% f_0=14.34% f_0=13.01%

(2) 环状管内各截面处相含率分布

(3) 环状管内油水两相流速度分布

a. 入口处 0 m   b. 1 m 处   c. 2 m 处   d. 3 m 处   e. 4 m 处   f. 出口处 5 m

(4) 环状管内各截面速度分布

图 5　环形管内流场与相含率分布（油水总流量 Q_t = 40 m^2/d 时）

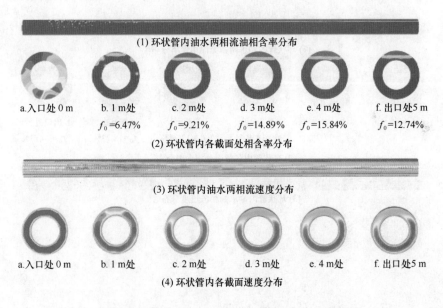

(1) 环状管内油水两相流油相含率分布

a. 入口处 0 m   b. 1 m 处   c. 2 m 处   d. 3 m 处   e. 4 m 处   f. 出口处 5 m

f_0=6.47% f_0=9.21% f_0=14.89% f_0=15.84% f_0=12.74%

(2) 环状管内各截面处相含率分布

(3) 环状管内油水两相流速度分布

a. 入口处 0 m   b. 1 m 处   c. 2 m 处   d. 3 m 处   e. 4 m 处   f. 出口处 5 m

(4) 环状管内各截面速度分布

图 6　环形管内流场与相含率分布（油水总流量 Q_t = 80 m^2/d 时）

率分布有很好的对应关系。

2.2　解释方法

由于脉冲中子氧活化测井仪在水平井产液剖面测量过程中，测量结果不仅与管内含水率有关，还与伽马衰减过程有关。当流体流速较慢时，仪器探测到的最大计数并不是整体活化水流通过的时间分析。

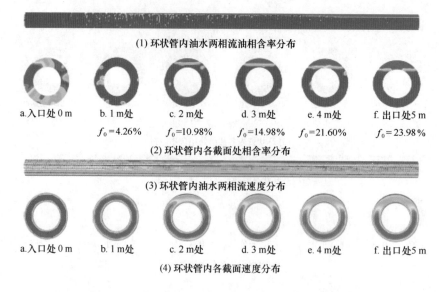

(1) 环状管内油水两相流油相含率分布

a. 入口处0 m　　b. 1 m处　　c. 2 m处　　d. 3 m处　　e. 4 m处　　f. 出口处5 m

f_0=4.26%　　f_0=10.98%　　f_0=14.98%　　f_0=21.60%　　f_0=23.98%

(2) 环状管内各截面处相含率分布

(3) 环状管内油水两相流速度分布

a. 入口处0 m　　b. 1 m处　　c. 2 m处　　d. 3 m处　　e. 4 m处　　f. 出口处5 m

(4) 环状管内各截面速度分布

图7　环形管内流场与相含率分布（油水总流量 Q_t =150 m²/d 时）

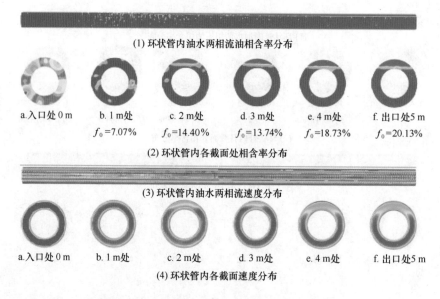

(1) 环状管内油水两相流油相含率分布

a. 入口处0 m　　b. 1 m处　　c. 2 m处　　d. 3 m处　　e. 4 m处　　f. 出口处5 m

f_0=7.07%　　f_0=14.40%　　f_0=13.74%　　f_0=18.73%　　f_0=20.13%

(2) 环状管内各截面处相含率分布

(3) 环状管内油水两相流速度分布

a. 入口处0 m　　b. 1 m处　　c. 2 m处　　d. 3 m处　　e. 4 m处　　f. 出口处5 m

(4) 环状管内各截面速度分布

图8　环形管内流场与相含率分布（油水总流量 Q_t =200 m²/d 时）

　　若将被脉冲中子活化的水等效为 γ 点源，探测器的计数率正比于该等效点源的放射性强度。设等效点源到达近探测器时为时间零点，由放射性衰减规律及物质对伽马射线的吸收规律，可知任意时刻远探测器的特征伽马射线计数率为：

$$I = mA = mA_0\exp(-\lambda t - u\sqrt{(L_\Delta - vt)^2 + d^2})\tag{8}$$

式中，A 为任意时刻等效点源的放射性强度；A_0 为初始时刻等效点源的放射性强度；λ 为活化水的放射性衰减指数；μ 为等效点源与探测器之间的介质（井内介质、仪器外壳等）

对 γ 射线的等效吸收系数；L_Δ 为近远探测器之间的距离，m；v 为井内介质流速，m/s；d 为等效点源与探测器中心的垂直距离，m。

由氧活化测井原理可知，式（8）中 I 取极大值时的 t 值即近、远探测器时间谱中的峰位对应时间差 Δt。令，

$$mA_0 = 1, \exp(-\lambda t - u\sqrt{(L_\Delta - vt)^2 + d^2}) = g(t)$$

则有：

$$I = g(t) \tag{9}$$

对式（9）求偏导：

$$g'(t) = -\lambda - \frac{\mu}{2\sqrt{(L\Delta - vt)^2}} \cdot (-2L_\Delta v + 2v^2 t) \cdot \exp(-\lambda t - \mu\sqrt{(L_\Delta vt)^2 + d^2}) \tag{10}$$

令 $g'(t) = 0$，得：

$$t = \frac{v[\mu^2 L_\Delta v^2 - L_\Delta \lambda^2 - \sqrt{(-\lambda^4 d^2 + \mu^2 v^2 d^2 \lambda^2)}]}{-\lambda^2 + \mu^2 v^2} \tag{11}$$

理想测量条件下，$t < \dfrac{L_\Delta}{v}$，即近、远探测器时间谱中的峰位对应时间差 Δt 小于活化水流经近、远探测器的真实时间差。氧活化实际测井解释过程中，拟合峰位取得活化水经过不同探测器的时间 Δt，然后求水的流速，会导致解释求取的流速大于真实流速，即解释流量大于真实流量。因此，对水平井氧活化产液剖面解释方法进行了深入研究，对测试结果采用非线性函数处理进行回归校正，进而准确反映地层实际产液分布状况。

假设测井过程中，井筒内流体的流动状态在短时间内不随温度及压力变化而变化，对于井内为两相流体时，利用模拟井测量解释结果进行函数回归，得到与含水率有关的拟合函数为：

$$y = (1\,455\Phi - 1\,095)(e^{x/(1\,444\Phi - 925)} - 1) \tag{12}$$

式中，Φ 为井内含水率，%；x 为测量流量，m³/d；y 为回归校正后实际流量，m³/d。

2.3 结论

此次数值模拟中含水率在 85% ~ 100% 之间，流量为 20 ~ 300 m³/d，其流型为层状流，流速分布廓形基本一致。在相同含水率及不同总流量时，低流量时的流速分布廓形左右对称略有偏差，而在高流量时流速分布廓形更加均匀对称，通过对试验数据应用非线性函数处理后得出：试验误差范围在 +10% 之间，能够满足实际施工需要，可以为后期治水措施提供可靠依据。

3 应用实例

高 104 – 5 平 85 井

该井是高浅北区生产 Ng13² 小层的一口油井，措施前日产液 40.4 m³，日产油 1 t，含水 97.4%，动液面 960 m。2010 年 11 月应用水平井中子氧活化找水技术进行找水（找水结果如图 9 所示）。根据找水结果采取了控水措施后，在同样的测试环境下进行了第二次找水（找水结果如图 10 所示），通过两次找水结果对比可以看出：措施前后该井的产液剖

面发生了明显的变化,措施收到了预期的效果,该技术可以作为措施效果评价的技术手段。

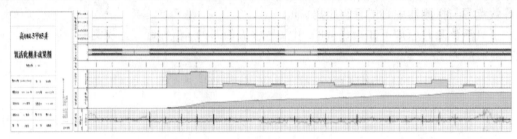

图9 高104 – 5平85井第一次中子氧活化测试成果图

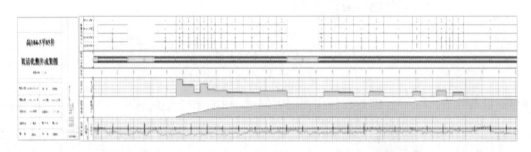

图10 高104 – 5平85井第二次中子氧活化测试成果图

4 结束语

水平井中子氧活化找水技术的成功应用不仅扩大了氧活化测试技术的应用领域,为国内外水平井的找水施工提供了新的技术思路,同时,通过地面注气流程控制,较好地模拟了油井的正常生产状态,为各项气举测试施工提供了理想的平稳、均匀的产液条件,提高了测试精度,为后期对高含水水平井进行卡水、堵水等工艺措施提供可靠的理论依据。

该技术可以广泛地应用于 $2\frac{7}{8}$ in 及以上任何尺寸井眼的找水施工、判断水流进出口位置、漏失部位及检查井下工具的机械完整性、措施效果评价等领域。该技术安全可靠、工艺简便易行,值得在各油田推广应用。

参考文献:

[1] 陈立生. 油田非均质对策论 [M]. 北京:石油工业出版社,1993.

[2] Chace D M, Trcka D E. Application and interpretation of continuous oxygen activation logs for measuring complex water flow profiles in injection well [R]. SPE28412.

[3] 李晓蕾,黄华,贾慧丽,等. 中原油田油水井窜漏识别测试工艺研究及应用 [J]. 石油天然气学报,2009,31 (2):81—84.

[4] Howard J J, McKeon D C, Scott H D. Interpretation of Oxygen Activation Logs for Detecting Water Flow in Producing and Injection Wells [R]. SPE 1991 – BB.

[5] Chace D M, Trcka D E. Application and interpretation of continuous oxygen activation logs for measuring complex water flow profiles in injection well [R]. SPE28412.

［6］　李菊花，刘滨．注气参数对注气驱非稳态驱替效果的影响［J］．石油天然气学报，2009，31（5）：130—134．

Technology of neutron-oxygen-activation for water locating in horizontal well

QIANG Xiaoguang[1], LI Liangchuan[1], JIANG Zengsuo[1], SONG Yingzhi[1], ZHOU Yan[1]

(1. *Jidong Oilfield Drilling & Production Technology Research Institute*, *CNPC*, *Tangshan* 063000, *China*)

Abstract：In view of the actual limitation of neutron nxygen activation technics, through improving, we have used it in water locating in horizontal well, achieved remarkable effect. It can supply foundations for knowing seepage mechanism. It optimizes the gaslift string, works out the parameter of gaslift valve, and does succeed in simulating natrual production status by controling gas injection. This technology can supply new thinkings for other test process.

Key words：water locating in horizontal well；neutron oxygen activation；gas lift

水平井牵引器找水工艺技术的应用

杨小亮[1]，袁立平[1]，赵颖[1]，吴佐浩[1]，颜艺灿[1]，岳振江[1]

(1. 中国石油冀东油田公司 陆上作业区，河北 唐山 063200)

摘要： 由于水平井中流体的流动相态和施工工艺的复杂性，常规的产出剖面测井技术难以适应于水平井，因此水平井产出剖面测井技术是一项技术含量高、研究难度大、生产迫切需求的工作。本文简单介绍了水平井产出剖面测井技术及牵引器施工工艺，应用该技术在冀东油田 G104－5P101 等 5 口水平井进行产液剖面测试，并根据测试结果研究了下步措施，取得了一定效果，为下步水平井找堵水工作提供了可靠的依据。

关键词： 水平井；找水；牵引器；气举

自 2002 年第一口水平井 L102－P1 井投产以来，水平井已作为一种高效开发手段在冀东油田浅层油藏得到了普遍推广，但随着开发后期，水平井也暴露了层间接替潜力小，测井、修井工艺难度大等弊端。截止到 2009 年底，冀东油田陆地浅层油藏已经有 272 口水平井，占浅层油藏总井数的 39.3%，日产油 574 t，占日产油总产量的 43.0%，综合含水达到 96.5%。由于水平井中流体的流动相态和施工工艺的复杂性，常规的产出剖面测井技术难以适应于水平井，因此水平井的生产测试目前还是生产测井的难题之一[1—2]。油田于 2008 年 5 月 15 日至 8 月 7 日引进大庆测试技术服务分公司在高尚堡油田浅层油藏进行了 5 口水平井产液剖面测井试验，取得了一定认识，为下步水平井找堵水工作提供了可靠的依据。

1 水平井牵引器找水工艺原理

对于机采水平井，由于在正常生产条件下没有测试通道，无法进行测试，为了实现在正常生产条件下进行测试，需要在测试时改变举升工艺，采用气举举升方式实现水平井正常生产条件下的分段流量测试。气举法测试的基本原理（见图 1）是利用气举管柱作为测试通道，水平段利用牵引器进行输送。在测试施工前，通过作业施工起出泵、杆、油管，通井、洗井后，安装气举管柱，将井下仪器通过气举管柱下入到目的层段，然后进行连续气举，待生产稳定后进行测试。在水平段可以利用牵引器进行仪器输送，上提电缆进行测井，测井采用点测与连续测量相结合的方式进行[3]。

作者简介： 杨小亮（1984—），男，湖北省荆州市人，本科，工程师，现任职于冀东油田陆上作业区地质研究所，从事油藏开发工作。E-mail: jd_ yangxl@ petrochina. com. cn

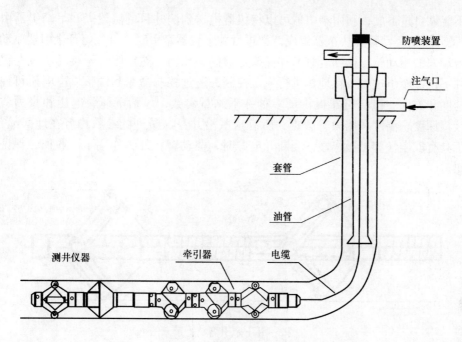

图1 气举法工艺示意图

测井仪器

（1）产液剖面测井组合仪

仪器采用遥测技术实现了多参数同时测量和传输，仪器结构采用模块化结构，测量短节包括通用短节、流量－含水率短节和低阻尼扶正器，含水率计包括电容含水率计和阻抗含水率计。测量参数包括流量、含水率、温度、压力、自然伽马和深度，主要技术指标如（表1）所示；测量方式采用集流慢速连续测量[4]。

表1 水平井产液剖面测井组合仪器主要技术指标

技术指标	参数
仪器外径	Φ38 mm
耐压	80 MPa
耐温	150℃
流量	10～240 m³/d，±10%
含水率	60%～100%，±10%
压力	测量范围：0～80 MPa，精度：0.05%，分辨率：792 Pa
温度	测量范围：0～150℃，精度：±0.5℃

（2）井下牵引器

牵引器的外形如图2所示。牵引器连接于电缆头和测井仪器之间。在水平段和造斜段仪器不能靠自重下放，利用牵引器可以将仪器推送到测井目的层段。井下牵引器由两组呈 90^{0} 交叉分布的驱动臂和扶正器组成。在进行井下仪器牵引时，首先打开牵引器驱动臂，使驱动臂端部的驱动轮支撑到套管壁并保持足够的正压力，然后驱动轮旋转实现对仪器的推送。井下仪器牵引过程可在地面进行人工控制，通过控制命令和调整供电电压可控制井下牵引速度和方向。该牵引器提供了多种井下测量参数，包括电缆头电压和张力、牵引速度、接箍深度、温度和压力等数据，所有这些沿井身测量到的参数均可在地面显示出来，使施工具有安全性和可操作性。当断开电源时，驱动臂在外力作用下可收回，保证仪器安全取出。

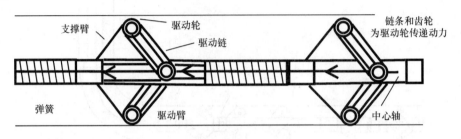

图 2　井下牵引器结构示意图

2　应用实例

2.1　G104 – 5P101 井

G104 – 5P101 井是高尚堡浅层油藏高 104 – 5 区块 Ng 6 小层的一口水平井，该井投产初期日产液 62.0 m^3，日产油 9.3 t，含水 85.0%，动液面 205 m。该小层砂层较厚，属于顶油底水型油藏，天然能量充足，怀疑该井水平段出液不均，局部与底水沟通造成高含水。鉴于上述情况，作业区要求进行水平井产出剖面测井，了解井下生产状况，确定主要产水部位。结合本井实际情况，大庆油田有限责任公司测试技术服务分公司，制定了详细的测井设计方案，测井地面仪器为 PL2000 设备，井下仪器为引进 Sondex[5] 公司的牵引器和国产仪器组合。8 月 5 日仪器下井至 8 月 7 日测井结束，在油井正常生产（气举）情况下录取了如下测井曲线：井温、压力、自然伽马、磁性定位、点测流量、连续流量、持水率测井曲线（见图 3）。

可以看出 1 978.0 ~ 1 990.2 m、1 924.45 ~ 1 978.0 m 为该井主要产液部位，产液量为 36.2 m^3/d、57.5 m^3/d，占全井相对产液分别为 29.19%、46.37%。该井全井段出液较均匀，相对厚度出液量最大的是部位最低的末端。

2.2　G160 – P4 井

G160 – P4 为高尚堡浅层高浅南区的一口水平井，该井投产初期日产液 54.0 m^3，日产油 47.5 t，含水 12.1%，动液面井口，边底水能量充足。含水上升后，采取大泵提液生产，测试前日产液 502 m^3，日产油 5t，含水 99%，动液面 330 m。分析认为该井由于长期高液

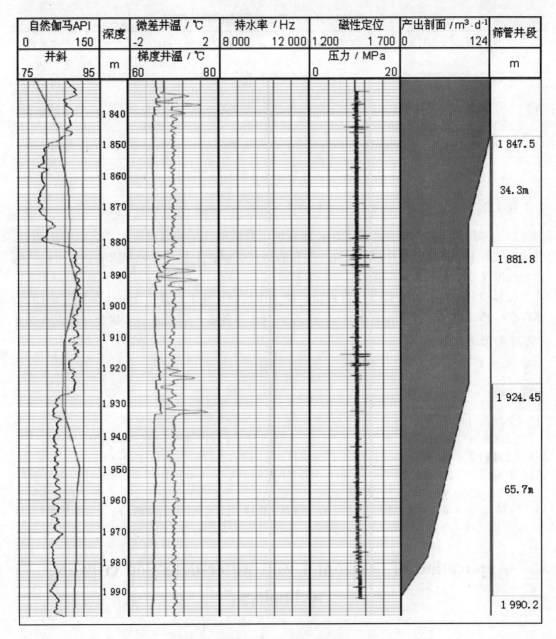

图3　G104－5P101产液剖面测井成果图

量开采，局部井段与边底水窜通，造成全井特高含水。该井与2008年5月27—31日进行找水测试，取得了理想的测井资料结果（见表2）。

　　该井在2 220.0～2 294.5 m井段有油产出显示，为该井主要产油层段，2 150.0～2 220.0 m为该井主要产液层段，下步可对此井段进行堵水作业。

表2 高160 – 平4 井产出剖面测井解释结果表

测点深度/m	解释井段 /m	合层产液量 /m³·d⁻¹	分层产液量 /m³·d⁻¹	相对产液 量/%	单位厚度流量 /m³·d⁻¹·m⁻¹
2 150	2 171. 7 ~ 2 220	151. 3	98. 5	65. 1	2. 04
2 220	2 220 ~ 2 255	52. 8	11. 1	7. 4	0. 32
2 255	2 255 ~ 2 280	41. 7	36. 2	23. 9	1. 45
2 280	2 280 ~ 2 296. 6	5. 5	5. 5	3. 6	0. 28

3 结论

（1）利用牵引器气举测产液剖面在冀东油田高尚堡浅层油藏共进行了5 口井的测试，成功获取了4 口井的施工及解释经验。现有的测井仪器、工艺、解释方法基本上可以适应冀东油田气举工艺水平井产液剖面测井的要求。

（2）仪器涡轮、牵引器（仪器）防砂能力比较弱，有1 口井由于砂卡未能完成测试，要在牵引器（维护）改进；冀东油田的水平井含水率较高，需要进一步探索特高含水油井含水率的测试方法。

参考文献：

[1] 郭海敏. 生产测井导论 [M]. 北京：石油工业出版社，2003.
[2] 吴世旗，钟兴福，刘兴斌，等. 水平井产出剖面测井技术与应用 [J]. 油气井测试，2005 (2)：57—59.
[3] 张凤歧. 拖拉器在水平井中的生产测井工艺及应用 [J]. 石油仪器，2006，20 (5)：92—94.
[4] 倪国军，郑雪祥，等. 在水平井中应用的一种新型多相持率测井仪——电容阵列多相持率测井仪（CAT）[J]. 油气井测试，2004，13 (04)：86—89.
[5] 刘清友，李维国. Sondex 水平井井下爬行器的研究与应用 [J]. 石油钻采工艺，2008，30 (5)：115—117.

Application of horizontal well water-detection crawling technology

YANG Xiaoliang[1], YUAN Liping[1], ZHAO Ying[1], WU Zuohao[1], YAN Yican[1], YUE Zhenjiang[1]

(1. *Lushang Oilfield Operation Area*, *Petrochina Jidong Oilfield Company*, *Tanghai* 063200, *China*)

Abstract：Conventional production profile logging technology is difficult to be adapted to the horizontal well because of the level of the well fluid flow phase and the complexity of construction. Therefore, the horizontal well production profile logging technology is one that requires high quality, that is difficult to do the research and that is urgently needed in production. In this paper, it introduces the technology of horizontal well production profile logging and crawling construction and describes how the technology is successfully applied to the production profile logging of the five horizontal wells such as G104 – 5P101 in Jidong oilfield. Finally, according to test results to study the next step, obtained certain result, for the next step of horizontal well water plugging work has provided the reliable basis.

Key words: horizontal well; water-detection; crawling device; gas lifting

浅层油藏水平井含水上升分析及
控水技术对策

马桂芝[1]，马会英[2]，孙占平[1]，李本维[1]，毕永斌[1]，章求征[3]，石琼林[3]

(1. 冀东油田分公司 勘探开发研究院，河北 唐山 063000；2. 冀东油田分公司开发处，河北 唐山 063000；3. 冀东油田公司陆上作业区，河北 唐海 063000)

摘要：水平井在高含水期如何控水增油是国内、国外一大难题。冀东油田复杂断块油藏水平井高含水的问题比较突出，目前高含水井已经占水平井总数的 80% 以上，水平井控水稳油工作越来越重要。针对南堡陆地浅层油藏水平井含水上升的原因、规律、类型及影响因素、水平井控水的潜力进行了综合分析，对水平井控水选井选层原则、治水对策进行了探讨，并结合现有的水平井堵水工艺技术，对高尚堡、老爷庙油田浅层油藏水平井控水典型井的开发效果进行了总结，并提出了水平井控水技术实施的相关建议。

关键词：水平井；高含水；选井选层；控水对策；开发效果

水平井技术在提高油层控制程度和动用程度，抑制边底水突进，以及防止油层出砂等方面具有明显的技术优势，该技术初期单井产量高，采油速度高，可大幅提高石油采收率，提高经济效益，在油田快速上产中发挥了重要作用[1]。冀东油田自 2002 年应用水平井开发技术以来，规模迅速扩大，目前已完钻投产水平井 300 多口，但是部分水平井由于底水锥进、边水侵入而高含水，且含水上升速度快，为了降低水平井综合含水，逐步改善油田开发效果，迫切需要研究水平井的控水稳油措施，找水、治水技术是目前亟待解决的问题。

1　南堡陆地水平井概况

南堡陆地浅层油藏是指上第三系明化镇组、馆陶组的油藏，埋深一般小于 2 500 m，储层为河流相砂岩，孔隙度为 25% ~ 35%，渗透率为 $310 \times 10^{-3} ~ 1\ 630 \times 10^{-3}\ \mu m^2$，储层高孔高渗，胶结疏松，生产过程中易出砂。油藏类型为层状复杂断块油藏，开发方式以天然水驱、注水开发为主。浅层油藏特点是断块小，含油面积小。

南堡陆地浅层油藏目前完钻投产水平井 275 口，开井 216 口，日产液 23 188 t，日产油

作者简介：马桂芝（1969—），女，内蒙古赤峰市，硕士，高级工程师，现任职于中国石油冀东油田公司勘探开发研究院采收率研究室，从事油田开发提高采收率研究工作。E-mail：maguizhi@ petrochina. com. cn

567 t，水平井综合含水 97.6%，浅层油藏综合含水 97.02%，按油藏类型分：边水油藏的水平井 197 口，占 71.6%，底水油藏水平井 41 口，人工注水油藏水平井 37 口，以边水油藏为主；按井型分：常规水平井占浅层油藏水平井总数的 82.9%，侧钻水平井占 14.2%；按完井方式分：筛管完井的水平井占浅层油藏水平井总数的 68%，射孔完井的占浅层油藏水平井总数的 32%，2002—2004 年，水平井以固井射孔、防砂筛管完井为主，2005—2006 年 7 月，以筛管完井为主，2006 年 8 月至今，以三开悬挂筛管完井为主。浅层油藏水平井占水平井总数的 81.8%，浅层水平井主要分布在高浅（64%）和庙浅（24%）区块，因此，高浅和庙浅区块是水平井控水工作的重点区域。

2 水平井含水上升的原因、规律及影响因素

2.1 水平井含水上升的主要原因

（1）含油面积小，构造低部位水平井因距边水较近，含水上升速度较快。

（2）长水平段开采，因构造和钻井轨迹存在高低差异，低水平段易引起边底水锥进和舌进，造成全井含水上升速度过快。

（3）开采技术政策不合理，高产液强度下易引起含水饱和度较高水平段内水线推进速度加快。

（4）出砂较为严重的油层，因破坏了水平段近井地带的储层结构，使油水界面上升加快，易引起全井含水快速上升。

（5）钻井轨迹较好的小水平段井，因处于剩余油较少或沉积主河道部位，虽投产初期产量高，含水低，但后期含水上升过快。

（6）油层内部均质性差，油层与边底水之间无低渗隔层，引起含水上升快。

2.2 水平井含水上升的规律

（1）水平井与油水界面的平面距离在很大程度上影响了达到高含水后期需要的时间，二者之间距离越大，含水上升越慢，中、低含水期越长，生产效果越好。从图 1、图 2 中看出，水平井与油水界面之间的平面距离应控制在 100 m 以上。

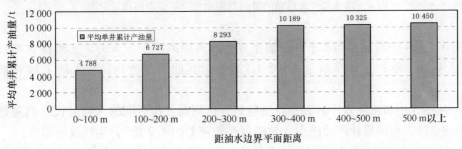

图 1 达到高含水后期的单井累计产油量与距油水边界平面距离对比图

（2）水平井与油水界面纵向距离越大，含水上升越慢，中、低含水期越长，生产效果越好。

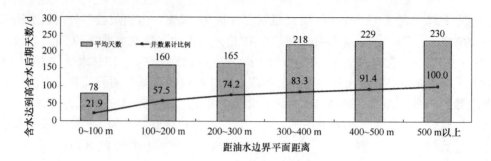

图2 达到高含水后期的时间与距油水边界平面距离对比图

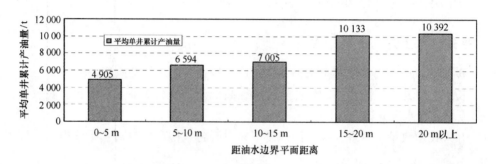

图3 达到高含水后期的单井累计产油量与距油水边界纵向距离对比图

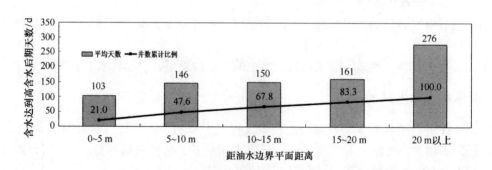

图4 达到高含水后期的时间与距油水边界纵向距离对比图

从图3、图4中看出：当水平井距油水界面纵向距离小于5 m时，达到高含水阶段的时间仅为103 d、单井累计产油是4 905 t，远低于其他情况达到高含水的天数和累计产油量。

（3）从图5中看出：水平井井身轨迹越好，达到高含水后期的天数越长（轨迹好是轨迹差的3.9倍），平均累计产油越多（轨迹好是轨迹差的4.2倍），生产效果越好。

（4）从图6中看出：当目的层能量不足时，达到高含水后期的天数随采液强度的增大而减少，但是采液强度在0.2~0.3 t/（d·m）时，平均单井累计产油最高，生产效果最好。

（5）从图7中看出：当目的层能量充足时，达到高含水后期的天数随采液强度的增大而减少，但是采液强度在0.4~0.6 t/（d·m）时，平均单井累计产油最高，生产效果

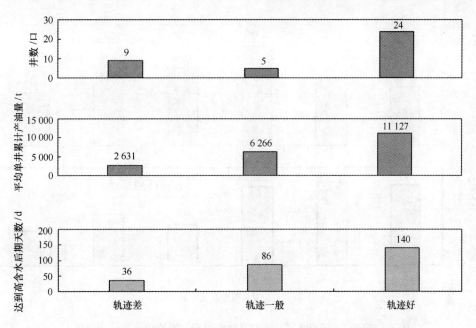

图 5   底水油藏不同轨迹水平井达到高含水时间与平均单井累计产油量

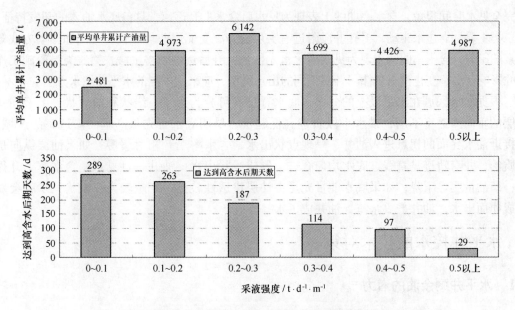

图 6   能量不足油藏水平井达到高含水时间与平均单井累计产油量

最好。

（6）数值模拟结果表明：水平段靠近油层顶部 1/5 处，生产效果好，累计产水量较少。

根据水平井含水与时间的关系，结合储层特征、驱动方式，把含水上升规律分为 3 类：第一类为边水、底水共同作用、储层均质性好，无夹层分布，从边底水开始突破到整个水平

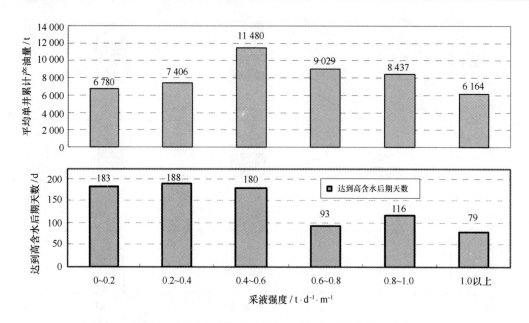

图7　能量充足油藏水平井达到高含水时间与平均单井累计产油量

段完全见水时间很短，含水率曲线上表现为见水后含水上升迅速，具备底水油藏的开发特征；第二类主要是靠边水驱动，射孔井段附近有夹层分布，受储层非均质性、夹层和驱动方式等因素的影响，含水率曲线表现为见水后含水先快速上升后逐渐变得平缓；第三类是受施工作业的影响含水率变化没有规律。针对不同的出水类型，应采用不同的水平井堵水方法。

　　根据出水区域在水平段上的分布，底水脊进又可分为点状、线状和曲面状，由于同一油层的垂向渗透率不同，或水平段轨迹高低起伏，早期底水首先从高垂向渗透率的区域，或接近油水界面的拐点进入油井，呈现点状出水，含水率上升相对缓慢；如果油层纵向是均质的，井身轨迹是直线，底水均匀脊进，形成线状出水，油井一旦见水，含水率上升很快，产油量明显下降；如果底水能量充足，油层渗透性较高，产量较大，线状见水就会发展成曲面出水，油井严重水淹，油井成了水井[2]。

3　水平井控水的技术对策

3.1　水平井剩余油的潜力

　　（1）含油面积较大，剩余可采储量较高，稠油油藏的高北浅层主力小层的断层根部、构造主体的水平井不同井段仍存有剩余油潜力。

　　（2）正韵律油层，层内有明显的岩性、物性隔夹层，其水平段所处有利轨迹、构造位置，油层内单砂体中仍存在较多的剩余油。

　　（3）边水较弱含油面积较小的庙北浅层，部分水平井两段有利构造部位，原定向井未生产或生产较差的局部区域仍有剩余油潜力。

　　（4）长水平段的水平井，在构造有利，轨迹位置较高，且离边水较远部位含油饱和度相对较高，亦是控水稳油挖潜的有利区域。

3.2 水平井控水原则

（1）以经济效益为中心，以改善主力油藏区断块开发效果为目的，通过油藏工程和采油工程综合研究，制定和实施水平井治水的措施方案。

（2）全区排查，突出重点，先试验，后推广。首先在地质研究较为清楚，剩余油分布较为可靠，工艺技术便于实施的高浅北、庙浅北主力油层制定与实施水平井治水试验，后期推广到其他区块。

（3）油藏工程先行，动静态分析入手，确定主力小层、单砂体中水平井不同井段剩余油分布，制定和实施经济有效的水平井控水增油工艺措施。

（4）选择采出程度低、剩余可采储量较高，剩余油分布明确的明馆主力油层。

（5）选择正韵律、且层内有隔夹层分布的井层。

（6）选择边底水活跃，但水平井处于构造高部位和边底水较弱，水平段含油饱和度明显差异的井层。

（7）选择水平段较长、构造及轨迹有明显差异的井层。

（8）选择以射孔完井为主，筛管完井为辅，且水平段中尽量留有未射或盲管位置，以利于下封隔器卡堵水和分段开采的井层。

（9）选择投产初期产量高，含水低，后期含水突升，出水段较明确的井层。

3.3 水平井控水技术对策

水平井控水技术的实施必须建立在对油藏再认识的基础上，需要搞清不同开采历史阶段剩余油的分布情况，开展复杂断块油藏单砂体小层平面剩余油分布研究，按照"坚持3个结合，重点试验应用5项技术"的工作思路，开展室内研究和现场试验。"3个结合"即：地质油藏和工艺技术相结合；出水规律认识与控水技术相结合；找、堵、疏相结合；"5项技术"即水平井分段完井控水技术、水平井产液剖面测试技术、水平井化学控水技术、水平井机械控水技术、水平井产液剖面改善技术。

对于新钻水平井，在完井阶段实施分段控水技术：常规筛管＋常规封隔器分段完井；常规筛管＋遇油/遇水膨胀封隔器分段完井；调流控水筛管＋常规封隔器分段完井；调流控水筛管＋遇油/遇水膨胀封隔器分段完井。

对于固井射孔完井的水平井，根据井筒内是否有防砂筛管，采取不同的技术。

（1）井内有防砂管：打捞难度大、施工周期长，主要考虑化学堵水；

（2）井内无防砂管：考虑分段封堵或者管内分采，化学堵水为辅。

对于筛管完井水平井，根据水平井的生产特点，可采取"找、疏、堵"结合的技术思路。

（1）"找"：应用水平井产液剖面测试技术了解水平井主要产液部位，辅助扇区水泥胶结测井技术判断筛管外地层坍塌状况。

（2）"堵"：采用ACP分段后两次注胶或管内分采技术思路。

（3）"疏"：对不产液或产液少的井段采取定位解堵措施，达到解放低产液段，改变产液剖面的目的。

从 2006 年 5 月开始，针对冀东油田水平井油层特征、完井方式、生产特点，中国石油勘探开发研究院、钻采工艺研究院、陆上作业区联合北京勘探院开始探索水平井环空化学封隔器（ACP）控水技术及选择性化学堵水技术，2008 年开始在冀东油田进行矿场试验。

4 水平井控水的实施效果

根据上述原则和选层选井条件，对冀东陆上浅层油藏不同区断块现有水平井应用排除法进行筛选，把高浅北、庙浅北水平井作为控水措施实施井。

4.1 高浅北区

高浅北区位于高柳断层上升盘，总体为一向北东倾没的宽缓的断鼻状构造，构造完整，含油层位为上第三系馆陶组，油藏埋深 1 700 ~ 1 900 m。储层为一套辫状河沉积砂体，孔隙度平均 31%，渗透率 602×10^{-3} ~ $1\,622 \times 10^{-3} \mu m^2$，属高孔高渗型储层，储层以正韵律和复合韵律为主，非均质性严重，油藏是未饱和常规稠油油藏。目前，已发现 Ng6、7、8、9、10、11、12、13 等 8 个含油小层，其中主力小层为 Ng8、12、13 小层，Ng13 又细分为 $Ng13^1$、$Ng13^2$、$Ng13^3$ 三个油砂体，从驱动类型看，Ng8、9、10、11、12、13^1 小层为边水驱油藏，Ng6、13^2、13^3 小层为底水油藏。表 1 给出了从高浅北区筛选的 4 口首批实施井的基础情况。

4.2 老爷庙

老爷庙构造是发育在西南庄边界断层下降盘的滚动背斜构造，由庙北滚动背斜和庙南断鼻两部分组成，庙北背斜形态清晰，呈穹窿状，构造高点位于庙 101、庙 28×1 井一带，北东向断层由浅到深将庙北背斜切割成 3 部分，即庙 25 断块、庙 101 断块和庙 28×1 断块。纵向上发育多套储层，平面上大部分储层分布范围广，个别小层分布局限，储层层间、层内、平面上非均质性比较严重，馆陶组属中孔、中渗型储层，储层物性条件好，渗流通道发育，是引起水线在纵向和横向推进速度快的重要原因。纵向上含油井段长，油层层数多，油水层间互，没有统一的油水界面；单个油层含油高度小，分布范围窄，沿断棱高部位呈窄条带状分布，为边底水驱构造层状油藏；边底水活跃、含水上升快，易出砂。表 1 给出了从庙浅区块筛选的 3 口首批实施井的基础情况。

表 1 水平井控水稳油第一批已实施井基础情况表

井号	完井方式	层位	控水前生产情况				剩余油潜力	措施内容
			液/m³·d⁻¹	油/t·d⁻¹	含水/%	动液面/m		
G104 – 5P65	筛管	Ng12	234.5	3.75	98.4	561	B 段	ACP 分段控水
G104 – 5P44	筛管	Ng8	106.4	2.2	97.9	640	B 段	ACP 分段控水
G104 – 5P13	射孔	Ng8	101.1	2.42	97.8	677	B 段	选择性化堵
G104 – 5P79	筛管	Ng13¹	157.3	2.1	98.7	397	A 段	ACP 分段控水
M7 – P2	射孔	NgⅣ1	109.8	2.9	97.4	450	A 段	分三段管内分采
M125 – P2	筛管	NgⅡ2	53.6	0.54	99	600	A 段	选择性堵水
M28 – P7	筛管	NgⅠ6	49	0.49	99	495	B 段	ACP 分段/管内分采

水平井实施控水后，典型井 M28 – P7 井的含水由堵水前的 99%降至 84%，堵水后累计增油 217 t，降水 11 100 m³，有效 4 个多月；G104 – 5P79 井的含水由堵水前的 98.2%，最低降至含水 48%，堵水后已累计增油 80 多吨，降水 34 010 m³，有效期达到 2 个月以上，起到增油降水的明显效果（图 8、图 9）。

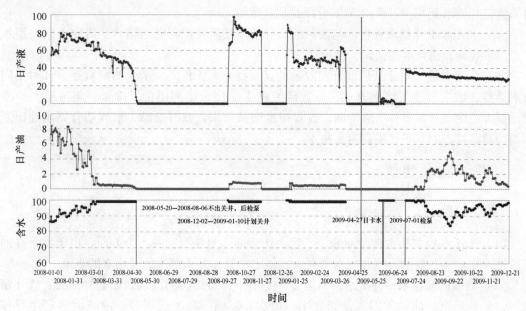

图 8　M28 – P7 井开采曲线

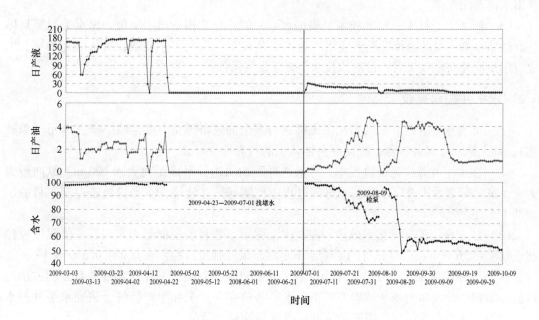

图 9　G104 – 5P79 井开采曲线

5　水平井控水实施初步认识

（1）搞好水平井控水，需要尽量详尽的水平井各方面资料并综合分析，弄清出水类型，找准出水位置和剩余油的分布，根据不同的出水情况决定采用不同类型的控水技术。对筛管完井的水平井，可采用 ACP 分段封堵技术。

（2）利用水平井找水资料，与油藏地质分析及数值模拟研究相结合，研究不同类型水平井出水规律，深化地质认识，指导选井工作。

（3）水平井控水对于其后期开发效果的提高具有重要意义，结合油藏特点，针对不同出水类型、出水规律、堵水方式，筛选研究施工工序、堵剂用量、排量、施工压力等参数，最大限度改善水平井产液剖面，改善控水增油效果，及时总结，形成适合冀东油田复杂断块油藏特点的水平井系列堵水技术。

6　存在问题及建议

6.1　存在问题

（1）水平井控水技术涉及油藏、工艺、化学剂、测井和完井 5 个方面，由于水平井的特殊性，作业工艺复杂，测井找水资料少，加之筛管完井，都增加了堵水的难度。

（2）油藏研究：水平井出水的原因，一是由于井身结构的因素，如套管漏失、管外窜流等；二是地层、油藏的因素，如底水、边水、裂缝、高渗透层等。油藏因素起主导作用，且比较复杂，因此，水平井堵水离不开油藏研究，要利用油藏研究的成果，弄清水平井出水机理和规律。

（3）施工工艺技术：ACP 技术是根据水平井的井身结构、出水层位、出水类型等具体特点及堵水剂本身的具体性质而应用的施工工艺技术，作业工序复杂，从其研究水平、工业应用规模及实施效果看，目前该技术仍处于发展阶段。

6.2　水平井控水建议

（1）部署水平井时，加大精细油藏描述与剩余油分布研究力度，缩小研究单元（单砂体），加大饱和度测井工作，提高剩余油认识的可靠性。

（2）在水平井井位论证过程中，尽量选择距油水边界平面距离大于 100 m，纵向距离大于 5 m 处部署水平井，水平井钻进的过程中控制好钻井轨迹，水平段轨迹控制在目的层顶部 1/5 处。

（3）制定合理的开发技术政策，降低采液强度。当目的层能量充足时，采液强度应控制在 0.4～0.6 t/（d·m）；目的层能量不足时，采液强度应控制在 0.2～0.3 t/（d·m）。

（4）以井组为单元、以单砂体为对象，开展精细油藏描述工作；常规油藏工程方法与数值模拟相结合，预测剩余油潜力；结合水平井钻完井情况和生产特征，研究水平井控水潜力，细化选井条件，建立明确的选井标准，预测控水效果。

参考文献：

[1]　王元基. 水平井油田开发技术文集 [C]. 北京：石油工业出版社，2010.
[2]　周代余，江同文，冯积累，等. 底水油藏水平井水淹动态和水淹模式研究 [J]. 石油学报，2004（6）.

Water cut rising analysis and water control technique of shallow reservoir horizontal well

MA Guizhi[1], MA Huiying[2], SUN Zhanping[1], LI Benwei[1], BI Yongbin[1],

ZHANG Qiuzheng[2], SHI Qinglin[3]

（1. *Exploration and Development Research Institute of Jidong Oilfield Company*，*CNPC*，*Tangshan* 063000，*China*；2. *Department of Development Jidong Oilfield Company*，*CNPC*，*Tangshan* 063000，*China*；3. *Lushang Oilfield Operations Area of Jidong Oilfield Company*，*CNPC*，*Tanghai* 063200，*China*）

Abstract：It is a challenge for horizontal well how to control water and increase oil during high water cut in China and abroad. High water cut of fault-block reservoirs for horizontal well in Jidong Oilfield is serious. High-water-cut-well are 80 percent of all horizontal wells. It is more and more important to control water and increase oil of horizontal well. The water control capacity are analyzed according to the reason, regular pattern, type, affecting factors of water cut increasing for horizontal wells in shallow reservoirs in Nanpu Onshore and the principles of selection well and layer and countermeasure of water control for horizontal wells are discussed. The development efficiency of the typical water control for horizontal wells in the shallow reservoirs of Gaoshangpu and Laoyemiao Oilfield is summarized and suggestion of water control for horizontal wells is presented.

Key words：horizontal well；high water cut；selection of well and layer；water control countermeasure；development efficiency

底水油藏水锥高度计算与水锥运动规律研究

周贤[1,2]，钱川川[1]，聂彬[1]，杜立红[1,2]

(1. 中国石油大学 石油工程教育部重点实验室，北京 102249；2. 中国石油华北油田公司，河北 任丘，062552)

摘要： 水锥形状是否符合实际，将会很大程度上影响在此基础上得出的相关参数和公式的正确性。在计算底水油藏油井临界产量、见水时间以及水锥回落时间等问题时，首先就必须对水锥形状和水锥的运动规律有一个正确的认识。本文结合球面向心流模型推导了水锥高度随球面半径的计算公式和油井临界产量的计算公式；通过底水油藏的宏观物理模拟研究了水锥形态变化规律。

关键词： 底水；锥进；水锥高度；临界产量；水锥形态

1 底水的锥进机理

在底水油藏中，水位于油层底部，油位于油层上部。如果一口井在含油部分射孔并生产，在打开层段下面将形成半球状的势分布[1]，如图 1 所示。由于垂向势梯度的影响，油水接触面逐渐变形成喇叭状，这种现象称为底水锥进。

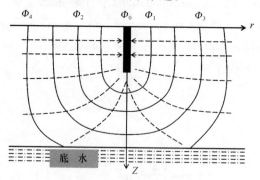

图 1 油层部分打开的油井等势线分布

基金项目： 国家油气重大专项 "复杂油气田地质与提高采收率技术" 子课题：复杂油气田地质与提高采收率技术 (2011ZX05009)。

作者简介： 周贤（1988—），男，湖北省汉川市人，现为中国石油大学（北京）2010 级油气田开发专业硕士研究生，主要从事油气渗流理论方面的研究。E-mail: zhx01472008@126.com

随着油井的生产，油水界面不断变形，水锥随之形成。锥体的上升速度取决于该点处的势梯度 $\partial\phi/\partial z$ 和油层的垂向渗透率的大小。锥体上升高度则取决于油水密度差（$\rho_w - \rho_o$）引起的重力与垂向压力梯度之间的平衡。

如果油井的产量小于临界产量，垂向压力梯度能与某一油水界面时的油水密度差达到平衡，形成稳定的水锥。当油井以高于临界产量生产时，油水界面在垂向势梯度的作用下变得不稳定，形成不稳定水锥，水驱前缘不断抬升造成底水突破至井底。随之油井开始产水，含水迅速上升，因此，如何避免和削弱底水锥进带来的不利影响是底水驱油藏的主要难题。

2 水锥分析

2.1 水锥形状分析

水锥形状是否符合实际，将会很大程度上影响在此基础上得出的相关参数和公式的正确性。在计算底水油藏油井临界产量、见水时间以及水锥回落时间等问题时，首先就必须对水锥形状和水锥的运动规律有一个正确的认识。目前，国内外已有不少文献[3—6]对水锥形状作了研究和描述。文献油井以高于临界产量生产时，水锥刚好突破到井底到含水到达98%这个过程中，水锥形状是不断变化的，由曲线锥逐渐转变为近似一条直线锥，这一点在下文底水锥进的实验模拟有详细阐述。

球面向心流情形下，地层中任意一点的压力表达式为[2]

$$P(r) = P_e - \frac{P_e - P_w}{\frac{1}{R_w} - \frac{1}{R_e}}\left(\frac{1}{r} - \frac{1}{R_e}\right) = \frac{A}{r} + B \tag{1}$$

其中，

$$A = -\frac{P_e - P_w}{\frac{1}{R_w} - \frac{1}{R_e}} \qquad B = P_e + \frac{P_e - P_w}{\frac{1}{R_w} - \frac{1}{R_e}} \cdot \frac{1}{R_e}$$

由式（1）可以看出：从井壁到供给边缘，压力分布呈倒函数关系。从整个地层上看，压降面像一个漏斗状的曲面，习惯上称为"压降漏斗"。

2.2 水锥高度计算

如图 2 所示，在水锥侧边缘上任意一点上，均有垂向压力梯度与油水密度差引起的重力达到平衡，结合式（1）有：

$$[P(r) - P_w]\cos\theta = \left[\frac{P_e - P_w}{\frac{1}{R_w} - \frac{1}{R_e}} \cdot \left(\frac{1}{R_w} - \frac{1}{r}\right)\right]\cos\theta = 10^{-5}\Delta\rho_{wo}gh \tag{2}$$

由式（2）可得出水锥高度随径向距离变化的表达式：

$$h(r) = 10^5 \frac{\cos\theta}{\Delta\rho_{wo}g}\left[\frac{P_e - P_w}{\frac{1}{R_w} - \frac{1}{R_e}} \cdot \left(\frac{1}{R_w} - \frac{1}{r}\right)\right] \tag{3}$$

由式（3）可以看出，水锥高度 h 随径向距离 r 呈倒数函数关系。李传亮也指出，底水油藏水锥应该是一个曲线锥，而不是一个直线锥[3]。由此可见，实际水锥形状应如图 2 所示。

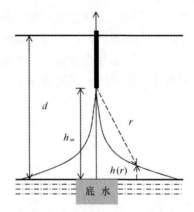

图 2　球面向心流模型下水锥形状示意图

平面径向流的产量公式为：

$$Q = \frac{2\pi k(P_e - P_w)}{\mu\left(\dfrac{1}{R_w} - \dfrac{1}{R_e}\right)} \tag{4}$$

将式（4）代入式（3）写成产量形式，有：

$$h(r) = 10^5 \frac{\cos\theta}{\Delta\rho_{wo}g} \frac{\mu Q}{2\pi K}\left(\frac{1}{R_w} - \frac{1}{r}\right) \tag{5}$$

式（3）和式（5）即为水锥高度 h（r）和径向距离 r 的关系式。需要说明的是，本方法只适用于油层厚度较大的油藏。

2.3　临界产量计算

Muskat 和 Wyckoff 的实验研究[7]表明，临界水锥高度在井底与原始油水界面总高度的 76% 邻域内变化。在式（5）中，取 $h(r) = h_c = 0.75h_m$，$r = h_m - h_c = 0.25h_m$，$\theta = 0$ 可计算油井临界产量：

$$Q_c = \frac{0.75\Delta\rho_{wo}gh_m}{10^5} \frac{2\pi K}{\mu} \frac{R_w h_m}{h_m - 0.04R_w} \tag{6}$$

换算至油田常用单位为 t/d 时，有：

$$Q_c(\text{t/d}) = \frac{6.48\rho_{os}\Delta\rho_{wo}gh_m}{10^{10}B_o} \frac{2\pi K}{\mu} \frac{R_w h_m}{h_m - 0.04R_w} \tag{7}$$

式中，ρ_{os} 为地面原油密度，单位为：kg/m³；$\Delta\rho_{wo}$ 为地下油水密度差，单位为：kg/m³；g 是重力加速度，单位为：N/kg；B_o 是原油体积系数，单位为：m³/m³；r 是球半径，单位为：cm；θ 是任一点与井底连线与垂线之间的夹角，单位为：（°）；R_e 是泄油半径，单位为：cm；R_w 是井筒半径，单位为：cm；P_e 是供给压力，单位为：atm；P_w 是井底流压，单位为：

atm；h_c 是临界水锥高度，单位为：m；h_m 是最大水锥高度，单位为：m；K 是岩石渗透率，单位为：μm^2；μ 是原油黏度，单位为：$mPa \cdot s$；Q 是油井产量，单位为：cm^3/s；Q_c 是油井临界产量，单位为：cm^3/s。

计算实例

辽河油田欢 17 块油藏参数如下：油层厚度 $d = 55$ m，最大水锥高度（井底与原始油水界面的距离）$h_m = 30$ m，地下油水密度差 $\Delta\rho_{wo} = 347.2$ kg/m^3，地面原油密度 $\rho_{os} = 810$ kg/m^3，原油黏度 $\mu = 11.2$ mPa $\cdot$ s，渗透率 $K = 0.375$ μm^2，原油体积系数 $B_o = 1.233$，井筒半径 $R_w = 10$ cm，$Q_c = \dfrac{6.48 \times 810 \times 347.2 \times 9.8 \times 30}{10^{10} \times 1.223} \cdot \dfrac{2 \times 3.14 \times 0.375}{11.2} \cdot \dfrac{10 \times 30}{30 - 0.04 \times 10}$ $= 9.34(t/d)$。

3 底水锥进的宏观物理模拟

以辽河油田欢 17 块大凌河油藏为研究对象，经过严格的相似对应，设计制作了底水油藏渗流模型，其尺寸为 100 cm × 5 cm × 45 cm，模型参数如表 1 所示。考虑到水锥的对称性，所设计的底水油藏渗流模型只模拟了半个水锥的形态及运动规律。

表 1 底水油藏渗流模型参数列表

油藏参数	数值
渗透率/D	70
孔隙度/%	37.1
油黏度（柴油）/mPa·s	4.287
油密度/kg·m^{-3}	836.2
束缚水饱和度/%	29.30
残余油饱和度/%	17.22
井筒直径/mm	10

利用照相机捕捉到底水刚好突破到井底时的图像，如图 3 所示，去除底水区域注入管线对底水的遮挡作用，水锥形状应如图中蓝线所示。底水突破以后继续生产，直到含水达到 98% 时的极限水锥形态如图 4 所示。

由图 2 可以看出底水油藏的 2 种基本的驱动方式：锥进和托进[4]。锥进发生在井底附近，是造成油井快速水淹的主要原因。而托进则主要发生在油层与底水之间有夹隔层的情况下，或者距离油井较远的区域。在本次实验中，托进发生在远井地区。由图 4 与图 3 比较得知，油井见水之后，底水油藏的驱动方式主要以托进为主，表现为油水接触面（水驱前缘）大面积地、均匀地向上推进。含水到达 98% 时，水锥形状已经近似于直线锥了。通过实验观察发现，在高含水期还伴有优势渗流通道，即大孔道的形成。

4 结论

（1）结合球面向心流模型的压力分布和水锥形成机理，得到水锥形状应为一条倒函数

图3 底水刚好突破到井底时的水锥形态

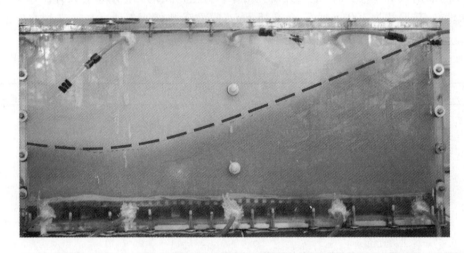

图4 含水达到98%时的极限水锥形态

形状的曲线锥，本文所给出的结论适合于厚度较大的油层；

（2）推导了球面向心流模型下水锥高度随球面半径的变化公式——式（5）；

（3）推导了球面向心流模型下底水油藏油井临界产量计算公式——式（6）、（7）；

（4）通过底水油藏的宏观物理模拟分析了水锥形态变化规律。

参考文献：

[1] 姜汉桥．油藏工程原理与方法［M］．东营：中国石油大学出版社，2006：90—91．

[2] 张建国．油气层渗流力学［M］．东营：中国石油大学出版社，1998：40—41．

[3] 李传亮．水锥形状分析［J］．新疆石油地质，2002，23（1）：74—75．

[4] 侯军，程林松．常规底水油藏水锥高度计算方法研究［J］．西安石油大学学报（自然科学版），2006，21（3）：23—26．

[5]　谢林峰，李相方. 底水气藏水锥高度与形状计算新方法 [J]. 天然气工业，2004，24（4）：54—56.

[6]　唐人选. 底水油藏水锥动态模拟及见水时间预测 [J]. 新疆石油地质，2003，24（6）：572—573.

[7]　Muskat M，Wyckoff R D. An approximate theory of water coning in oil production [J]. Trans AIME，1935，114：144—163.

Calculation of water cone height and study of water cone movement rule in bottom water

ZHOU Xian[1,2]，QIAN Chuanchuan[1]，NIE Bin[1]，DU Lihong[1,2]

（1. *MOE Key Laboratory of Petroleum Engineering*，*China University of Petroleum*，*Beijing* 102249，*China*；2. *PetroChina Huabei Oilfield Company*，*Renqiu* 062552，*China*）

Abstract：Whether water cone shape is in accord with the actual will largely affect the correctness of the related parameters and formula obtained. When calculating oil well critical production，breakthrough time and subsidence time of water-cone in bottom-water reservoir，the correctness of cone shape and cone movement rule is the prime requirement. Based on ball – oriented flow model，the formula of water-cone height and critical oil production rate is obtained；according to a macroscopic simulation of bottom water reservoir，the law of water-cone movement is analyzed in this paper.

Key words：bottom water；coning；cone height；critical oil rate；cone shape

水平井调流控水筛管完井技术研究与应用

姜增所[1]，强晓光[1]，马艳[1]，邱贻旺[1]，宋颖智[1]，蓝钢华[2]

(1. 中国石油冀东油田分公司 钻采工艺研究院，河北 唐山 063000；2. 中国石油冀东油田分公司 工程技术处，河北 唐山 063000)

摘要： 水平井开发技术目前面临的一个主要问题是：水平段产液不均匀，局部水淹造成油井高含水。本文介绍了一项新的水平井调流控水筛管完井工艺技术，可以有效控制水平井各段产液量，抑制含水上升速度，延长油井低含水采油期，并通过现场应用对该工艺技术的应用效果进行了说明。

关键词： 水平井；完井；调流控水

水平井开发技术已成为油气田开发中一项具有广阔前景和提高采收率的重要技术，近年来在世界各油田中得到了越来越广泛的应用。冀东油田自 2002 年应用水平井开发技术以来，初期取得了很好的效果，但是，随着开发时间的延长，冀东油田水平井综合含水已经高达 97%，严重制约了油田的整体开发效果。通过水平井找水等技术手段发现引起含水迅速上升的一个主要原因是：水平段局部见水引起整个油井含水迅速上升。

调查研究发现，局部见水主要有两种情况：（1）由于水平段内沿流动方向存在一定的流动压力降，导致水平段根端生产压差大于指端压差，进而水平段下部水脊根端偏高、指端偏低，引起根端局部提前见水；（2）边水、注入水局部突进使水平段局部见水[1]。

为解决以上问题，冀东油田研究应用了一项新的水平井调流控水筛管完井工艺技术，通过完善配套工艺、工具，有效抑制了水平井含水上升速度，延长了油井低含水采油期，大大提高了油田综合经济效益。

1 水平井调流控水筛管完井工艺技术

冀东油田水平井生产井段通常为几十米至几百米，开发初期主要完井方式为精密微孔复合防砂筛管与液压涨封式管外封隔器分段完井工艺技术。但是，随着开发时间的延长，该工艺技术主要存在两方面问题：①各段采液不均匀，部分生产段地层水容易突进，从而造成整个生产段水淹；②液压涨封式管外封隔器由于工具自身原因很容易失效，从而造成

作者简介： 姜增所（1966—），男，山东省乳山县人，本科，高级工程师，现任职于中国石油冀东油田公司钻采工艺研究院井筒工程研究室，从事大修与完井工作。E-mail：jxgs_jzs@petrochina.com.cn

管外分段失效，使整个生产段连通。因此冀东油田研究应用了配套成熟的水平井调流控水筛管完井工艺技术。

2.1 工艺管柱

完井管柱主要由调流控水筛管、套管滑阀、遇油膨胀封隔器和洗井阀等组成，该完井工艺施工简单，无需打压胀封等工序，管柱结构如图1所示。

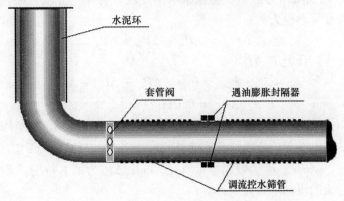

图1 水平井调流控水筛管完井井身结构示意图

2.2 完井施工过程

下完井管柱：依次下入洗井阀、套管、调流控水筛管、遇油膨胀封隔器、调流控水筛管、套管滑阀、套管至井口，地面组配完井管串。按照标准连接丝扣，并按照下套管施工规范下入完井管串，严格控制下管速度。

洗井：下开关工具打开套管滑阀，测试地层吸收量，判断套管阀已打开；下洗井管柱，反循环洗井至设计要求。

关闭套管阀：洗井完后，起管柱，下入套管阀的控制开关工具将套管阀关闭。

下泵生产：套管阀关闭后，起管柱，下入采油管柱，开井生产。

3 配套完井工具

水平井调流控水筛管完井技术的设计原则是："分段是基础、调流是关键"。在水平井完井阶段即对油井产液进行控制，以抑制含水上升。配套完井工具性能良好是保证该完井技术能够成功应用的关键。因此，通过大量的室内试验和现场试验，优化相关工具参数，满足了现场施工需要。

3.1 调流控水筛管

调流控水筛管是在目前的精密微孔复合防砂筛管上增加流量调节功能，通过设置不同直径的喷嘴使水平井各段均衡产液，局部见水后限制产水段的产液量。对边水和注入水的局部突进引起的见水，也能自适应地控制出水量，延长油井的低含水采油期。

3.1.1 技术原理

如图 2 所示，采用调流控水防砂筛管与裸眼封隔器配合使用，将水平井段分隔成多个分段，将经过每段筛管的流体集中控制，分别配置不同大小的喷嘴，地层流体流经喷嘴时将产生不同的流动阻力，用喷嘴来限制个别分段的大流量，进而实现均衡的有效生产压差剖面和产液剖面。

设供油区内平均油藏压力为 P_r，将裸眼水平井段分为 n 个分段，第 i 分段的产液量为 Q_i，第 i 分段的井底流动阻力为：

$$\Delta P_{wfi} = \Delta P_{ai} + \Delta P_{ni} + \Delta P_{fi} \tag{1}$$

则第 i 分段的有效生产压差 P_i 为：

$$P_i = P_r - P_{wfi} = P_r - (\Delta P_{ai} + \Delta P_{ni} + \Delta P_{fi}) \tag{2}$$

$$\Delta P_{ni} = 0.081 \rho Q_i^2 / C^2 d_i^4 \tag{3}$$

式中，ΔP_{ai} 为第 i 分段管外砂环中的渗流阻力，与 Q_i 成正比，无砂环时 $\Delta P_{ai} = 0$，ΔP_{ai} 采用达西公式计算；ΔP_{ni} 为第 i 分段筛管喷嘴处的流动阻力，与 Q_i^2 成正比；C 为喷嘴流量系数；ρ 为流体密度，g/cm^3；d_i 为喷嘴当量直径，cm；ΔP_{fi} 为第 $1 \sim i$ 分段筛管内的流动阻力之和，ΔP_{fi} 采用管流的流动阻力公式计算；

要做到均衡产液，就应做到各分段的有效生产压差 P_i 均衡，相应地各分段的井底流动阻力 P_{wfi} 均衡。如果不考虑各分段 ΔP_{ai} 的差异，只要做到保持各分段的（$\Delta P_{ni} + \Delta P_{fi}$）不变，也就是根据各分段筛管的管内流动阻力来调配各分段筛管的喷嘴大小，就可以调节各分段的有效生产压差剖面和产液剖面，做到均衡产液。

如果某分段见水，该分段的产液量 Q_i 增大，而由于 ΔP_{ni} 与 Q_i^2 成正比，ΔP_{ni} 增大的幅度更大，使得有效生产压差 P_i 减小，自然地限制该分段的产液量 Q_i 继续增加，达到控水的目的。

调流控水筛管对筛管内流体的速度很敏感，如果某分段见水或产生油水混合物中水的指进现象，流速就会上升很快，此时管内的调流喷嘴就会对这类高速流体产生阻力，从而降低该分段的产液量，达到调节流量的目的。

3.1.2 技术方案

调流控水筛管结构如图 3、图 4 所示。

地层流体经过防砂筛管的防砂层后，在基管与防砂层之间的环形空间内横向流动，再通过喷嘴流到管内。所有经过筛管的流体都由喷嘴集中控制，调节喷嘴的大小就可以调节喷嘴处的流动阻力，同时限制单段筛管的最大产液量，达到均衡生产压力剖面和产液剖面的目的。

喷嘴的大小根据设计产能和井底流动阻力计算结果，运用专门的调流喷嘴优化设计软件确定。准备好各种不同孔径的调流喷嘴后，可以在制造厂内安装喷嘴、编号、现场依次下入，也可以现场服务时，根据需要现场调配安装。

3.1.3 调流控水筛管与普通筛管对比

1）相同生产压差下压力分布情况

普通筛管完井时，无论是低渗段还是高渗段，由于普通筛管的阻力小，消耗的压降也

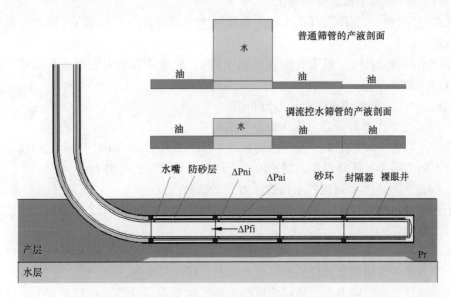

图 2　调流控水筛管的技术原理示意图

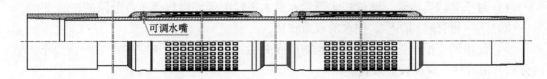

图 3　调流控水防砂筛管结构示意图

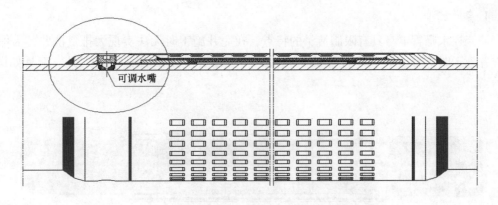

图 4　调流控水防砂筛管结构局部放大图

小，生产压差几乎全部消耗在地层里[2-5]。

调流控水筛管完井时，对于低渗段即出油段，地层的回压大，调流控水筛管上的压降小；对于高渗段即出水段，地层的回压小，调流控水筛管上的压降大。

2）相同生产压差下流量分布情况

普通筛管完井时，高渗段（出水段）流量远大于低渗段（出油段），即水的流量远大于油的流量。

调流控水筛管完井时，对于高渗段（出水段），控流装置极大限制了其流动，而对于低渗段（出油段）来说，控流装置几乎不影响其流动。

3）提高生产压差后两种筛管压力分布情况

（1）提高生产压差后普通筛管压力分布情况：

对于普通筛管，假若把生产压差由初始的 1 MPa 提高到 10 MPa，无论低渗段还是高渗段，筛管上阻力很小，压降很小，提高的生产压差几乎都落在地层上[6—7]。

（2）提高生产压差后调流控水筛管压力分布情况：

对于调流控水筛管来说，假若把生产压差由初始的 1 MPa 提高到 10 MPa，调流控水筛管具有以下特点。

①低渗透段，调流控水筛管上压差升高很小，提高的生产压差大部分落在地层，这样，大大提高了低渗段即出油段的地层生产压差，提高采收率。

②高渗透段，地层阻力小，消耗的压降也小，压差大部分落在控流装置上，这样更能有效控制出水量，大幅降低含水率。

2.1.4　调流控水筛管的特点

（1）对于非均质油藏，调流控水筛管在沿水平段上能够自行调节各分段的产液量。

（2）下一根管起到防砂、控水的双重作用。

（3）使用调流控水筛管，不仅达到防砂完井的目的，而且在正常生产后不需要下入管内分层开采管柱，提高投资效益。

3.2　套管滑阀及控制工具

3.2.1　套管滑阀

调流控水筛管本身具有限制流量的特点，在完井施工时无法实现大排量洗井，为保证在洗井施工时能够充分替净井底的钻井液，研究配套应用了套管滑阀工具，工具如图 5 所示。

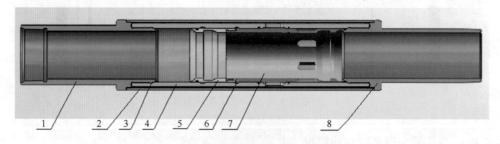

图 5　套管滑阀结构示意图

1—上接头；2—外管；3—密封圈；4—缸体；5—滑套接头；6—卡簧；7—滑套；8—下接头

套管滑阀的技术指标：耐压：70 MPa；打开或关闭力 P: 3 000 N；最大外径：190 mm。最小内径：与完井的套管内径尺寸相同；流通面积：13 239 mm²。

洗井施工过程为：地面组配完井管串，套管阀在筛管顶端与筛管联接并处于"打开"状态，完井管串下到位后下入洗井工具，套管反洗井，洗井液从套管阀进入管外流经整个筛管外环空，经过洗井阀进入油管返至地面，带出井底残留的钻井液，完成洗井施工。

3.2.2 控制工具

机械控制开关是用来将套管滑阀打开和关闭的一个井下工具，由于在水平井中，受井身结构的影响，井下管柱在上提时，能够对其下面的管柱施加上力，套管滑阀设计的打开是通过上提管柱完成的，所以采用一个结构较为简单的机械控制开关来控制，结构如图6所示。

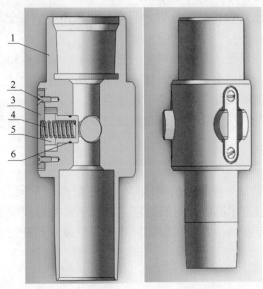

图6 机械控制开关结构示意图
1—主体；2—销钉；3—挡板；4—弹簧；5—推拉活塞；6—密封圈

主要技术参数：推拉活塞的开启压力：1～2 MPa；推拉活塞开启后的最大外径：130 mm；最大推拉力：20 t；耐压：30 MPa。

3.3 遇油自膨胀封隔器

冀东油田水平井开发初期主要是采用防砂筛管与普通液压涨封式封隔器分段进行完井，通过统计发现：封隔器失效导致水平井管外环空连通，局部见水后迅速引起全井段水淹是导致水平井高含水的一个重要原因。因此，提出了遇油自膨胀封隔器分段完井技术方案。

3.3.1 遇油膨胀封隔器的特点

遇油膨胀封隔器主要由基管、胶筒、端环3部分组成（见图7）。可作为完井管串的一部分，不需要服务工具即可下入，在管外遇油胀封，形成高效的封堵压力，通过胶筒与油气的接触实现密封，紧贴井壁，如果有损伤能自动修复，工艺简单，长期有效。

图7　遇油膨胀封隔器结构组成

1—基管；2—端环；3—高分子胶筒

遇油膨胀裸眼封隔器具有以下几个特点：

（1）不需要单独下胀封管柱打压胀封。当产层出液后，含油达到5%时即可膨胀，减少作业占井周期。

（2）膨胀率高，可以满足不同井眼尺寸的封隔要求，能够达到有效封隔水层的目的。

（3）基管内径尺寸与油层套管尺寸一致，便于后期措施。

（4）外径尺寸小，能够满足管柱安全下入的要求。

（5）由于胶筒靠遇油反应自由膨胀，在不规则裸眼内可自由膨胀填封，增加了不规则井眼的密封可靠性。

3.3.2　遇油膨胀封隔器的作用

遇油自膨胀封隔器作为一种新型的封隔器，可根据地层不同的油气含量、井筒条件、作业要求，胶筒在遇油后自主膨胀来封隔地层。在水平井的分段完井中，具有其独特的应用，对于降低水平井、复杂结构井及其他常规井的开发成本和延长其寿命，有着极其重要的意义。

（1）降低施工风险，缩短施工周期

对于长水平段的油井，若全部下入普通裸眼封进行分段，胀封管柱繁琐，施工风险大，而采用遇油膨胀封隔器则不必单独下入胀封管柱，因此极大的降低了施工风险，缩短了施工周期。

（2）提高环空层间封隔的有效性

对于油藏深度较深的井，由于井底温度高，普通裸眼封隔器橡胶容易老化，使用寿命大幅下降，降低了封隔器的有效性，而使用遇油膨胀封隔器，即可有效密封，又可在高温下延长封隔器的使用有效期。

（3）增加了密封可靠性

遇油膨胀封隔器配合悬挂器使用，增加了不规则井眼悬挂器的密封可靠性。

（4）为后期增油降水等提高采收率措施提供了条件

卡封泥页岩、水平段分段完井成功率100%，只要投产后含油大于5%，遇油膨胀封隔器便可以膨胀封隔环空，耐压可高达34 MPa，为后期措施提供有效且便利的条件。

4 应用实例

实例1

高 160 – 平 13 井和高 160 – 平 5 井同位于高尚堡油田高浅南区高 160 × 1 断块 Nm Ⅱ 2[①] 小层构造高部位，如图 8 所示，两口井井身结构、完井方式、完井工艺类似，具有一定的可比性。

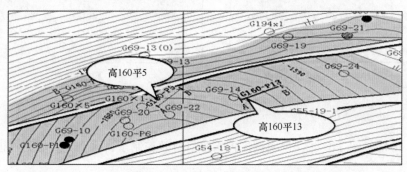

图 8　高 160 × 1 断块 Nm Ⅱ 2[①] 小层构造图

通过对比两口井的生产情况可以看出（对比曲线如图 9 所示）：在产油量相等的情况下，应用了调流控水筛管的高 160 – 平 13 井的产液量明显低于应用普通防砂筛管的高 160 – 平 5 井的产液量，这说明调流控水筛管很好地抑制了含水的上升，延长了油井的采油稳定期，提高了油田的经济效益。

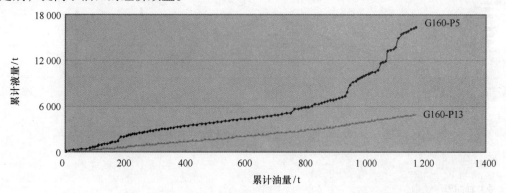

图 9　高 160 – 平 13 井与高 160 – 平 5 井累油 – 累液对比曲线

实例2

高 104 – 5 平 119 井、高 104 – 5 平 118 井两口井同位于高尚堡油田高浅北区高 104 – 5 区块 Ng6 小层构造较高部位，如图 10 所示。

两口井井身结构类似，其中，高 104 – 5 平 119 井应用调流控水筛管防砂、遇油膨胀封隔器分段完井，高 104 – 5 平 118 井应用普通筛管防砂、遇油膨胀封隔器分段完井。通过图 11 两口井的生产情况对比可以看出：产液量相同的情况下，高 104 – 5 平 119 井的产油量

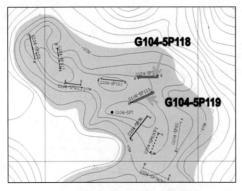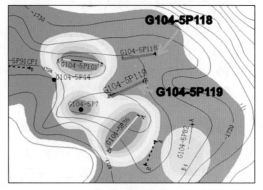

高104-5区块Ng6小层构造图   底水锥进图

图 10　高 104 – 5 区块 Ng 6 小层构造图

明显高于高 104 – 5 平 118 井，说明调流控水筛管有效控制了含水上升，起到了很好的控水作用。

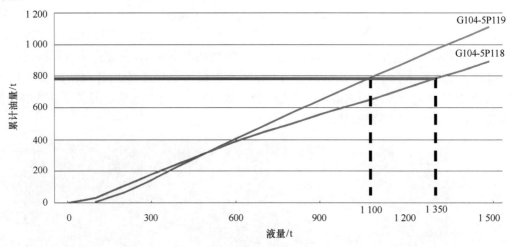

图 11　累计产量对比曲线

5　结束语

在易出砂地层中，调流控水筛管不仅能够进行有效地防砂，同时有效地解决了水平井因局部水窜引起的高含水问题，能够延长油井低含水采油期，提高油田的整体经济效益。同时，在多层合采的定向井中也可以通过调流控水筛管与遇油膨胀封隔器分段完井技术，减小各层相互间的干扰，达到均衡产液的目的，值得在各油田推广应用。

参考文献：

［1］　朱怀江，徐占东，罗健辉，等．水平井调堵技术最新进展［J］．油田化学，2004，21（1）．

［2］ 刘想平. 水平井向井流动态关系及其应用研究［D］. 北京：中国石油天然气总公司石油勘探开发科学研究院，1998.

［3］ 宋付权，刘慈群，张慧生. 低渗透油藏中水平井两相渗流分析［J］. 水动力学研究与进展，2002，17（2）.

［4］ 刘想平，刘翔鹗，张兆顺，等. 水平井筒内与渗流耦合的流动压降计算模型［J］. 西南石油学院学报，2000，22（2）：36—39.

［5］ 秦积舜. 水平井出砂模型实验研究［J］. 石油大学学报，2000，28（4）：34—36.

［6］ 陈文芳. 非牛顿流体力学［M］. 北京：科学出版社，1984：112—114.

［7］ Ozkan E，Raghavan R，Joshi S D. Horizontal well pressure in numerical reservoir simulation with Nonsquare Grid Blocks and Anistotropic permeability［J］. J Soc Pet Eng J，1983，23（3）：531—534.

Research and application of horizontal well completion by flow-regulating and water-control

JIANG Zengsuo[1]，QIANG Xiaoguang[1]，MA Yan[1]，QIU Yiwang[1]，
SONG Yingzhi[1]，LAN Ganghua[2]

(1. *Jidong Oilfield Drilling and Production Technology Research Institute*，*CNPC*，*Tangshan 063000*，*China*；2. *Engineering Technology Department*，*Petrochina Jidong Oilfield Company*，*Tangshan 063000*，*China*)

Abstract：What the technology of horizontal well faced with a major problem is that fluid producing section of horizontal well is nonuniform，and partial contributingwater leads the well to be high water-content. This article present a new well completion technology with flow-regulating and water-control，which can control the liquid production of each section，keep down the ascensional velocity of water，prolong production period of lowwatercut production and discourse the effect of this new technology through application.

Key words：horizontal well；well completion；flow-regulating and water-control

水平井完井技术现状及下步研究方向

马艳[1]，乔煊威[1]，邱贻旺[1]，强晓光[1]，薛建兴[2]，冯伟[2]

(1. 中国石油冀东油田 钻采工艺研究院，河北 唐山 063000；2. 中国石油冀东油田 陆上作业区，河北 唐山 063200)

摘要： 近几年，随着水平井技术的大规模应用，水平井完井技术也成为国内外研究的热点。冀东油田结合复杂断块油藏的特点，大规模开展了与浅层油藏水平井相配套的顶部注水泥筛管完井、悬挂筛管完井、侧钻井顶部注水泥筛管完井以及鱼骨型分支水平井完井等技术的研究与现场应用，形成了较为完善的水平井完井技术体系，为油田少井、高效发展奠定了基础。

关键词： 水平井完井；悬挂筛管；顶部注水泥；侧钻井

1 冀东油田完井技术现状[1—6]

冀东油田自 2002 年以来，针对制约油田开发效果的关键问题，结合冀东复杂断块油藏的特点，以少井高效的开发理念为指导，不断优化井型与井身结构，优选油层改造措施，强化前期地质综合研究和方案优化设计，培育高产高效井。在实践中不断完善与创新复杂结构井完井技术，快速成功地规模化推广应用水平井等复杂结构井技术，不断拓展复杂结构井的应用领域。

钻井井型：水平井、大斜度井、鱼骨刺水平井。

钻井要求：增大泄油面积，满足举升与侧钻要求。

完井方式：筛管完井、压裂或酸化完井、高孔密射孔完井、多层合采或分采。

完井要求：提高完善程度，延长有效期。一是完井时采用优质完井液降低表皮系数；二是浅层采用管外充填或压裂充填防砂。

在充分调研论证的基础上，加大复杂结构井完井配套技术研究与攻关力度，树立少井高效的开发理念，同时针对冀东油田不同油藏类型和地质条件，研究应用了不同完井技术，逐渐形成了一系列针对冀东油田浅层油藏、中深层油藏的完井方式优选技术。完井方式由初期的单一方式逐步发展到目前的多种适合冀东油田不同油藏类型高效开发的配套完井方式。

作者简介： 马艳（1983—），女，山东省平邑县人，工程师，现就职于冀东油田钻采工艺研究院井筒工程研究室，从事水平井完井采油方面研究工作。E-mail：mayan188@petrochina.com.cn

1.1　冀东油田油藏地质分类及特征

冀东油区发现第三系明化镇、馆陶、东营、沙一、沙三 1 等共计 9 套含油层系，油藏类型包括：浅层边底水驱动层状断块油藏、中深层复杂断块层状油藏、深层中低渗断块层状油藏。目前复杂结构井主要应用在浅层和中深层油藏。

高浅南区：Nm、Ng 油藏储层、河流相沉积砂岩，孔隙度为 29.5% ~30.1%，渗透率为 632×10^{-3} ~ $731 \times 10^{-3} \mu m^2$，储层胶结疏松，地层极易出砂。

高浅北区：开发层系为上第三系馆陶组，主力含油小层为 8 号层、12 号层和 13 号层。边底水稠油油藏，含水上升快、出砂严重。

柳赞南区：包括柳 102 区块、柳 25 区块，是冀东油田重点开发区块之一，开发层位明下段和馆陶组。明下段储层：岩性主要为细砂岩、粗砂岩及含砾砂岩；胶结物以蒙脱石为主，含量一般为 33.9% ~38.7%；胶结类型以孔隙接触为主。馆陶组储层：岩性主要为含砾不等砾砂岩和细砂岩；胶结方式以泥质胶结为主，主要为高岭石矿物，胶结类型以孔隙充填式为主。

老爷庙浅层油藏：层状断块构造油藏，边底水驱动，依靠天然能量开发。含油层系为明下段和馆陶组。明下段储层：孔隙度平均为 32.4%；渗透率范围平均为 $858.1 \times 10^{-3} \mu m^2$，为高孔高渗储层。馆陶组储层：孔隙度平均为 26.2%；渗透率平均为 $390.9 \times 10^{-3} \mu m^2$，为中孔中渗储层。储层物性较好，胶结较疏松，油层分布受构造控制，含油井段长，油层层数多，油水关系复杂。

1.2　浅层油藏水平井完井技术[6]

水平井完井主要有 3 种方式：套管射孔完井、顶部注水泥防砂筛管完井、悬挂防砂筛管完井。

1.2.1　水平井造斜段注水泥筛管完井技术

技术特点：在造斜段采用分级注水泥（或封隔器卡封）实现油水层隔离，油层段进行筛管完井，可以进一步降低表皮系数，增加泄油面积，水平段卡封分段使用裸眼封隔器，同时结合洗井、酸化解除油层污染，为后期分段采油创造条件。该完井工艺的缺点是：在打穿油层后有很多施工工序都直接接触到油层，不利于油层保护。

在 8½in 井眼中采用 7 in 筛管完井，井眼内径由 5½in 固井完井时的 Φ121 mm 增大到 Φ157 mm，便于后期的侧钻利用，同时扩大了渗流面积、降低了流动阻力，并为大排量举升方式的选择提供空间；采用筛管完井避免水泥固井时对油层的污染，有助于降低表皮系数。

1.2.2　水平井尾管悬挂筛管完井技术

该完井工艺利用三开无固相钻井液打开油气层，技术套管下至油层顶部，水泥固井，继续用无固相钻井液钻进水平段、悬挂防砂筛管完井，无需酸化，可直接投产。该完井方式不仅减少了工序且大大增强了对油层的保护，提高了水平井应用效果，延长了水平井的使用时间。

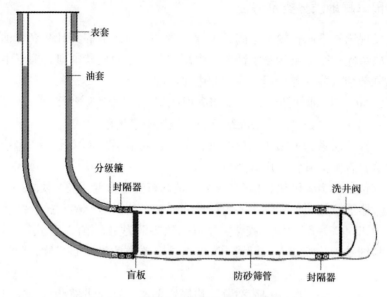

图1 顶部注水泥筛管完井管柱图

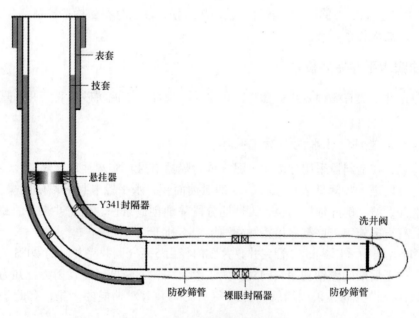

图2 悬挂尾管筛管完井管柱图

该完井工艺具有以下优点：一是直井井眼直径大，有利于后期侧钻；二是完井管柱下入、洗井胀封一次管柱，施工时间短；三是无钻水泥塞工序，减少作业成本；四是上部套管大，有利于投产时采用电泵举升。

1.3 侧钻水平井完井技术[6]

1.3.1 小井眼侧钻水平井完井技术

该技术与新钻井相比，不仅可节约钻井费用，而且可以减少加密井网数，改善井网布置，最终提高采收率。目前实施较多、也较成熟的是在 5½ in 套管内侧钻水平井（带管外封隔器封隔的）悬挂 2⅞ in 筛管完井。可有效地进行油井造斜段气、水层的封堵，油井造斜段的油层也得到了有效的开发，与以前的完井技术相比有了很大的提高。尤其是对一些生产了十几年甚至几十年即将报废的老井，又有了一种新的利用方式。与其他类型的钻井相比，老井侧钻水平井具有：一是井眼小，二是曲率半径短，三是充分利用老井眼、老设施，是一种投资少、见效快、产量和采收率高、经济效益显著的开发技术。

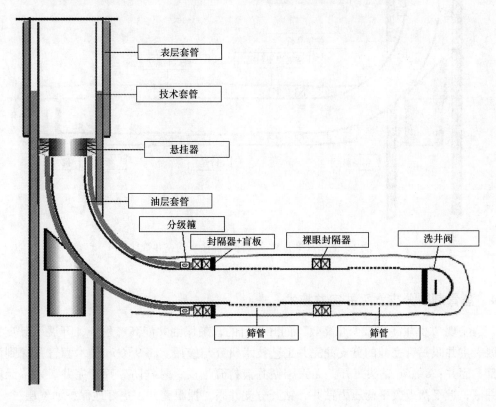

图 3　小井眼侧钻完井管柱图

常规井使用防砂筛管取得良好效果后，2006 年 3 月开始侧钻井也采用防砂筛管完井方式，并在防砂方面效果明显。在使用防砂筛管的侧钻井中，到目前为止还未发现严重出砂井，这表明防砂筛管完井技术在小井眼侧钻水平井完井方面具有适应性。

1.3.2 侧钻水平井悬挂筛管顶部注水泥完井技术

该项完井技术是将注水泥固井技术、管外封隔器加筛管完井技术有效地结合在一起，是对上述几项完井技术的综合应用。该完井工艺采用防砂筛管能够满足油层防砂以及地质

分层的要求，同时结合管外封隔器能够对油层上部的水层等进行有效封隔，充分利用老井、报废井的节约了钻井成本，也满足了对复杂结构性油藏的开发要求。

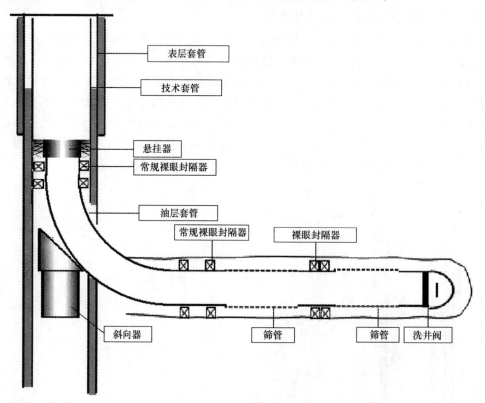

图4　侧钻水平井悬挂筛管顶部注水泥完井管柱图

1.4　鱼骨刺型分支水平井完井技术

为实现"少井高产、少井高效"的开发目的，确保油井能高产稳产，开展了分支井眼裸眼、主井眼筛管完井的分支井完井工艺技术研究与应用。将 9⅝ in 技术套管下深到油层顶部，固井；8½ in 钻头三开，无固相钻井液打开油层；悬挂防砂筛管完井。采用无固相钻井液，近平衡或欠平衡压力钻井，钻开分支井眼，裸眼完井，更好地保护油气层。

1.5　中深层、深层油藏大斜度井、水平井完井方式

1.5.1　大斜度井筛管分段完井

完井时筛管顶部下入两级膨胀式封隔器和分级箍，对筛管顶部进行注水泥。然后钻固井盲板，下入封隔器胀封总成，胀封油层段的裸眼封隔器，实现油水层的封隔。油层段采用筛管（或衬管）完井，增加泄油面积，进一步提高产能。

1.5.2　大斜度井、水平井顶部注水泥套管分段射孔完井

针对中深层部分区块地层压力系数大，钻盲板存在较大安全风险的具体问题，在

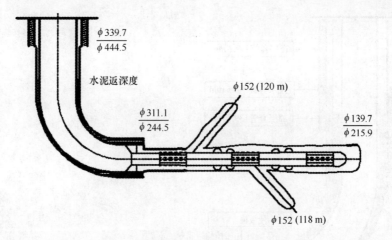

图5 鱼骨刺分支水平井完井管柱图

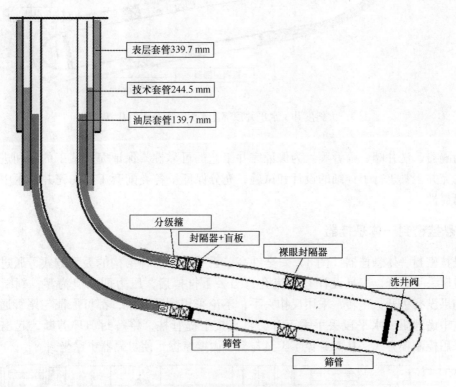

图6 大斜度井筛管完井管柱图

G83 - 10CP1、G9 - P1 实验了顶部注水泥,水泥充填裸眼封隔器分层,钻盲板、套管分段射孔完井技术,取得了成功。

2 水平井完井工具

目前冀东油田水平井完井工艺中应用到的工具主要有液压悬挂器、分级箍、遇油/水

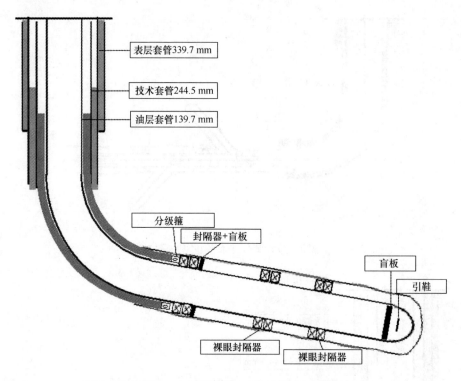

图 7　大斜度井、水平井顶部注水泥套管分段射孔管柱图

膨胀封隔器、洗井阀、筛管等。为保证完井工艺的可靠性，保证完井施工的顺利进行，对配套的完井工具进行了详细的设计和试验，充分保证了各类配套工具在完井技术中的适用性和可靠性。

2.1　悬挂密封一体悬挂器

悬挂密封一体悬挂器（图 8）安全性高。丢手采用两种结构的丢手方式，通过打压即可将液压丢手打开，工具设计有泻流孔，当丢手打掉后，压力即刻泄为零，判断丢手丢开；如果没有丢开，正转，采用反扣丢手，不论采用哪种丢手，都可保证与尾管通径，如果下放中途遇阻或水平段丢手丢不开，可直接上提管柱，将解封剪环剪断，起出完井管柱。采用控制锁方式，从而避免了工具与套管内壁摩擦，使封隔器中途坐封。

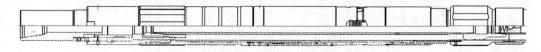

图 8　密封悬挂一体封隔器结构示意图

2.2 分级箍

分级箍是实现造斜段注水泥完井工艺的重要工具，一般和套管外封隔器配套使用。它

是完井尾管内外连通的通道，注水泥时保证畅通无阻，注完水泥后能够可靠关闭。

2.3 遇水膨胀封隔器

胀封原理：在安全下入后，遇水自行胀封，在不规则裸眼内径向可自由膨胀填封，提高了不规则井眼的密封可靠性；膨胀率高，可以满足不同井眼尺寸的封隔要求，能够达到有效封隔水层的目的；不需要单独下胀封管柱打压胀封。当产层出液后，介质达到一定含量胶筒即可膨胀，减少完井作业占井周期。

特殊性能：耐高温（可耐温180℃）；强度高（中心管选用了高钢级、高壁厚套管）。

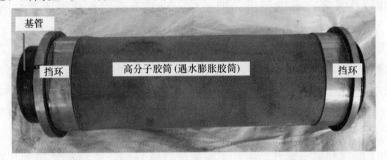

图9　遇水封隔器结构示意图

2.4 洗井阀

完井管柱前端部件，主要目的是配合完成后期洗井工作。由上接头、弹簧、筛管、外连接管、活塞、堵头、密封座、连接管、定位套等组成。工作原理：在后期酸洗中，下压插入管柱，打开循环通，完成洗井作业；洗井后，上提管柱，形成密封。

插入密封工具：主要用于酸洗、胀封作业管柱与完井洗井阀部分的结合，确保两者能结合并密封，完成返洗液体经洗井阀进入酸洗内管，建立循环，酸洗完成后随酸洗管柱起出。主要有接箍、密封座、套管短节和密封元件组成。

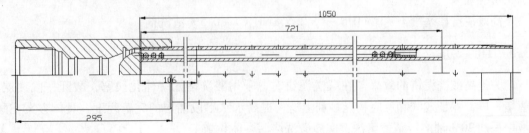

图10　洗井阀结构示意图

3　油层保护技术

完井过程中对完井液体系的要求：

（1）完井液与钻井液、地层流体之间要有良好的配伍性；

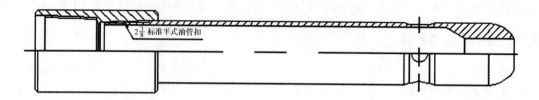

图 11　密封插管结构示意图

（2）完井液要具备良好的储层保护特性，对黏土矿物水化膨胀性具有很强的抑制能力；

（3）无固相，避免固相颗粒堵塞孔喉，引起储层伤害；

（4）低滤失。考虑油藏地层压力系数，控制射孔液密度，并且密度可调，既具有压井作用，又要防止其过多的滤失而污染储层。

针对特殊井完井的油层保护需求，完井工作液既要替干净泥浆，又要减少漏失。需研究替浆能力强的替浆工作液（提高替浆工作液黏度）、清洗能力强的洗井液。对于漏失严重的地层，为了能顺利替浆完井，研究了油溶性暂堵剂 TR – 5 屏蔽暂堵剂，暂堵率均大于98%，而渗透率恢复可达95%以上，暂堵剂配液可以顺利通过试验筛管筛眼。

3.1　替浆工作液体研究

采用高黏替浆液反循环替浆，实现替浆时的段塞式推进。高黏替浆液用量按 2.5 倍筛管外的泥浆量进行设计。

3.2　高效清洗段塞

由于大多数钻井泥浆体系在钻遇油层后都会混油，替浆结束后，泥饼表面的油膜会阻止酸液与泥饼的接触，影响钻井泥饼的处理效果。采用高效清洗段塞清洗油膜可以提高酸洗泥饼的效果。

高效清洗段塞配方：2% JDB – 1 + 2.5% NH_4Cl + 0.5% 清洗剂

3.3　TR – 5 屏蔽暂堵剂

为提高酸洗泥饼的效果。在酸洗泥饼时，采用酸洗堵漏一体化段塞，酸开一段油层，暂堵一段，保证残酸和反应物能顺利上返，提高水水平段油层的完善程度。具体方案在酸液中添加 20% 油溶屏蔽暂堵剂，实施酸洗堵漏一体化施工。

屏蔽暂堵剂采用了油溶性树脂作为暂堵材料，这是一种新型的悬浮稳定体系，不需增稠即可悬浮浓度高达50%的油溶性固相颗粒，适用温度范围为 45～110℃。现场按 1:4～1:7 的比例加入到酸洗液后可直接使用。使用过程中，酸液将泥饼解除后，屏蔽暂堵剂能较快地依靠洗井泵压和酸液对地层的渗透压力在井壁上形成屏蔽暂堵带，防止后续的酸液、压井液、洗井液对地层的伤害。作业措施完成后，不需额外的解堵措施，只需正常下泵开抽，依靠泵抽形成的负压和地层原油的溶解即可解堵。

表1　TR-5屏蔽暂堵剂暂堵效果及解堵效果试验结果

岩心号	KO_1	KW_1	KW_2	KO_2	D/%	H/%
1	23.51	26.23	0.00	22.75	100	96.8
2	206.47	225.94	4.42	201.36	99.8	97.5
3	1 174.26	1 165.72	2.67	1 116.48	98.2	95.1

注：试验流动介质分别为标准盐水和煤油，试验温度90℃；渗透率单位均为$10^{-3}\mu m^2$。

3.4　泡沫酸洗技术[7—8]

技术原理：用泡沫压井液在井筒中建立循环，产生一定的负压，则地层流体可以带出一部分泥饼和近井地带污染物；替入的酸洗液与油层段泥饼反应一段时间，可以清除泥饼和少量的近井污染物；替入的泡沫酸洗液，和反挤的泡沫酸洗液，能够进一步清除泥饼和近井地带的污染物（内泥饼），从而较为彻底清除钻井形成的泥饼和轻微的地层污染；泡沫流体：具有密度可调、黏度高、携带能力强、低滤失、堵大不堵小、助排性能好等优点，从而较为彻底的清除泥饼和近井污染物，且使得地层不留残酸。

特点及优势：

（1）泡沫液密度低且方便调节，作为完井液便于控制井底压力，减少漏失和污染；作业过程中，根据地层压力，泡沫液的密度一般在0.7～0.9 g/cm³之间，产生的静液柱压力低，在井底建立负压差，诱导近井地带污染物外排，解除泥饼堵塞。

（2）泡沫液黏度高，一般在10～100 mPa·s之间，滤失量小。在低渗透储层中，比一般液体滤失系数低两个数量级；在高渗透储层与胶凝酸滤失系数相近。所以对地层污染小。

（3）泡沫在孔隙介质中具有很高视黏度，低摩阻，携带和悬浮能力强；便于将地层泥饼带出，即使在很小的排量下也不会沉淀。

（4）因泡沫流体具有贾敏效应，泡沫酸具有均匀布酸的作用，解堵更为彻底。

对不同渗透率级差地层泡沫流体具有选择性封堵作用，封堵高渗透率孔道；泡沫具有剪切稀释特性，对于高渗透地层，岩石对泡沫的剪切较弱，泡沫的表观黏度高于低渗透层，从而有利于低渗透层中的泡沫向前推进，而高渗透层中的泡沫则趋向于黏附和堵塞地层孔隙。泡沫流体这种特性使得泡沫酸更易进入渗透率低的地层，从而起到均匀酸洗的作用。

（5）缓速效果好。从实验结果可以发现，泡沫酸的溶蚀率明显低于土酸和泡沫基液，并且反应时间也明显延长。这是因为，泡沫本身高的表观黏度束缚了H^+的运动，有利于降低泡沫酸同岩石的反应速度。泡沫的存在，减缓了H^+的传质过程。因此在酸洗过程中泡沫酸洗液能够进入近井地带与堵塞物反应，所以与常规酸洗液相比能够较为充分的清除泥饼和近井堵塞物。

（6）压缩系数大，弹性能量高，助排性能好。在地层能量较为充足的区块，施工过程中，由于泡沫液密度较低，弹性能量高，在出口处压力降低产生助排作用，在排液的过程中基本上都能喷涌，更能够有效的将井下脏物带出。

（7）起泡剂与酸洗液、优质压井液配伍性好，所有新投水平井均使用的优质压井液，使对地层的伤害降到最低，且入井液浊度低，从而保证了泡沫酸洗的效果。

4 存在问题及下步研究方向

4.1 存在问题

通过近年来对复杂结构井完井技术研究与应用，形成了能够满足实际需要的冀东复杂断块油藏复杂结构井完井技术，保证了复杂结构井的开发效果，其中水平井初期单井产量为常规定向井的 2.1～4.2 倍，新区开发井占 43%，老区调整井占 57%。浅层油藏水平井井数占浅层油藏总井数的 38.7%，产量占浅层油藏产量的 54.5%，成为油田开发主导技术。水平井在冀东油田快速上产和产能建设中发挥了突出作用，但是水平井完井尚存在以下问题：

（1）水平井筛管完井生产后期含水上升快，有效期短，缺乏有效地水平井控水手段。如高浅北水平井中，初期生产正常，生产一段时间后高含水的油井数比例占 1/4 左右，高含水严重制约了水平井的高效开发。

（2）水平井固井质量不高，管外窜问题严重。完井工具及工艺技术有待进一步的改进。

4.2 下步研究方向

（1）开展新型完井工具研究。开展水平井调流控水筛管先期控水技术、膨胀筛管完井技术研究，在完井源头延缓水平井含水上升速度，提高水平井等复杂结构井的完井适应性，充分发挥出水平井的开发优势。

（2）继续开展小井眼侧钻水平井固井及扩孔技术研究，为老区剩余油挖潜创造条件，节约开发成本。

（3）针对周边突起潜山油藏，研究应用水泥膨胀封隔器和遇水/遇油膨胀封隔器分段卡封、尾管悬挂＋多级封隔器分段卡封、不固井等选择性完井技术。

（4）力争实现所有工具国产化，进行国产遇油遇水膨胀封隔器的研究实验，不断降低水平井的开采成本。

（5）继续开展不同油藏、不同区块的水平井开采产液剖面技术研究，不断优化完井工艺，提高水平井有效开采期。

参考文献：

［1］ 万仁溥.现代完井工程（3 版）［M］.北京：石油工业出版社，2008.

［2］ 陈平主.钻井与完井工程［M］.北京：石油工业出版社，2005：352—381.

［3］ 张琪，孙大同，樊灵，等.采油工程原理与设计［M］.东营：石油大学出版社，2000：150—155.

［4］ 万仁溥.中国不同类型油藏水平井开采技术［M］.北京：石油工业出版社，1997.

［5］ 王增林，张全胜.胜利油田水平井完井及采油配套技术［J］.油气地质与采收率，2008，15（6）：1—5.

［6］ 宋显民，张立民，李良川，等.水平井和侧钻水平井筛管顶部注水泥完井技术［J］.石油学报，2007，28（1）：119—121.

［7］ 宋颖智，姜增所，强晓光，等.自匹配荣囊修井液在水平井冲砂中的应用［J］.复杂油气田，2010，19

(3): 62.

[8]　蔺志鹏，雷桐，买炎广. 可循环泡沫钻井完井液研究与应用 [J]. 石油钻采工艺，2005，27（5）：35—39.

Research status and prospect of horizontal well completion technology

MA Yan[1], QIAO Xuanwei[1], QIU Yiwang[1], QIANG Xiaoguang[1], XUE Jianxing[2], FENG Wei[2]

(1. *Drilling and Production Technology Research Institute of PetroChina Jidong Oilfield*, *Tangshan* 063000, *China*; 2. *Lushang Oilfield Operation Area*, *Petrochina Jidong Oilfield Company*, *Tanghai* 063200, *China*)

Abstact: Horizontal wells technology areapplied widely these years. Completion technology of horizontal wells is becoming hostpot home and abroad. According to characteristics of Jidong Oilfield, complicated with the complex fault block oil reservoir, screen top cementing completion, screen pendency completion, screen top cementing completion of lateral wells and multi – lateral horizontal well completion are developed widely, on the basis of which comprehensive horizontal well completion system is formed and continuous production in Jidong Oilfield is maintained.

Key words: horizontal well completion; screen pendency; screen top cementing; lateral well

小井眼高难度选择性完井技术研究及应用

陈涛[1]，徐鹏[1]，王玥[1]，靳鹏菠[2]，陈晓菲[3]

(1. 中石油渤海钻探工程公司 工程技术研究院，天津 300280；2. 中国石油冀东油田公司勘探开发项目部，河北 唐山 063000；3. 渤海钻探测井公司，天津 塘沽 300450)

摘要：为了实现小井眼复杂油气藏的高效开采，小井眼高难度选择性完井技术的现场需求日益增多。但是，小井眼施工难度大，对完井施工工艺及工具要求严格。文章针对小井眼完井的特点，研究了小井眼高难度选择性完井技术，即通过小尺寸固井悬挂器、管外封隔器、分级注水泥器等完井工具有效的结合，实现油层上部复杂地层注水泥固井，油层段筛管完井，达到保护油层的目的。本文阐述了 G104 - 5P78CP1 井小井眼高难度选择性完井工艺参数的优选、完井工具的配套、施工现场施工和应用效果评价。该技术的成功应用，解决了小井眼侧钻水平井选择性完井的难题，为小井眼复杂油气藏选择性高效开采和作业奠定了技术基础。

关键词：关键词：水平井；侧钻水平井；小井眼；选择性完井；筛管完井

为了降低开采综合成本，挖掘老井及剩余区块油气潜力，实现复杂油气藏的高效开采，水平井、侧钻水平井得到了广泛的应用。选择性完井技术普遍应用于复杂水平井、侧钻水平井完井。选择性完井是针对非选择性完井而言的，这种完井方法通过运用各种井下工具组合，将地层有目的的分成若干层段，以便进行后续的分层改造、分层生产。目前水平井的选择性完井主要有以下几种方式：套管注水泥和筛管组合完井；筛管和套管外封隔器组合完井；滑套组合完井及全井注水泥射孔完井。

1 小井眼选择性完井技术难点

(1) 环空间隙小，井身质量和井眼清洁程度要求高，循环排量受到限制，裸眼井段岩屑难以携带干净，固井施工风险大。

(2) 管径小，完井管柱易弯曲，不易居中；完井工具性能要求高，在设计完井工具的尺寸和结构时，既要保证完井管柱的顺利入井，又要保证能实现注水泥施工；洗井时，小管径钻塞难度较大。

作者简介：陈涛，男，江西省南昌市人，工程师，现在渤海钻探工程技术研究完井中心工作，主要从事油气井钻完井工程方面的研究。E-mail: ct5020@163.com

（3）小井眼侧钻井多采用尾管固井技术，工艺复杂，悬挂部分较轻，坐挂及倒扣难度较大，也容易出现碰压失败，从而形成"内留塞"和管外"替空"现象。

（4）固井施工泵压高，顶替排量受到限制，环空钻井液易形成滞留带，替钻井液过程中发生窜槽；泵压过高容易憋漏地层，一旦发生井漏，环空水泥返高无法保证，严重威胁到固井质量。

2 小井眼高难度选择性完井技术

研发的小井眼高难度选择性完井技术采用油层上部复杂地层注水泥固井，油层段筛管完井方式，达到保护油层的目的。主要应用在 Φ177.8 mm 或更小内径套管内的尾管固井中，该技术常用的完井工艺管柱自下而上依次为：

洗井阀 + 筛管 + 盲板 + 管外封隔器 + 分级注水泥器 + 尾管 + 尾管悬挂器 + 送入钻杆（至井口），如图 1 所示。

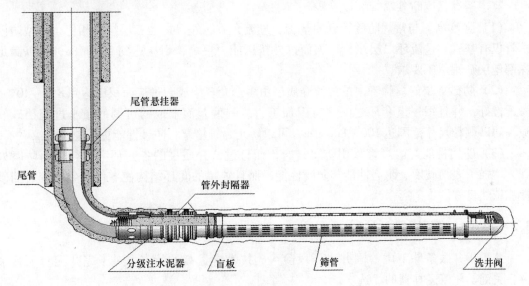

图 1　完井管柱示意图

3 小井眼选择性完井工具

小井眼的一个最大特点就是管柱外径小，柔性大，易弯曲变形，造成固井完井施工困难。因此，要进行管柱结构的优选及强度的校核，采取必要的技术措施，减少热膨胀及人为因素的管柱弯曲，充分保证了各完井工具在小井眼条件下的适应性和可靠性。

结合小井眼高难度选择性完井技术的研究，相继研制了适用于小井眼完井的新型高渗透高强度防砂筛管、尾管悬挂器、管外封隔器、分级注水泥器、洗井阀等配套工具。

3.1 高渗透高强度防砂筛管

高渗透高强度防砂筛管的结构如图 2 所示。

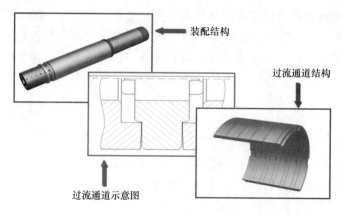

图 2　高渗透高强度防砂筛管

高渗透高强度防砂筛管的技术特点：

（1）强度高。与常规防砂筛管的基管、过流介质、外保护套三层结构相比，新型防砂筛管仅有基管和过流环二层结构，因而抗外挤压能力更高，耐压达到 200 MPa，可以满足深部地层筛管承压要求。

（2）防砂效果好。筛管内的过流介质层由多个套环组成，过流面积比达到 8% ~ 10%，渗透性好；并且每一组套环之间都有因加工、装配偏差而形成的可调的微小过流挡砂间隙，防砂颗粒尺寸范围达 100 ~ 800 μm，可以防止筛管堵塞，防砂性能更优越。

（3）防腐性能好。筛管采用防腐材料，而且过流介质层的各套环都进行表面防腐处理，增强了表面硬度、耐磨性能与防腐性能，而且独特的套环结构使零件发生应变后挡砂性能依然良好。

3.2　小尺寸液压尾管悬挂器

鉴于小井眼条件下尾管固井碰压风险大，技术含量高的特点，对于完井配套工具来讲，关键是尾管悬挂器的优选。

小井眼尾管碰压固井就是将钻杆胶塞经过 Φ88.9 mm 或者 Φ73 mm 钻杆替至悬挂器中心管，钻杆胶塞在通过中心管的过程与尾管空心胶塞组合，形成组合胶塞在尾管内继续下行至碰压环，完成碰压。所以尾管悬挂器的选择尤为重要，必须满足挂得上、倒得开、组合胶塞复合性高、密封套好并能顺利提出等条件。实践证明，如果组合胶塞复合性差，不但导致碰压失败，而且造成替空。在上述前提研究的基础上，成功研制了适用于悬挂小尺寸完井管柱的液压式尾管悬挂器。液压式尾管悬挂器可坐挂在 Φ177.8 mm 或更小内径 Φ139.7 mm 的套管中，利用液压作用，强行坐挂，倒扣丢手，可靠性高。结构如图 3 所示。

3.3　分级注水泥器

可用于小井眼直井或者水平井分级注水泥作业的压差式分级注水泥器，能够适应小井眼、高低压、复杂井、长封固段井的要求。结构如图 4 所示。

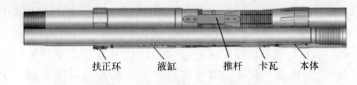

扶正环　液缸　推杆　卡瓦　本体

图3　小尺寸液压尾管悬挂器

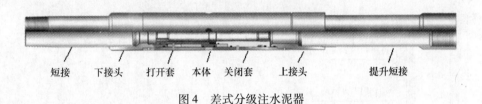

短接　下接头　打开套　本体　关闭套　上接头　　提升短接

图4　差式分级注水泥器

3.4　管外封隔器

Φ101.6 mm HXK 系列水力扩张式封隔器是采用膨胀胶筒为密封元件，阀系组合控制坐封的永久式管外封隔器，主要用于复杂油、气、水井完井工程中，以实现各种目的的井下封隔与桥堵，对改善和提高油、气、水井的固井质量有显著作用。结构如图5所示。

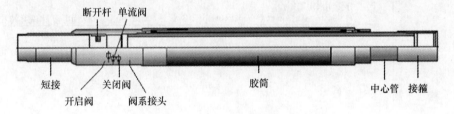

断开杆　单流阀

短接　　　关闭阀　　　　　　胶筒　　　　　中心管　接箍
　　开启阀　阀系接头

图5　水力扩张式管外封隔器

3.5　洗井阀

洗井阀连接在防砂完井管柱的底部，其作用是保证完井管柱在循环洗井时畅通无阻，在正常生产时可以安全的关闭，保证防砂生产的顺利进行。结构如图6所示。

图6　洗井阀

4　现场应用

4.1　G104 -5P78CP1 井概况

G104 -5P78CP1 井是目前冀东油田最复杂的一口侧钻水平井。为了挖掘老井及剩余区块油气潜力，开展了 $\Phi177.8$ mm 油层套管开窗侧钻钻井施工。钻进时用 $\Phi152.4$ mm 钻头，完井下入 $\Phi101.6$ mm 尾管，与常规 $\Phi215.9$ mm 钻头下入 $\Phi139.7$ mm 套管井眼相比较而言成为小井眼。同时，为了实现造斜段水层的有效封堵以及满足水平段油层防砂的需要，需要进行分层段选择性完井作业。该井完井管柱自下而上依次是：洗井阀 + 短套管 + 筛管 + 盲板 + 套管单根 + 封隔器×2 + 短套管 + 分级注水泥器 + 尾管 + 尾管悬挂器 + 送入钻柱。如图 7 所示。

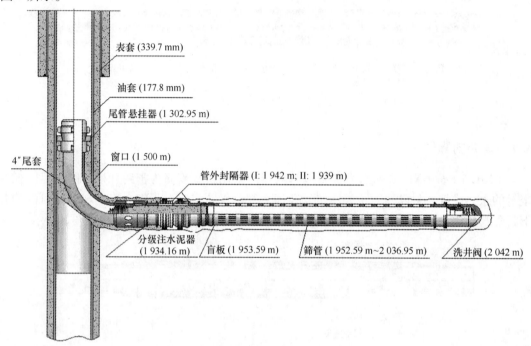

图 7　完井管柱示意图

4.2　完井施工过程

（1）井眼准备。由于该井井眼小，完井管柱较复杂，连接工具较多，入井难度大，因此，对起下钻途中遇阻、遇卡井段进行了反复划眼，进行短起下，循环洗井，保证了造斜段及水平段裸眼的畅通。

（2）完井管柱入井。为了保证完井管柱在小井眼中居中，安放弹性扶正器，考虑下套管作业顺利，优化了扶正器的安装数量，并按照设计要求依次下入井中。

（3）坐挂悬挂器。完井管柱送入到设计位置后，管内憋压坐挂悬挂器。

（4）胀封封隔器，打开分级注水泥器。下放管柱到原位置，开始打压胀封封隔器，封隔器完全胀封后，继续升高泵压，在升压过程中压力突降，钻井液出口开始有返液，说明分级注水泥器打开。

（5）释放尾管，正转左旋扣释放尾管，换大泵循环，等候固井。

（6）固井。连接固井管线，施压确认管线密封效果良好，开始注水泥浆，完毕后打顶替液，泵送钻杆胶塞直至与空心胶塞复合，继续打顶替液至碰压，关闭分级注水泥器，分级注水泥器关闭后，停泵泄压，无回压现象，说明分级注水泥器关闭良好。

（7）洗井。水泥浆凝固后，钻塞通井，钻穿分级注水泥器和盲板，反循环替液，直至进出口液一致。洗井完毕后，起出洗井管柱，等待投产。

4.3　应用效果

（1）G104 – 5P78CP1 井整个完井过程施工顺利。小井眼条件下，复杂完井管柱顺利入井，尾管悬挂器成功坐挂，送入工具成功丢手，保证了管外封隔器卡封位置的准确性。

（2）悬挂器坐挂压力为 8 MPa，管外封隔器胀封压力为 12 MPa，分级注水泥器打开压力为 18.8 MPa，关闭时碰压压力为 22 MPa，各项压力均在设计范围之内。多级打压，坐挂和胀封一趟钻完成施工，在施工难度非常高的情况下，确保了尾管的完全坐挂，封隔器的可靠胀封以及分级注水泥固井的顺利完成。

（3）声幅测井显示该井造斜段固井质量良好。实现了油层上部复杂井段的有效封堵，确保了产层的高效开采。

5　结论

目前小井眼高难度选择性完井技术已经成熟完善，与该项技术配套的完井施工工艺、完井工具等很好地解决了水平井、侧钻水平井开发小井眼复杂油气藏完井时面临的突出问题，满足了小井眼条件下复杂油气藏分层段选择性开采和作业要求，实现了任意井段选择性注水泥固井，既能保证固井质量，又避免水泥浆污染油层，提高了井底完善程度，满足了油藏精细高效开发的需要，是油田增产创效的有力手段。

参考文献：

[1]　陈平. 钻井与完井工程 [M]. 北京：石油工业出版社，2005：11.

[2]　万仁溥. 现代完井工程（2 版）[M]. 北京：石油工业出版社，2000.

[3]　王益山，周俊然，等. 选择性完井技术在任平 6 井的应用 [J]. 石油钻采工艺，2009，37（9）.

[4]　李雷祥，蔡庆俊，等. 潜山油藏选择性注水泥完井工艺技术研究 [J]. 油气井测试，2006，15（5）.

[5]　刘德平，付华才，等. 提高小井眼固井质量研究 [J]. 天然气工业，2004，24（10）.

[6]　汪先迎，钱根春，等. 青2—2 井小井眼小间隙尾管固井技术 [J]. 断块油气田，2003，10（3）.

[7]　王建仓，张宏军，等. 丰深 4 井完井固井工艺技术 [J]. 钻采工艺，2009，32（2）.

[8]　陶世平，段保平，等. 吐哈小井眼固井完井技术的研究与实践 [J]. 西部探矿工程，2003，81（2）.

Research and application of slim hole difficult selective completion technology

CHEN Tao[1], XU Peng[1], WANG Yue[1], JIN Pengbo[2], CHEN Xiaofei[3]

(1. *CNPC BHDC Engineering Technology Research Institute, Tianjin* 300280, *China*; 2. *Exploration and Development Project Department of Jidong Oilfield Company, CNPC, Tangshan* 063000, *China*; 3. *Bohai Drilling Logging Company, Tianjin* 300450, *China*)

Abstract: Slim hole difficult selective completion technology has been utilized to explore complex oil and gas reservoirs. The completion is difficult duo to its small annular clearance. According to the features of slim hole completion, new type screen, liner hanger, ECP and stage cementer have been developed and utilized to realize zonal isolation of angle buildup interval The feature of slim hole completion, principle of selective completion technology and the design of the completion tools are introduced, the construction process and application results of the well are also elaborated in the paper. The successful application of the technology helps tackle the completion difficulties caused by small annular clearance. Good completion results are obtained. It lays a solid basis for high – efficiency selective exploitation and operation in complex oil and gas reservoirs.

Key words: horizontal well; sidetracking well; slim hole; selective completion; screen completion

侧钻膨胀管技术在完井中研究及应用

陈涛[1]，姬智[1]，徐鹏[1]，王玥[1]，陈晓菲[2]，王玲玲[3]

(1. 渤海钻探工程技术研究院，天津 300280；2. 渤海钻探测井公司，天津 300450；3. 冀东油田钻采工艺研究院，河北 唐山 063004)

摘要： 膨胀管技术是石油钻采装备和工艺领域内的一项新技术，可明显降低钻井及完井成本。膨胀管技术可用于分支井完井、水平井完井、加深井完井、侧钻井完井管等特殊工艺井完井中，在采油修井作业中可用于套损修复和封隔漏失层等。主要介绍了膨胀管技术在完井过程中的技术难点，详细的描述了运用该技术进行侧钻井膨胀管完井的优势，即可实现侧钻井小间隙完井或新井的同一井眼直径完井，克服了常规井眼，随着技术套管的下入的增多，油层套管尺寸变小的问题，其次，是利用膨胀管通径大的特点，解决完井工具通径小，难以下入的问题。本文重点对膨胀管技术中的膨胀工具、膨胀管悬挂器、管材性能等配套工具及相关技术进行了详细论述，并结合现场应用表明，膨胀管技术为油田老井的恢复及再生提供了一个崭新的技术手段，大大降低了油田的钻完井成本，给油田的生产带来了很大的经济效益，随着膨胀管完井技术的发展其应用前景十分广阔。

关键词： 膨胀管；膨胀管材料；侧钻井膨胀管完井

1 概述

膨胀管完井技术广泛应用于复杂结构井的钻井、完井、采油及修井等作业中，为油气田开发带来了很好的经济效益。膨胀管技术在完井中的应用主要涉及两个方面，一是侧钻井膨胀管完井；另一方面是膨胀管补贴完井。此外膨胀管技术在单一井径建井技术方面也开始应用，单一井径井眼是在井眼内下入多级同一尺寸的膨胀管并固井，从表层套管到目的层形成了单一井径的井眼，降低了钻井液、水泥、套管用量和岩屑生成量，可节省 33% ~48% 的费用。

目前，膨胀管完井技术应用已相当普遍，但是在针对井斜角较大、井筒出砂和套管变形等井况时，还存在以下技术难点：

作者简介： 陈涛，男，江西省南昌市人，工程师，现在渤海钻探工程技术研究完井中心工作，主要从事油气井钻完井工程方面的研究。E-mail：ct5020@163.com

1.1 膨胀管的材料性能

要求膨胀管在膨胀以及日后的作业过程中，膨胀管材料应具有足够的强度、良好的塑性、良好的冲击韧性和抗腐蚀、耐磨损等性能，使用性能应与 N80 套管相当。

1.2 膨胀管的连接密封机构

要求膨胀管之间的连接螺纹在膨胀前后保持密封可靠。

1.3 膨胀管工具安全稳定性

在井斜角较大的侧钻膨胀管完井中，膨胀管施工的风险高，井眼与尾管间隙小，固井质量难以保证，对工具可靠性要求较高。

针对以上难点，开展对膨胀管的材料、膨胀工具、密封机构、防砂措施等方面的研究，现已形成一套具有成熟的膨胀管完井技术，实现了膨胀管完井后的统一井径，密封可靠。现场已应用了 60 余口井，施工成功率 100%，大幅度降低了施工成本，提高了作业效率。

2 膨胀管完井工艺技术

2.1 侧钻井膨胀管完井技术

传统的 $5\frac{1}{2}$in 套管的侧钻井完井过程是先钻出 $\Phi118$ mm 裸眼，后用 $\Phi140$ mm 扩眼器扩眼，然后下套管，再进行注水泥固井。由于完井管柱不居中，水泥环厚度有限等问题，固井质量难以保证，导致完井程序繁杂，施工时间过长，成本很高。

侧钻井膨胀管完井技术主要应用于侧钻井完井，其优点是不需要扩眼和固井施工，通过膨胀管外的胶环，保证层间密封，节省了作业时间，并可以提高悬挂力。如图 1 所示，其主要施工步骤如下：

（1）开窗侧钻，钻裸眼；

（2）通井，测井；

（3）下入膨胀管柱组合，如图 2 所示，整个膨胀管串结构从下到上为：浮鞋＋发射室＋一根膨胀管＋$2\frac{3}{8}$in 钻杆＋膨胀管若干＋悬挂器＋$2\frac{7}{8}$in 工作管柱若干至井口；

（4）调整钻井液性能，由于井壁和膨胀管之间的环空间隙小，易发生黏膨胀管事故，膨胀管胀管过程中，膨胀头和膨胀管内壁发生摩擦，为减少摩擦热，保证施工顺利，要求钻井液含砂量低，润滑性和冷却性好；

（5）打压膨胀，推动膨胀头从下而上膨胀，至悬挂器膨胀完毕；

（6）膨胀结束后关井口，试压 15 MPa，30 min 压力下降小于等于 0.5 MPa 为膨胀管及上端口密封合格；

（7）起膨胀管柱，下磨铣钻头钻塞。

侧钻井膨胀管完井有以下技术优势：

（1）提高了固井质量，有效的扩大了生产管柱内径。

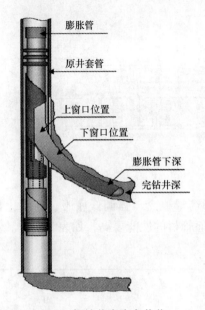

图 1　侧钻井膨胀完井艺

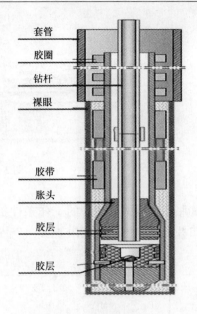

图 2　膨胀管管柱

（2）密封封隔耐压高，完井质量好。能强力封闭裸眼井壁，实现层间封隔，提高采收率。

（3）钻出裸眼后可直接进行膨胀管作业施工无注水泥作业，成本大幅下降，可将完井工程费用降低 1/3。

（4）在膨胀管内采用特制防砂液，膨胀管外采用液体胶塞的方式防砂，保证了施工的成功率。

2.2　膨胀管完井配套工具

膨胀管技术是利用液压推动膨胀头在管柱内部沿管柱轴向运动，对整个管柱进行径向膨胀，使其发生永久塑性变形，整体达到设计尺寸，以实现节省井眼尺寸的目的。其主要配套工具包括智能摇摆式膨胀头、膨胀管材、悬挂器等配套工具。

2.2.1　智能摇摆式膨胀头

新研制的智能摇摆胀头如图 3 所示，这种刚性胀头在前进遇到障碍时可以通过旋转化解，所以这一刚性胀头兼有弹性特点，胀头外表面经特殊处理，表面光滑且硬度高，阻力减小，此外可以智能摇摆、运行灵活，可根据轴向应力大小自动转向应力小的一侧面，不易卡井。与国内外各种膨胀工艺相比，是一种经济而可靠的施工模式。

2.2.2　膨胀管材

膨胀管材是膨胀管的核心技术，也是膨胀管技术的基础。新研制管材要求膨胀管在井眼中被径向膨胀，膨胀前，管材具有适当的强度，良好的塑性变形能力，易于膨胀变形，胀的开；膨胀后，要求管材有足够的强度、抗腐蚀性、耐磨损等性能，具备 N80 套管的性能。

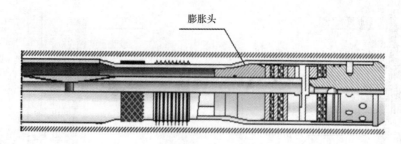

图 3　智能摇摆式膨胀头

膨胀管材根据膨胀管的工作条件提出强塑性的衡量概念，强调低屈服、高硬化特性，经多口井工程施工，其使用效果、产品性能均比普通管材的性能要高，如表 1 所示。

表 1　膨胀前后数据对比

项目	屈服限/ MPa	抗拉限/ MPa	外径/ mm	内径/ mm	通径/ mm	壁厚/ mm	单重/ kg	抗内压/ MPa	抗外压/ MPa
膨胀前	460	610	108.6	95.6	95	6.5	16.3	45	30
膨胀后	660	650	120	107	107	6.2	16.8	50	30

2.2.3　膨胀管悬挂器

目前普遍使用的是一种机械轨道式悬挂器，这种悬挂器由于受连接空间限制和结构设计欠缺，使用中时常显示悬挂力不足，悬挂牙爪经常断裂脱落，导致被悬挂尾管落井，另外还有一个致命的弱点，机械轨道式悬挂只能起悬挂作用，连接重复段要依靠薄水泥环密封，据资料统计这种悬挂 90% 以上达不到密封要求，直接影响后期生产。

如图 5 的新型悬挂器装置，它解决了现有悬挂器悬挂力不足和密封泄漏的问题，并且使用方便，钻井液循环、注入泥浆和悬挂连接一次完成。这种膨胀管悬挂器结构简单、密封稳定、悬挂可靠。

图 4 膨胀管悬挂器

2.2.4　膨胀管连接螺纹

膨胀管连接螺纹膨胀后必须密封可靠，不能削弱其密封效果，连接时公螺纹朝上使其与母螺纹能够尽量紧密地配合。另外，由于膨胀管结构的特殊要求，需采用直联型结构，接头为无接箍式套管接头，螺纹采用改进的偏梯形螺纹，螺纹齿形为倒钩式，强度高，具有多重金属密封设计，设有专门的密封机构，密封效果好。

图 5 公扣螺纹

图 6 母扣螺纹

3 现场应用

侧钻井膨胀管完井技术经过中原油田、大港油田、冀东油田等多个油田的工程实践，技术已经日益成熟，现场应用了 60 多口井，施工成功率 100%，达到了提高油气井采收率，缩短作业成本的目的。

侧钻井膨胀管完井技术在国内多个油田开展应用，其中在胜利油田应用的一口开窗侧钻井，应用膨胀管技术后电测，固井质量合格。膨胀管技术的应用使该井完井管柱内径由原设计的 82.00 mm 扩大为 109.25 mm，增大了泄油面积，为下一步采油和修井作业提供了更多选择。该井投产后，产液 73.2 t/d，产油 3.35 t/d，含水 95.5%，产量较老井末期提高 109.37%。

4 结论与建议

（1）目前，国内对膨胀管完井技术需求非常大，侧钻井膨胀管完井技术能够很好的解决套管内径和固井质量等问题，运用该技术，能大大降低钻井成本和效益。

（2）为保证胀管过程中的防粘卡，应在膨胀管内采用特制防砂液，膨胀管外采用液体胶塞的方式防砂，膨胀管顶部加盖防砂帽等措施，保证了施工的顺利完成。

（3）膨胀管技术在完井中的应用前景非常广阔，在膨胀防砂筛管完井技术和单一井径油井的建井技术方面将是未来的发展方向，也将是拓展膨胀管的应用领域今后的研究重点之一。

参考文献：

[1] 唐明，唐学磊，宁学涛，等．实体膨胀管技术在油田开发中的应用 [J]．钻采工艺，2008，31 (3)：70—72.

[2] Paul Metcalfe，Kevin Martyn，Scott Aitken. Successful Isolation of an Overpressured Gas Zone Using an Expandable Drilling Liner [R]．[S. L.]：IADC. SPE，2000，62749：1—6.

[3] Stephen Kent，Roger van Noort. Isolation of Problematic zones Using a Cemented Expandable Slotted Liner [R]．[S. L.]：IADC. SPE，2000，72295：1—6.

[4] 马勇，李学源，付申，等．可膨胀套管技术发展及在吐哈油田的应用 [J]．石油矿场机械，2007，36 (12)：

78—81.

[5] 张东海. 膨胀管技术的现状及未来 [J]. 特种油气藏, 2007, 14 (1): 3—6.

Research and application of expandable tubular in sidetrack well completion

CHEN Tao[1], JI Zhi[1], XU Peng[1], WANG Yue[1], CHEN Xiaofei[2], WANG Lingling[3]

(1. *Engineering Technology Research Institute CNPC Bohai Drilling Engineering Co. , Ltd, Tanggu 300280, China*; 2. *Bohai Drilling Logging Company, Tianjing 300450, China*; 3. *Oilfield Drilling and Production Technology Research Institute, Tianjing 063004, China*)

Abstract: Bulged tube technology is a new drilling and production technology. It can reduce drilling and completion cost. Bulged tube technology is used in completion of multilateral, horizontal well, deepened well and sidetrack wells. The application difficulties, advantages in sidetrack wells completion and casing patch were introduced in the paper. The technology can realize slim hole completion and same bore size completion with enough completion drift. The paper also elaborated on the features of bulged tube accessory tools, bulged tube hanger and tool material. Filed application indicated that, bulged tube technology is a new technology for recover old well, reduce the drilling and completion cost and have a broad application prospects.

Key words: bulged tube; material sidetrack wells; bulged tube completion

轮南油田 LN2 – 21 – H1 井储层
敏感性试验评价

陈鹏[1]，张芳[1]，汤敬飞[1]，张曙振[2]，张磊[2]

(1. 中国石油大学（北京）石油工程学院，北京 102249；2. 塔里木油田分公司 勘探开发研究院开发所，新疆 库尔勒 841000)

摘要： 塔里木盆地轮南油田 1992 年投入开发，经过 20 a 的开采，剩余油分布高度分散，地下油水体系与开发初期有了极大的不同，加密井在钻井与生产过程中易受污染从而影响单井产量。通过对取心井 LN2 – 21 – H1 井三叠系储层岩心进行"五敏"实验评价。认为，三叠系储层为弱速敏—中等偏弱速敏、弱水敏、中偏强盐敏—弱盐敏、无酸敏—极强酸敏、弱碱敏—中等偏强碱敏。研究结果对保护油气层钻井液体系和工作液体系设计有一定借鉴意义。

关键词： 轮南油田；二次开发；储层敏感性；试验评价

钻井过程中，地层面临钻井液或地层水的侵入，外来流体侵入储层，可造成储层不同程度污染。储层流体敏感性是指在钻井完井过程中，外来流体与地层水不配伍，侵入的滤液与储层中的矿物发生物理化学作用，生成沉淀物沉积在裂缝或孔隙的通道中，形成流体流动的阻碍物，引起储层渗透率的变化[1—3]。对储层敏感性的研究一直是国内外研究的热点[4—6]。

轮南油田经过 20 年的开发，部分油藏已进入特高含水开发阶段，地下油水性质发生了重大的变化。因此，有必要对储层敏感性进行评价，这对优选适合目前轮南油田地质特点的钻井液体系有一定的指导作用。

1　油田概况

轮南油田位于塔克拉玛干沙漠北部边缘，行政区归属新疆维吾尔自治区轮台县，位于轮台县城南约 35 km 处。轮南油田于 1987 年开始钻探，1988 年轮南 2 井中途测试发现该油田，1989 年 6 月开始试采，1992 年 5 月正式投入开发。截止 2011 年 12 月，轮南油田综合含水达 90.1%。轮南油田钻遇的地层自上而下依次为第四系、第三系、白垩系、侏罗系、三叠系、石炭系和奥陶系，缺失二叠系、泥盆系和志留系。轮南油田纵向上含油层系多：

作者简介：陈鹏（1987—），男，硕士研究生，现就读于中国石油大学石油工程学院，研究方向为油气田开发。E-mail：ccpeng2008@126.com

E、K、J、T均发育有含油砂层，其中T为主力产油层。轮南地区三叠系为一套湖泊相砂岩沉积体系，为扇三角洲前缘相沉积，其储层砂体类型主要有3种：即中扇辫状水道微相砂体，水道间微相砂体和水道前缘微相砂体。

2 敏感性试验评价

储层敏感性评价目的是找出油气层发生敏感的条件和由敏感引起的油气层损害程度，为各类工作液的设计、油气层损害机理分析和制定系统的油气层保护技术方案提供科学依据。敏感性实验按照石油天然气行业标准执行[7]。

LN2－21－H1井位于新疆轮台县境内LN2－3－H2井西北2约180 m处，塔里木盆地塔北隆起轮南潜山披覆背斜带轮南2号背斜。LN2－21－H1井于2006年4月17日至6月12日对设计取心井段进行了密闭取心和常规取心。LN2－21－H1井密闭取心层位为E、K、JⅠ2、JⅡ5、JⅢ3、JⅢ6、JⅢ7、JⅣ1＋2、TⅠ、TⅡ、TⅢ共11个层段，全井密闭取心共分23筒次，实际密闭取心井段为：3 542.00～3 557.00 m、3 582.00～3 602.89 m、4 198.20～4 205.38 m、4 241.40～4 243.38 m、4 349.50～4 364.70 m、4 456.00～4 464.50 m、4 496.50～4 505.00 m、4 519.80～4 528.50 m、4 551.57～4 568.20 m、4 734.65～4 752.11 m、4 795.36～4 816.43 m和4 871.45～4 903.60 m，密闭取心总进尺173.26 m，累计岩心长度166.21 m，平均岩心收获率95.9%。全井密闭取心层位共取样品849块，其中密闭样品736块，按照全部样品都参与计算的岩样平均密闭率为86.7%。LN2－21－H1井密闭取心段的取心收获率、岩样密闭率达到了要求的指标。

轮南2-21-H1井24-18/49岩心　　　　　　　轮南2-21-H1井24-41/49岩心

图1　实验中使用的岩心

2.1 流速敏感性评价

流速敏感性是指在钻井、测井、试油、采油、增产作业、注水等作业或生产过程中，当流体在油层中流动时，引起油层中微粒运移并堵塞孔隙喉道，从而造成油层渗透率下降的现象。对于特定的油层，由微粒运移造成的损害主要与流体的流动速度有关。一般地，影响储层速敏性的主要因素有：(1)储层中流体的流速梯度，流速梯度越大，孔壁上的微粒越容易被冲掉，这是引起速敏的外因。(2)储层中黏土矿物的绝对含量、组成特征和产状是造成速敏性的内因。黏土矿物中高岭石以及搭桥状、发丝状的伊利石含量越高,速敏性就越严重。(3) 储层的孔隙结构特征是影响速敏的主要因素之一,储层的孔隙结构特征越差,喉道半径越小,储层的速敏性越强。

速敏评价试验的目的如下:(1) 找出由于流速作用导致微粒运移从而发生损害的临界流速,以及找出由速度敏感引起的油层损害程度。(2) 为其他损害评价试验确定合理的试验流速提供依据。一般地,由速敏试验求出临界流速后,可将其他各类评价试验的试验流速定为 0.8 倍临界流速。(3) 为确定合理的注采速度提供科学依据。

LN2 – 21 – H1 井共进行了 28 块岩样的流速敏感性检测,表 1 给出了 LN2 – 21 – H1 井24 块岩样(有效厚度层、油水同层、含油水层和水层上)的流速敏感性检测结果。

表 1　LN2 – 21 – H1 井岩样流速敏感性检测结果

油组	小层号	样品号	临界流速/ml·min⁻¹	速敏指数/%	速敏类型
JⅡ	JⅡ3	143	16	20	弱速敏
	JⅡ4	159	2	30	弱速敏
		170	无	无	无速敏
JⅢ	JⅢ3 – 2	223	无	无	无速敏
JⅣ	JⅣ1 – 2	366	20	30	弱速敏
		375	无	无	无速敏
TⅠ	TⅠ1	435	无	无	无速敏
	TⅠ2	460	4	14	弱速敏
		476	30	36	中等偏弱速敏
		485	无	无	无速敏
		511	30	19	弱速敏
		521	无	无	无速敏
TⅡ	TⅡ1	553	20	22	弱速敏
		567	15	27	弱速敏
	TⅡ2	593	无	无	无速敏
		617	15	22	弱速敏
	TⅡ3	677	10	25	弱速敏
		688	15	23	弱速敏
TⅢ	TⅢ2	741	8	19	弱速敏
		763	20	20	弱速敏
	TⅢ3	784	无	无	无速敏
		813	30	41	中等偏弱速敏
	TⅢ6	878	15	37	中等偏弱速敏
	TⅢ7	925	15	34	中等偏弱速敏

LN2 – 21 – H1 井岩样的流速敏感性较弱,表现为中等偏弱速敏—无速敏。速敏的岩样临界流速 2~30 ml/min 之间,速敏指数在 14%~41% 之间,速敏类型为弱速敏—中等偏弱

速敏，纵向上上部储层速敏现象较弱，下部油层为中等偏弱速敏。由于储层速敏性弱，故在油田注水开发过程中可以不考虑速敏对油田注水开发效果的影响。

2.2 水敏性评价

储层的水敏性是指与地层流体不配伍的外来流体进入地层后引起的黏土膨胀、分散和运移，从而导致渗透率下降的现象。实验的目的是要确定储层是否存在水敏及水敏程度的强弱。

LN2 - 21 - H1 井进行了 28 块岩样的水敏检测，表 2 给出了 LN2 - 21 - H1 井 24 块岩样（有效厚度层、油水同层、含油水层和水层上）的水敏检测结果。由水敏检验报告看出，LN2 - 21 - H1 井岩样水敏指数在 0.04 ~ 0.69 之间，表现为无水敏—中等偏强水敏，纵向上 JⅡ、JⅢ、JⅣ油组水敏类型主要为中等偏强水敏，TⅠ、TⅡ、TⅢ油组水敏类型为弱水敏。

表 2 LN2 - 21 - H1 井岩样水敏检测结果

油组	小层号	样品号	水敏指数	水敏类型
JⅡ	JⅡ3	143	0.65	中等偏强水敏
	JⅡ4	159	0.46	中等偏弱水敏
		170	0.69	中等偏强水敏
JⅢ	JⅢ3 - 2	223	0.45	中等偏弱水敏
JⅣ	JⅣ1 - 2	366	0.35	中等偏弱水敏
		375	0.20	弱水敏
TⅠ	TⅠ1	435	0.12	弱水敏
	TⅠ2	460	0.41	中等偏弱水敏
		476	0.26	弱水敏
		485	0.20	弱水敏
		511	0.04	无水敏
		521	0.38	中等偏弱水敏
TⅡ	TⅡ1	553	0.11	弱水敏
		567	0.11	弱水敏
	TⅡ2	593	0.10	弱水敏
		617	0.10	弱水敏
	TⅡ3	677	0.12	弱水敏
		688	0.04	弱水敏
TⅢ	TⅢ2	741	0.14	弱水敏
		763	0.20	弱水敏
	TⅢ3	784	0.28	弱水敏
		813	0.16	中等偏弱水敏
	TⅢ6	878	0.27	弱水敏
	TⅢ7	925	0.45	中等偏弱水敏

2.3 盐敏性评价

在钻井、完井及其他作业中，各种工作液具有不同的矿化度。当工作液的矿化度高于地层水的矿化度时，就可能引起黏土的收缩、失稳和脱落；当工作液的矿化度低于地层水的矿化度时，则可能引起黏土的膨胀和分散。这些都将导致储层孔隙空间和喉道的缩小及堵塞，引起渗透率的下降，从而造成储层损害。盐敏评价试验的目的就是找出盐敏发生的条件，以及由盐敏引起的储层损害的程度，为各类工作液的设计提供依据。

LN2 - 21 - H1 井进行了 24 块岩样的盐敏检测，表 3 给出了 LN2 - 21 - H1 井 24 块岩样（有效厚度层、油水同层、含油水层和水层上）的盐敏检测结果。

表 3　LN2 - 21 - H1 井岩样盐敏检测结果

油组	小层号	样品号	临界盐度/mg·L^{-1}	盐敏指数/%	水敏类型
J II	J II 3	143	50 000	51	中偏强盐敏
	J II 4	159	150 000	73	强盐敏
		170	50 000	32	中偏弱盐敏
J III	J III 3 - 2	223	50 000	36	中偏弱盐敏
J IV	J IV 1 - 2	366	无	无	无
		375	100 000	14	弱盐敏
T I	T I 1	435	50 000	21	中偏弱盐敏
	T I 2	460	80 000	43	中偏弱盐敏
		476	50 000	26	弱盐敏
		485	30 000	20	弱盐敏
		511	100 000	49	中偏弱盐敏
		521	50 000	41	中偏弱盐敏
T II	T II 1	553	50 000	56	中偏强盐敏
		567	50000	26	弱盐敏
	T II 2	593	100000	44	中偏弱盐敏
		617	50 000	53	中偏强盐敏
	T II 3	677	50 000	61	中偏强盐敏
		688	50 000	35	中偏弱盐敏
T III	T III 2	741	9 000	14	弱盐敏
		763	80 000	50.5	中偏强盐敏
	T III 3	784	30 000	24	弱盐敏
		813	50 000	27	弱盐敏
	T III 6	878	50 000	53	中偏强盐敏
	T III 7	925	70 000	25	中偏弱盐敏

由盐敏检验报告看出，LN2 - 21 - H1 井岩样临界盐度在 9 000 ~ 150 000 mg/L 之间，

盐敏指数在 14% ~73% 之间，表现为弱盐敏—强盐敏，纵向上盐敏程度差异小。

2.4 酸敏性评价

酸敏性评价主要是检验现场酸化所采用的酸型对地层的酸化效果。LN2－21－H1 井进行了 30 块岩样的酸敏检测，表 4 给出了 LN2－21－H1 井 26 块岩样（有效厚度层、油水同层、含油水层和水层上）的酸敏检测结果。

由酸敏检验报告看出，LN2－21－H1 井纵向上岩样酸敏程度差异较大，岩样酸敏指数在 －463% ~99% 之间，酸敏类型为无酸敏—极强酸敏，油层总体上酸敏性较强，对油田注水开发效果有一定程度的影响。

表 4　LN2－21－H1 井岩样酸敏检测结果

油组	小层号	样品号	酸型	初始渗透率/ $\times 10^{-3} \mu m^2$	酸化后渗透率/ $\times 10^{-3} \mu m^2$	酸敏指数/%	酸敏类型
JⅡ	JⅡ3	143	12:3 土酸	12.9	14.0	－9	无酸敏
	JⅡ4	159	15% 盐酸	9.28	3.92	58	极强酸敏
		170	12:3 土酸	10.7	11.7	－9	无酸敏
JⅢ	JⅢ3－2	223	15% 盐酸	42.8	34.3	20	中偏强酸敏
JⅣ	JⅣ1－2	366	12:3 土酸	139	335	－140	无酸敏
		375	12:3 土酸	588	4.74	99	极强酸敏
TⅠ	TⅠ1	435	12:3 土酸	3.78	2.32	38	强酸敏
	TⅠ2	460	15% 盐酸	30.7	1.13	96	极强酸敏
		476	12:3 土酸	51.1	20.9	59	极强酸敏
		485	12:3 土酸	7.37	23.6	－221	无酸敏
		511－1	12:3 土酸	74.0	63.9	14	中偏弱酸敏
		511－2	12:3 土酸	79.1	47.4	40	强酸敏
		521	15% 盐酸	99.3	82.7	17	中偏强酸敏
TⅡ	TⅡ1	553	15% 盐酸	86.3	30.2	65	极强酸敏
		567	12:3 土酸	30.0	11.9	60	极强酸敏
	TⅡ2	593－1	12:3 土酸	233	273	－18	无酸敏
		593－2	15% 盐酸	654	471	28	中偏弱酸敏
		617	15% 盐酸	29.0	29.0	0	无酸敏
	TⅡ3	677	12:3 土酸	4.34	2.17	50	强酸敏
		688	15% 盐酸	189	105	44	强酸敏
TⅢ	TⅢ2	741	12:3 土酸	11.8	11.2	5	弱酸敏
		763	12:3 土酸	13.7	77.2	－463	无酸敏
	TⅢ3	784	12:3 土酸	353	324	8	中偏弱酸敏
		813	12:3 土酸	46.2	94.0	－104	无酸敏
	TⅢ6	878	12:3 土酸	93.7	230	－145	无酸敏
	TⅢ7	925	12:3 土酸	34.5	138	－300	无酸敏

2.5 碱敏性评价

碱性工作液通常为 pH 值大于 7 的钻井液、完井液、压裂液以及化学驱中使用的碱性水。碱敏发生的原因如下：（1）黏土矿物在碱性工作液中发生阳离子交换，成为易水化的钠型黏土，使黏土的水化膨胀加剧。（2）碱性工作液与储层矿物可发生一定程度的化学反应。与碱反应的活性从高到低依次为：蒙皂石、高岭石、石膏、伊利石、白云石和沸石。碱与矿物反应的结果不仅导致离子交换，而且可能生成新的矿物。这些新生矿物在储层中沉积，就会对储层造成伤害。（3）高 pH 值环境使矿物表面双电层斥力增加，部分与岩石基质未胶结或胶结较差的微粒将随工作液一起运移，造成对储层的伤害。

LN2 – 21 – H1 井进行了 24 块岩样的碱敏检测，表 5 给出了 LN2 – 21 – H1 井 21 块岩样（有效厚度层、油水同层、含油水层和水层上）的碱敏检测结果。由碱敏检验报告看出，LN2 – 21 – H1 井岩样临界碱度在 7.02 ~ 11.66 之间，碱敏类型主要为弱碱敏—中等偏强碱敏，JⅡ、JⅢ、JⅣ、TⅠ油组岩样碱敏类型主要为中等偏强碱敏，TⅡ、TⅢ油组岩样碱敏类型主要为弱碱敏。

表 5　LN2 – 21 – H1 井岩样碱敏检测结果

油组	小层号	样品号	临界碱度	碱敏类型
JⅡ	JⅡ3	143	7.02	弱碱敏
	JⅡ4	159	7.02	中等偏强碱敏
		170	7.02	弱碱敏
JⅢ	JⅢ3 – 2	223	11.66	中等偏弱碱敏
JⅣ	JⅣ1 – 2	366	7.02	中等偏强碱敏
TⅠ	TⅠ1	435	7.02	中等偏强碱敏
	TⅠ2	460	7.02	中等偏强碱敏
		476	11.66	中等偏弱碱敏
		485	11.66	弱碱敏
		521	7.02	中等偏强碱敏
TⅡ	TⅡ1	553	7.02	弱碱敏
		567	7.02	弱碱敏
	TⅡ2	617	7.02	中等偏强碱敏
	TⅡ3	677	7.02	中等偏弱碱敏
		688	7.02	弱碱敏
TⅢ	TⅢ2	741		无碱敏
		763	7.02	弱碱敏
	TⅢ3	784	8.97	中等偏弱碱敏
		813		无碱敏
	TⅢ6	878	7.02	弱碱敏
	TⅢ7	925	10.01	弱碱敏

3 结论

通过对 LN2 – 21 – H1 进行"五敏"评价实验认为：三叠系储层为弱速敏—中等偏弱速敏、弱水敏、中偏强盐敏 – 弱盐敏、无酸敏 – 极强酸敏、弱碱敏 – 中等偏强碱敏。研究结果对保护油气层钻井液体系和工作液体系设计有一定借鉴意义。

参考文献：

[1] 侯连华. 曲堤油田储层敏感性研究 [J]. 石油大学学报（自然科学版），2000，24（2）：50—53.

[2] 尹昕. 大牛地气田砂岩储层敏感性实验研究 [J]. 天然气工业，2005，25（8）：31—34.

[3] 陈恭洋，张玲，周超宇. 新沟咀组下段粘土矿物分布特征与储层敏感性 [J]. 西南石油学院学报，2010，32（2）：7—12.

[4] Bennion D B, Thomas F B, Bietz R F, et al. Remeiation of water and hydrocarbon phase trapping problems in low permeability gas reservoirs [J]. JCPT, 1999：38（8）：39—48.

[5] 冷严，戴文英，赵增义，等. 彩133井区西山窑组油藏储层敏感性特征及注水防膨评价 [J]. 天然气勘探与开发，2011，34（1）：32—35.

[6] 曾伟，董明，孔令明，等. 鄂尔多斯盆地苏里格气田中、下二叠统砂岩储层敏感性影响因素分析 [J]. 天然气勘探与开发，2011，34（3）：31—38.

[7] SY/T 5358 – 2002，储层敏感性流动实验评价方法 [S].

Sensitivity experimental evaluation of LN2 – 21 – H1 Well reservoir in Lunnan Oilfield

CHEN Peng[1], ZHANG Fang[1], TANG Jinfei[1], ZHANG Shuzheng[2], ZHANG Lei[2]

(1. *College of Petroleum Engineering, China University of Petroleum, Beijing* 102249, *China*; 2. *Tarim Oilfield Company Exploration and Development Research Institute of Development, Korla Xinjiang* 841000, *China*)

Abstract：Tarim basin Lunnan Oilfield placed on production in 1992, after decade years exploitation, remaining oil distribute disperse highly, subsurface oil-water system different from beginning of development, infill well is subjected to pollution and affect seriously yield in the process of drilling and production. Reservoir sensitivity of LN2 – 21 – H1 well were evaluated, in the type of velocity sensitivity is weak and medium-weak, the type of water sensitivity is weak, the type of salt sensitivity is medium-strong and weak salt sensitivity, the types of acid sensitivity is no and super strong, the type of alkali sensitivity is weak and medium-strong. This paper provides useful suggestions for reservoir protection in the secondary development of Lunnan oilfield.

Key words：Lunnan Oilfield; secondary development; reservoir sensitivity; experimental evaluation

裂缝性储层降滤失机理研究

孙倩倩[1]，张凌筱[1]，王黎[1]，郭胜涛[2]

（1. 中国石油大学（北京），北京 102249；2. 长城钻探工程有限公司压裂公司，辽宁 盘锦 124000）

摘要：裂缝性油藏是当今油气田开发的重要领域。而由于天然裂缝的存在，使注入该类油藏的压裂液大量滤失，引起砂堵，严重降低油层基质渗透率和压裂液的返排效果。本文通过对裂缝性油藏降滤失机理的调研，建立了降滤失理论模型，确定加砂降滤失的方法和相关的敏感性分析。以 ST68 井为例对油藏的施工参数进行了优化计算，对比加砂前后的滤失量和滤失速度，验证了粉砂降滤失的效果。

关键词：天然裂缝；水力压裂；加砂滤失；参数优化

水力压裂过程中，裂缝性地层容易形成多裂缝，微裂缝张开会使压裂液大量滤失，致使支撑剂难于向裂缝深处推进，堆积在裂缝某个位置，造成砂堵，导致水力压裂失败。也严重降低油层基质渗透率和压裂液的返排效果，使缝长达不到要求，油、气井产量达不到预期的增产倍数。因此，降滤失方法研究的重要性毋庸置疑。为解决上述问题，文中采用加粉砂降低滤失系数和相关施工参数优化分析来减少滤失量。

1 裂缝性地层滤失模型

压裂实践表明，裂缝性储层实施压裂很难形成有效滤饼，故忽略滤饼区压降对裂缝性储层压裂，得类似于裂缝性储层流体渗流 Warren – Root 模型[1]的滤失模型[2]：

$$\begin{cases} \dfrac{K_f}{\mu_e}\dfrac{\partial^2 p_f}{\partial x^2} + \dfrac{\alpha}{\mu_e}(p_m - p_f) = C_f\varphi_f\dfrac{\partial p_f}{\partial t} \\[2mm] \dfrac{K_m}{\mu_e}\dfrac{\partial^2 p_m}{\partial x^2} + \dfrac{\alpha}{\mu_e}(p_f - p_m) = C_m\varphi_m\dfrac{\partial p_m}{\partial t} \\[2mm] p_f(x,0) = p_i \\[1mm] p_m(x,0) = p_i \\[1mm] p_f(0,t) = p_i + \Delta p, \quad \Delta p > 0 \\[1mm] p_m(0,t) = p_i + \Delta p, \quad \Delta p > 0 \\[1mm] p_f(+\infty,t) = p_i \\[1mm] p_m(+\infty,t) = p_i \end{cases} \quad (1)$$

作者简介：孙倩倩（1985—），女，河北省衡水市人，硕士，现就读于中国石油大学 石油工程学院，研究方向为油气田开发。E-mail：313021236@qq.com

令：

$$U_1 = p_f - p_i \qquad U_2 = p_m - p_i \tag{2}$$

$$a_1 = \frac{k_f}{C_f \varphi_f \mu_e} \qquad a_2 = \frac{k_m}{C_m \varphi_m \mu_e} \tag{3}$$

$$b_1 = \frac{\alpha}{C_f \varphi_f \mu_e} \qquad b_2 = \frac{\alpha}{C_m \varphi_m \mu_e} \tag{4}$$

通过正交变换等计算，由 U_1 和 U_2 分别算出沿天然裂缝和基质的滤失速度。相加得压裂液总滤失速度，即：

$$v = -\frac{k_f \partial U_1}{\mu_e \partial x}\Big|_{x=0} - \frac{k_m \partial U_2}{\mu_e \partial x}\Big|_{x=0} \tag{5}$$

式中，P 为流体压力，MPa；p_i 为地层压力，MPa；Δp 为裂缝净压力，MPa；φ 为孔隙度，小数；k 为渗透率，mD；C 为压缩系数，mPa^{-1}；t 表示滤失时间，min；α 为裂缝性储层岩石的特征系数；下标 f、m 分别表示天然裂缝系统和基质。

2 滤失量的计算

假设每注入 $2\ m^3$ 的含砂液体为一个处理单元，在 t 时间内从此单元含砂液中滤失的体积为：

$$滤失体积 = 滤失速度 \times 滤失面积 \times 时间 = \frac{C}{\sqrt{t}} \left(SV \times \frac{1}{W} \times 2 \right) \times t \tag{6}$$

式中，C 为液体综合滤失系数，$m/min^{1/2}$；SV 表示地面单元液体在缝中滤失后的体积，m^3；W 表示缝宽，m。

降低压裂中的滤失量，要在保证在允许的裂缝净压下尽可能的提高施工排量，减少滤失时间，使用高黏压裂液降低液体的流动性，来减少滤失量。

3 加砂压裂优化

3.1 优化前置液体积

前置液量的优化在压裂设计中是一项非常重要的内容。在满足造缝和携砂的前提下尽量减少前置液用量，降低油气层伤害。前置液用量的常用计算方法有 3 种，一是以加入支撑剂量多少进行估算：一般开发井压裂施工的前置液量约为所用支撑剂视体积的 1.2 倍；二是以携砂液量多少进行估算：前置液量约为携砂液量的 30%；三是以压裂液效率为变量的函数进行估算。

运用 Nolte 的相关理论和缝中给定位置处的质量守恒方程[3]，最终得出公式：

$$前置液体积 = V_i \frac{1-\eta}{1+\eta} \tag{7}$$

式中，V_i 表示注入液体积，m^3；η 表示携砂液效率，%。

3.2 优化粉砂加入量

从压裂施工成功角度考虑，粉陶用量多会影响压裂效果，但用量少又达不到控滤失的效果[4]。

由图 1 可以看出滤失速度随加砂量的增大而减小，当加砂量在 $1.2 \sim 1.8 \ m^3$ 之间时，滤失速度变化缓慢。

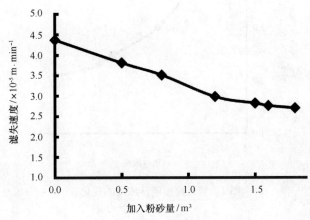

图 1　滤失速度随加砂量的变化示意图

3.3　优化砂浓度

砂比高，填砂裂缝导流能力高，压裂增产效果好。但由于缝口宽度限制，即使形成足够长的裂缝，可限于窄的缝口，瞬时砂比不能超过临界值，否则会形成缝口脱砂。

表 1 所示施工粒径组合进行控制多裂缝滤失工艺进行施工。

表 1　前置液处理多裂缝砂段塞数据

当量裂缝宽度/mm	总砂浓度/%	中砂浓度/%	粉砂浓度/%
<0.5	3 ~ 6	0	3 ~ 6 ~ 9
0.5 ~ 1.0	4 ~ 10	2 ~ 4 ~ 6	2 ~ 4
1.0 ~ 3.0	5 ~ 10	3 ~ 6	3 ~ 6 ~ 9
>3.0	6 ~ 15	3 ~ 6 ~ 9	3 ~ 6

图 2 表示当量裂缝宽度为 0.5 mm 时，滤失速度随砂浓度的变化。

由图 2 可得出，滤失速度随砂浓度的增大而减小，当粉陶的砂浓度控制在 4% ~ 10% 之间时，可有效地降低储层的滤失量。

3.4　优化加砂粒径

如果加砂颗粒太小，起不到迅速封堵天然裂缝的作用，同时在用量较多时，降低主裂缝渗透率；如果颗粒太大，不能进入目的裂缝，不能封堵天然裂缝，造成砂堵。

根据天然裂缝的当量裂缝宽度选择颗粒粒径（表 2）。

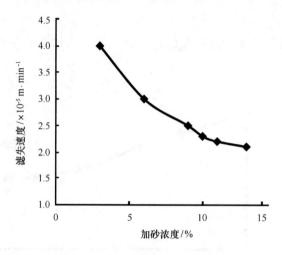

图2　滤失速度随砂浓度的变化

表2　前置液处理多裂缝砂段塞数据

当量裂缝宽度/mm	中砂粒径/mm	粉砂粒径/mm
<0.5	0	0.09 ~ 0.224
0.5 ~ 1.0	0.45 ~ 0.90	0.09 ~ 0.224
1.3 ~ 3.0	0.45 ~ 0.90	0.09 ~ 0.224
>3.0	0.45 ~ 0.90	0.224 ~ 0.450

由图3可以看出，粒径在80~100目内滤失速度比其他范围内的速度都小，可以确定出颗粒粒径在此范围能有效降滤失。

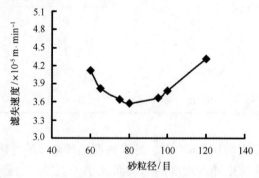

图3　滤失速度随粒径的变化

3.5　优化施工排量

考虑4个方面[5]：一是支撑剂沉降；二是井口限压；三是裂缝垂向延伸；四是地层滤

失情况。一般现场经验理论设计排量在 $3.8 \sim 4.5 \ \text{m}^3/\text{min}^{[6]}$。

4 实例分析

4.1 天然裂缝中滤失系数的模拟计算

以某井 A 为例，A 井的数据如表 3，对滤失速度进行模拟。

表 3 A 井液体滤失模拟参数

模拟参数项目	参数值
裂缝内净压力/MPa	4
天然裂缝渗透率/ $\times 10^{-3} \ \mu\text{m}^2$	150
基岩渗透率/ $\times 10^{-3} \ \mu\text{m}^2$	5
天然裂缝的孔隙度/%	0.4
基岩的孔隙度/%	9.2
天然裂缝的压缩系数/ MPa^{-1}	0.001 6
基岩的压缩系数/ MPa^{-1}	0.000 42
压裂液黏度/ $\text{mPa} \cdot \text{s}$	400
裂缝宽度/mm	5

用第 2 节理论模型算出结果见表 4。

表 4 滤失速度与等效滤失系数的模拟计算结果

漏失时间/min	滤失速度 $\times 10^{-5} \ \text{m} \cdot \text{min}^{-1}$	等效滤失系数/ $\times 10^{-4} \ \text{m} \cdot \text{min}^{-1}$	滤失量/ m^3
3	4.37	0.76	1.18
6	3.81	0.93	2.06
9	3.51	1.05	2.84
18	2.98	1.26	4.82

根据表 3 的数据绘出图 4。

4.2 液体黏度与滤失系数的关系

$\eta = 46\%$，由参数优化把排量定为 $4 \ \text{m}^3/\text{min}$，注入液体体积 $200 \ \text{m}^3$。运用第 2 节相关公式，计算出前置液体积为 $73.97 \ \text{m}^3$，优选加砂量为 $1.6 \ \text{m}^3$。

4.3 液体黏度与滤失系数的关系

按照第 2 节的相关公式计算结果如下表 5 所示。

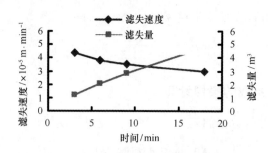

图4 A井不加粉砂时的滤失速度与滤失量变化

表5 加砂后的滤失速度及滤失量的模拟计算结果

时间/min	加砂后的滤失速度/$\times10^{-5}$ m · min	加砂后滤失量/m^3
3	4.23	1.14
6	2.99	1.61
9	2.44	1.98
18	1.72	2.79

前置液加入适量粉砂，选择粉砂粒径为 80～100 目，粉砂进入缝宽较小的裂缝中，在较狭窄的裂缝中快速聚集形成砂团，停止裂缝延伸进液；在较宽的裂缝中充填到造成滤失的缝隙中提高液体效率。

通过对井 ST68 的模拟计算分析以及前置液等的优化计算可以看出，加砂后滤失量显著降低，验证了加砂降滤失原理。

5 结论

本文对裂缝性地层的特点进行了研究，针对裂缝性储层由于天然裂缝的存在易发生压裂液的滤失和砂堵的状况进行了分析，并相应的建立了滤失的理论模型，讨论了降滤失机理。特别针对加砂降滤失进行研究分析，对于施工过程中的排量，加砂规模等参数优化并相应的进行敏感性分析。得出了以下结论：

（1）文中滤失数学模型是在忽略滤饼区压降的条件下建立的，类似于裂缝性储层流体渗流的 Warren – Root 模型。该模型收敛性好，计算速度快，用于裂缝性储层压裂液的滤失计算。

（2）降低压裂中的滤失量，要在保证在允许的裂缝净压下尽可能的提高施工排量，减少滤失时间，使用高粘压裂液降低液体的流动性，来减少滤失量。

（3）前置液中以低砂比分段加入 80～100 目粉砂，可以封堵天然微裂隙及微裂缝，降低压裂液滤失量。

（4）粉砂进入细裂缝中有效减少压裂液滤失，保证造缝效果，提高携砂能力。比较计算中加砂前后数据，验证加砂降滤失的效果，证明模型的正确性。

参考文献：

[1]　王鸿勋，张士诚. 水力压裂设计数值计算方法 [M]. 北京：石油工业出版社，1998.

[2]　李勇明，郭建春，赵金洲，等. 裂缝性储层压裂液滤失计算模型研究 [J]. 大然气工业，2005，25（3）：99—101.

[3]　Hai‑zui，Meng Dowell，Schlum Berger. Reservoir Stimulation [M]. 李青山，译. 北京：石油工业出版社，2004.

[4]　陈小新，魏英杰. 粉砂在压裂施工中应用效果显著 [J]. 钻采工艺，2002，22（4）：99—100.

[5]　张涛. 潜山裂缝性变质岩储层大型水力压裂技术研究 [J]. 石油与天然气工程，2008，12（4）：24—28.

[6]　李勇明，郭建春，刘岩，等. 华北油田 Z16 裂缝性断块油藏防砂堵压裂 [J]. 特种油气藏，2009，16（5）：82—85.

Study on the fluid loss mechanism of fractured reservoir

SUN Qianqian[1], ZHANG Lingxiao[1], WANG Li[1], GUO Shengtao[2]

(1. *China University of Petroleum Beijing Campus*, *Institute of Petroleum Engineering*, *Beijing* 102249, *China*; 2. *PetroChina the Great Wall Drilling Limited Company*, *Fracturing company*, *Panjin* 124000, *China*)

Abstract：Fracture reservoir is an important field of oil and gas development in the modern time. But because of the existence of natural fractures, it makes fracturing fluid which empties into such reservoir into large filtration, leading to the sand bridge, at the same time seriously reduced the permeability of reservoir matrix and the backflow effect of fracturing fluid. Based on the investigation and research of fractured reservoir loss mechanism in the paper, we established the theoretical model of reducing fluid loss, determined a method of reducing fluid loss depending on gravel input and sensitivity analysis relevantly. For example with the ST68 Well, this reservoir construction parameters are optimized and calculated, and finally we verify the effect of reducing fluid loss depending on gravel input by comparing filtration and speed between gravel input before and after.

Key words：natural fracture；hydraulic fracturing；Sand filtration；parameter optimization

冀东南堡油田注水用黏土稳定剂的研究

陈永生[1]，何水良[1]，乔孟占[1]，李健[1]，董彦龙[1]，王丽娟[1]，董建国[2]

(1. 中国石油冀东油田 瑞丰化工有限公司，河北 唐海 063200；2. 中国石油冀东油田公司 南堡油田作业区，河北 唐海 063200)

摘要： 冀东南堡油田东一段由于地层能量不足，采油过程中产量递减严重，采油与注水应同步进行，该储层具有强水敏性，在注入水中必须加入防膨处理剂。通过对现有黏土稳定剂和东一段地层特性的研究，开发出含有无机盐和聚季铵盐的新型黏土稳定剂。室内实验表明，该处理剂能快速、有效的抑制黏土颗粒发生膨胀、分散，且吸附能力强、有效期长，能够提高单井注入量、延长注入时间。

关键词： 注水；黏土稳定剂；防膨率；水敏性；南堡油田

冀东南堡油田主力油藏东营组一段地层能量不足，油井产量递减严重，需要进行注水开发。由于该储层具有强水敏性，需要在注入水中加入黏土防膨处理剂，以有效抑制注水时黏土颗粒发生膨胀、分散、运移，维持储层的渗透性，从而提高单井产能和油藏采收率。本文对新开发的两种黏土稳定剂进行了评价，并与现用的黏土稳定剂 JRNW 进行对比，以期进一步提高南堡油田注水用黏土稳定剂的性能。

1 储层特征

冀东南堡油田东一段储层岩性以灰、浅灰色细砂岩为主，为中孔中渗砂岩储层，储层胶结物以泥质为主，胶结作用较弱。据 X 衍射资料分析，储层粒间黏土矿物主要为高岭石 – 蒙脱石，黏土总量平均为 9.52%，高岭石相对含量平均为 55.1%，蒙脱石相对含量平均为 26.2%。这说明南堡油田东一段储层胶结疏松，黏土矿物含量较高，且黏土矿物中敏感性矿物含量较高，储层存在各种类型的潜在敏感性因素。

地层岩心敏感性实验分析，东一段储层具有强水敏、弱速敏、强盐敏、强酸敏、强碱敏特征。东一段储层易发生水敏的矿物主要为蒙脱石和伊/蒙混层，在注水时，注入水与储层中的黏土矿物发生作用，会导致黏土矿物发生水化膨胀、运移而堵塞孔隙喉道，降低储层的渗透率。

作者简介： 陈永生（1967—），男，工程师；2006 年毕业于石油大学石油工程专业，现主要从事油田化学剂的研发及管理工作。E-mail：heshuiliang123@163.com

2 开采现状

在开采过程中发现，南堡油田东一段油藏油水关系复杂，地饱压差小（0.8～5.3 MPa），地层能量不足，油井产能与储量相差悬殊。对该区块的23口井进行递减率统计，平均产量月递减达22.7%，有超过1/3的井表现出产液能力不足，大部分井生产3个月后气油比就快速上升。这表明东一段油藏依靠弹性溶解气驱开发，油井产量递减严重，急需注水补充地层能量，采取采油与注水同步进行的开发方式。

由于东一段构造及储层情况较为复杂，具有强水敏等特征，注水时地层易发生黏土膨胀、微粒运移而造成储层伤害。较多注水井短期内注入压力就开始大幅度上升，注水工作无法长期进行。以注水井南堡11-K18-X307井为例，该井于2009年6月2日开始以采出液进行注水作业，随着注水时间延长，注入泵压逐渐升高，日注水量逐渐下降，2010年12月10日注不进水而关井，注入泵压及日注水量变化状况见图1。

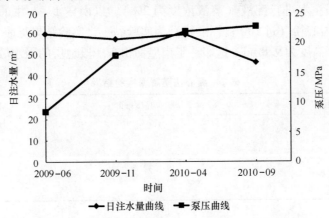

图1 南堡11-K18-X307井注水量及泵压变化曲线

3 黏土稳定剂评价实验

研究表明，注水压力上升主要以下几个方面的影响：（1）注入水与地层配伍性；（2）黏土稳定剂效果；（3）注入方式[1]。目前，南堡油田注入水是采出液经集输系统处理后的水，与地层相配伍性相对较好，注入方式在这里不做探讨，本文研究的重点是黏土稳定剂效果评价。目前，注水用黏土稳定剂主要有无机盐类、无机物表面活性剂和离子型表面活性剂，其主要特点见表1。

表1 黏土稳定剂优缺点对比

类型	产品	特点
无机盐类	KCl、NH$_4$Cl	防膨迅速，有效期短
无机物表面活性剂	铁盐类	成本高，有效期短
离子型表面活性剂	聚季铵盐类	有效期长，成本较低

结合表1中黏土稳定剂的现状及南堡油田地层特点研发出了两种新型的含有无机盐和

大分子支链结构聚季铵盐的黏土稳定剂，分别命名为新型 1#、新型 2#，其中新型 1# 为 KCl 与聚季铵盐复合物，新型 2# 为 NH_4Cl 与聚季铵盐复合物。无机盐部分能够使该处理剂迅速抑制黏土膨胀、分散，大分子支链结构的聚季铵盐能够增强分子的吸附能力，使其耐冲刷、耐稀释，从而延长其有效期。

在南堡油田东一段油藏注水开发过程中，主要问题是注水压力上升快，注入量减小迅速，其根本原因在储层的强水敏性，因此在室内实验时主要通过考察各种黏土稳定剂对南堡岩心及黏土矿物的防膨率和散失率，筛选出性能较好的注水用黏土处理剂及其最佳加量，评价方法主要参照 SY/T 5971 – 94《注水用黏土稳定剂性能评价方法》。

3.1 黏土抑制性实验

在 SY/T 5971 – 94 标准离心法测定防膨率中实验黏土为一级膨润土，水为蒸馏水，并以蒸馏水配制黏土稳定剂溶液。为了更直观的显示各黏土稳定剂的性能，本实验以应用区块南堡油田采出回注水进行配液（溶液浓度为 2%），以南堡 1 – 1 井东一段（2 394.3 ~ 2 394.8 m）泥质岩心粉（过 100 目标准筛）为实验黏土，实验结果见表 2。此外，在蒸馏水中岩心粉的膨胀高度为 9.8 ml，这印证了南堡油田东一段地层的强水敏性。

表 2　离心法防膨率实验结果

溶液名称	2 h 膨胀高度/ml	防膨率/%
注入水	2.6	—
JRNW	1.4	70.59
新型 1#	1.3	76.47
新型 2#	1.2	82.35

可以看出，南堡采出液与地层具有天然配伍性，以其为注入水能够较好的抑制南堡岩心粉的的膨胀；在防膨能力方面，新型 2# > 新型 1# > JRNW，其中，新型 2# 的防膨率在 80% 以上。

注水开发是一项持续的长久的工作，在此过程中黏土稳定剂会被逐渐稀释、冲刷，这就要考察处理剂的长效性，长效性越好，注水量越大，注水时间也越长[2]。在 SY/T5971 – 94 防膨率测试的基础上进行了多次抽取上清液，多次测量防膨率的方法，具体步骤是：抽取离心后溶液的上清液 5 ml，然后加入 5 ml 注入水，搅匀静置，按照离心法继续测量其膨胀高度。在实验中抽取 3 次时膨胀高度均未发生变化，与表 2 中的防膨率相同，抽取 4、5、6 次时发生了变化，见表 3。

表 3　黏土稳定剂长效性实验结果

抽取次数	样品名称	2 h 膨胀高度/ml	防膨率/%
4	JRNW	1.5	67.65
4	新型 1#	1.3	76.47
4	新型 2#	1.2	82.35

抽取次数	样品名称	2 h 膨胀高度/ml	防膨率/%
5	JRNW	1.5	67.65
5	新型 1#	1.4	70.57
5	新型 2#	1.3	76.47
6	JRNW	1.7	52.94
6	新型 1#	1.4	70.57
6	新型 2#	1.3	76.47

由表 3 可以看出，新型 1#、新型 2#黏土稳定剂的抗稀释能力要优于 JRNW，在溶液被稀释 6 次后，防膨率仍在 70% 以上；同时可以发现新型 2#防膨能力略优于新型 1#。

3.2 岩心散失率实验

在注水过程中，地层黏土发生膨胀会导致砂粒分散、运移而堵塞渗透通道，降低地层渗透性，因此，进行岩心散失率评价非常必要。实验方法：将南堡 1 – 1 井岩心粉碎，筛取 6 ~ 10 目颗粒，精确称量 1 g（m_0）浸泡在 2% 黏土稳定剂溶液中；在 90℃水浴中加热 1 h，用 40 目筛过滤岩心颗粒，干燥后称量岩心颗粒质量（m_1），按照（$m_0 - m_1$）/ $m_0 \times 100\%$ 计算一次散失率。为了考察黏土稳定剂的吸附强度进行了二次散失率实验，将一次散失实验的岩心颗粒浸泡在注入水中，实验条件、方法同上，干燥后称量岩心颗粒质量（m_2），按照（$m_0 - m_2$）/ $m_0 \times 100\%$ 计算二次散失率。

表 4 岩心散失率实验

溶液名称	m_0/g	m_1/g	m_2/g	一次散失率/%	二次散失率/%
注入水	1.030 8	0.090 9	0.044 8	91.18	95.65
JRNW	1.029 6	1.013 2	0.976 6	1.59	5.15
新型 1#	1.040 0	1.034 5	1.020 8	0.53	1.85
新型 2#	1.048 6	1.043 8	1.032 5	0.46	1.54

可以看出，即便以南堡采出液为注入水，岩心散失率仍很高，在 90% 以上，因此必须在注入水中加入能够有效抑制地层黏土颗粒分散、剥离的处理剂；在防止黏土散失方面，新型 2# > 新型 1# > JRNW，新型 2#在 90℃下的一次散失率仅为 0.46%，二次散失率为 1.54%。

综合以上实验可以得出，研发的新型黏土稳定剂新型 1#、2#在防止黏土膨胀、分散方面都要优于现用的黏土稳定剂 JRNW，其中 2#表现的更为突出，而且新型 2#以 NH_4Cl 为原材料，价格相对便宜，应作为新产品研发的方向。

3.3 加量确定实验

为了确定以新型 2#为黏土稳定剂进行注水时的最佳加量，进行了不同浓度时的防膨率和散失率实验，并与现用的黏土稳定剂 JRNW 进行了对比。浓度实验点分别为 1.0%、1.5%、2.0%、4.0%、6.0%。

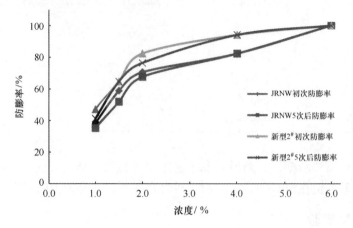

图 2　JRNW 与新型 2# 在不同浓度时的防膨率曲线

由图 2 可以看出，随浓度增大防膨率逐步升高，且新型 2# 防膨率曲线高于 JRNW；同时可以看出黏土稳定的浓度越高，抽取 5 次后防膨率变化越小。浓度为 4.0% 时，新型 2# 的防膨率保持在 90% 以上，JRNW 的防膨率在 80% 左右，6.0% 时二者的防膨率均达到了 100%，黏土未发生膨胀。

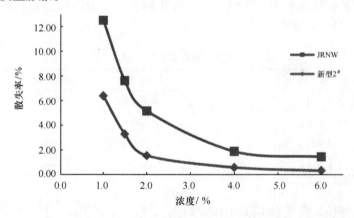

图 3　不同浓度时二次散失率曲线

由图 3、图 4、图 5 可以看出，随着黏土稳定剂浓度增大，岩心散失率趋于减小，新型 2# 的散失率曲线低于 JRNW，由照片可以直观的看出，相同浓度时，新型 2# 的防散失能力好于 JRNW。同时可以看出，当试剂浓度为 2.0% 时二次散失实验岩心均出现了不同程度的破碎，4.0% 时岩心未发生明显的分散、破碎，此时，新型 2# 样的散失率仅为 0.58%，JRNW 样的散失率为 1.89%。

综合来看，研发的新型 2# 能够更好的防止冀东南堡油田地层黏土发生膨胀、分散，且作用有效期长，能延长单井注水作业时间及注入量，有利于冀东南堡油田的长期、有效注

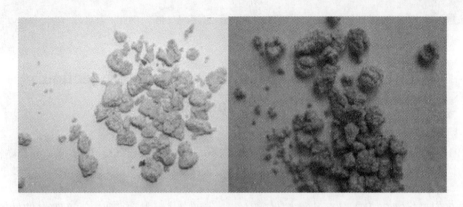

图 4　JRNW、新型 2#浓度为 2%时二次散失实验岩心照片

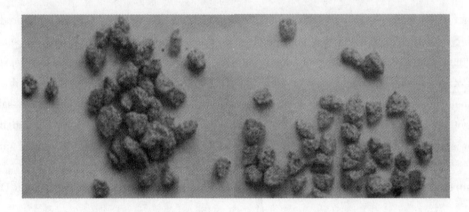

图 5　JRNW、新型 2#浓度为 4.0%时二次散失实验岩心照片

水开发。鉴于黏土膨胀、分散具有不可逆性，在油井转注及新井初次注水时新型 2#的加量应为 4.0%，一次处理到位，有效为后续顺利注水奠定良好的基础。

4　结论

（1）南堡油田东一段储层地层水敏性强，即便使用采出液进行注水，散失情况仍很严重，必须加入适量的黏土稳定处理剂。

（2）黏土稳定剂新型 2#防膨迅速且吸附能力强，耐稀释、耐冲洗，多次稀释、冲洗后防膨率基本保持不变。

（3）新型 2#加量为 4.0%，储层岩心未发生分散、破碎，二次散失率仅为 0.58%。在南堡油田油井转注及新井初次注水时，加量应为 4.0%，一次处理到位，防止地层发生膨胀、分散，为持续注水奠定基础。

参考文献：

［1］　宋斗贵，等．敏感性稠油藏防膨注水开发的前期研究与实践［J］．油田化学，2004，21（4）：320—323.

[2]　张建，等. 新型耐温防膨剂的合成与性能研究 [J]. 石油与天然气化工，2007, 28 (3)：203—204.

Research on clay stabilizer of water injection in Jidong-Nanpu Oilfield

CHEN Yongsheng[1], HE Shuiliang[1], QIAO Mengzhan[1], LI Jian[1], DONG Yanlong[1], WANG Lijuan[1], DONG Jianguo[2]

(1. *Ruifeng Chemical Company*, *Jidong Oil Co. Ltd.*, *Tanghai* 063200, *China*；2. *Nanpu Oilfield Operation Area*, *Petrochina Jidong Oilfield Company*, *Tanghai* 063200, *China*)

Abstract：The main reservoir section of the Dongying formation energy shortage, oil production decline Seriously during the development process in Jidong-Nanpu Oilfield. So water flood should be carried out simultaneously with exploitation of oil. The reservoir has a high water sensitivity, the injection of water treatment agent must be added to prevent swelling. Through research, we develop a new type of clay stabilizer, which contains inorganic salt and Polyquaternary ammonium salt. The treatment agent can quickly and effectively inhibit the clay particles swell, disperse, and the adsorption ability valid for long, can improve single well water injection rate and extended injection time.

Key words：water flood；clay stabilizer；rate of anti-swelling；water sensitivity；Nanpu Oilfield

高温延迟交联冻胶酸体系研究与应用

李军[1]，贾红战[1]，陈涛[1]，姬智[1]，李文杰[1]，徐杏娟[1]，
党伟[1]，孙伟[2]，陈奇[2]

（1. 渤海钻探工程技术研究院 大港分院增产措施中心，天津 300450；2. 冀东油田工程技术处，天津 300450）

摘要： 从分析目前常用的交联冻胶酸体系存在的不足入手，研究出高温延迟交联冻胶酸体系用主剂（稠化剂、交联剂、交联延迟剂、破胶剂），同时优选出配套辅剂（高温缓蚀剂、高温破乳助排剂、高温铁离子稳定剂），随后通过体系配伍性能、延迟交联性能、耐温耐剪切性能评价，确定出适应于150℃碳酸盐岩储层酸压用高温延迟交联冻胶酸体系配方，通过现场4口井的应用，酸压改造后的储层渗流能力得到了明显改善，同时沟通了储层远处的天然裂缝，取得了较好的改造效果。

关键词： 高温；延迟交联；冻胶酸

1 概述

交联冻胶酸体系由于具有黏度高、滤失低、酸岩反应速度慢、造缝效率高、能携砂等优点，因此可以实现酸液体系的深穿透、提高酸蚀裂缝导流能力、延长压后有效期、提高单井产能的目的，是目前最为有效的控制酸液滤失的手段之一，同时也是致密碳酸盐岩储层改造的主要液体体系。

国外交联冻胶酸的研究起于20世纪70年代末80年代初，主要应用于高溶解性、低渗透性和天然裂缝发育的碳酸盐岩储层。体系主要由酸用稠化剂及酸用交联剂和其他配套添加剂组成，通过稠化剂与交联剂的配合使用，使酸液形成网络冻胶。这种冻胶状态使酸液在地层的微裂缝及孔道中的流动阻力变得很大，极大地限制了液体的滤失，减缓了酸液中 H^+ 向已反应的岩石表面扩散，使鲜酸继续向深部穿透和转入其他低渗透层，随着酸液的进一步消耗，黏度随之降低，再加上破胶剂辅助破胶，残酸的黏度更低，易于返排。而且由于交联冻胶酸的流变性能好，因而具有良好的携砂能力，能够实现酸压与加砂复合改造的目的，在酸压的同时进一步提高酸蚀裂缝的导流能力。近几年国内也对交联冻胶酸体系进行了深入研究，开发出了交联冻胶酸用稠化剂以及与之配套的交联剂、破胶剂等。目前国

作者简介： 李军（1981—），男，陕西咸阳人，工程师，现任职于渤海钻探工程技术研究院大港分院增产措施中心，主要从事油气井酸化压裂技术研究工作。E-mail：lijun0222swpi@163.com

内交联冻胶酸体系所能达到的指标为基液黏度为 $20 \sim 30$ mPa·s，交联时间 $2 \sim 8$ min 可调，冻胶在 170 s^{-1}、100℃ 左右时峰值黏度为 $500 \sim 1\,000$ mPa·s，在 120℃、170 s^{-1} 的剪切速率下剪切 1 h 后，黏度保持在 80 mPa·s 左右，能够大幅降低酸岩反应速度及酸液滤失速度，是实现深度酸压改造比较理想的工作液体系，但尚未见到超过 140℃ 以上且交联时间可调的交联冻胶酸体系成功应用的报道[1]。

2　目前交联冻胶酸体系存在问题及研究目标

虽然国内已研究出交联冻胶酸体系，但目前常用的体系在应用中存在如下几个问题：（1）交联冻胶酸用稠化剂分子量小，用量至少 0.9% 以上才能正常发挥性能，而且产品质量不稳定和放置性能差；（2）交联剂质量不稳定，用量也大，最大达到 1.6%；（3）形成的交联酸冻胶耐温耐剪切性能差，在超过 120℃ 条件下往往 $2 \sim 3$ min，酸冻胶的黏度就锐减至常规的胶凝酸的黏度；（4）交联速度难以控制，往往是迅速成胶，以至酸液交联不均匀而且产生高的泵送摩阻；（5）破胶剂难以发挥作用，以致有时在返排液中还见到完整的胶囊破胶剂[2]。

为了解决目前国内交联冻胶酸体系存在的问题，本文主要制定了以下研究目标：（1）研究出用量小且质量稳定的稠化剂、交联剂，形成的冻胶在 150℃、170 s^{-1} 的剪切速率下剪切 60 min，黏度仍能保持在 80 mPa·s 以上；（2）研究出能够控制交联速度在 $2 \sim 5$ min 的交联延迟剂；（3）研究出的破胶剂能够在 90℃、30 min 条件下，破胶液黏度小于 10 mPa·s；（4）优选出的酸液添加剂具有极好的配伍性且不影响冻胶酸体系的延迟交联性能和流变性能，最终形成适应于 150℃ 碳酸盐岩储层酸压用高温延迟交联冻胶酸体系。

3　高温延迟交联冻胶酸体系室内研究

3.1　高温延迟交联冻胶酸体系用主剂室内研究

3.1.1　高温延迟交联冻胶酸体系用稠化剂室内研究

针对常规交联冻胶酸用稠化剂在应用中存在的溶解困难、耐温、耐剪切、耐盐性能差及二次污染的的问题，需要研究出一种具有易溶解、耐温、耐剪切、耐盐性能好的稠化剂，同时不对储层造成二次污染。具体的做法主要是从改性聚丙烯酰胺入手，通过在聚丙烯酰胺的主分子链上引入不同功能的官能团来实现稠化剂所要达到的指标要求。最终合成了一种以 AM 和 AMPS 二元共聚物作为高温延迟交联冻胶酸用的稠化剂，其中非离子单体 AM 主要目的是提高稠化剂的平均相对分子质量，使其具有良好的增黏性能；季氨盐阳离子侧基的引入提高了稠化剂抗剪切能力和增大流变学体积，使稠化剂的热稳定性明显提高；磺酸基团的引入使得稠化剂具有抵抗外界阳离子进攻的能力，增强了稠化剂的抗盐性。

3.1.2　高温延迟交联冻胶酸体系用交联剂的室内研究

研究出一种无机锆盐的水溶性螯和物作为高温延迟交联冻胶酸的交联剂，交联的基本原理为金属锆离子通过在水中络合和多次水解、羟桥作用产生了多核羟桥络离子，多核羟桥络离子带高的正电荷，并且高价金属离子易形成配位键，而研究出的稠化剂分子结构中的羧基带负电，且氧和氮都有孤对电子，多核羟桥络离子通过与稠化剂中的羧基和酰胺基形成极性键和配位键而产生交联。

3.1.3 高温延迟交联冻胶酸体系用交联延迟剂的室内研究

研究的稠化剂和交联剂在交联时，交联时间较快（最快时能够在 15 s 左右完成），给现场应用带来了较大的困难，主要表现为基液和交联剂在过泵之前或刚进入井下管柱就形成了黏度较大的冻胶，使得施工摩阻变大，因此需要研究一种用于延缓冻胶酸交联的添加剂。通过对交联原理的进一步分析，稠化剂在与交联剂交联时还是要经历许多中间步骤，因此，研究出一种以乳酸为主要成分的交联延迟剂，主要的延迟机理为：交联延迟剂与交联剂混合后，形成了乳酸锆螯合物，结合较强，乳酸锆的解离过程减慢，控制了锆离子的形成速度，从而延缓了对稠化剂的交联反应速度，使冻胶酸体系黏度缓慢增加。

3.2 高温延迟交联冻胶酸基液放置时间对冻胶性能的影响分析

配置 0.8% 稠化剂的冻胶酸基液，分别取出一定量的基液放置不同的时间，然后分别加入 0.8% 的交联剂，进行 170 s^{-1} 和 110℃ 条件下的耐温耐剪切性能的测定。

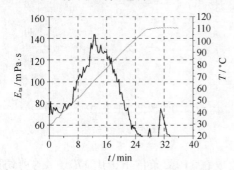

图 1　交联冻胶酸基液放置 5 h 后抗温
抗剪切能力评价结果

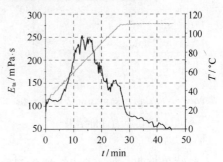

图 2　交联冻胶酸基液放置 8 h 后抗温
抗剪切能力评价结果

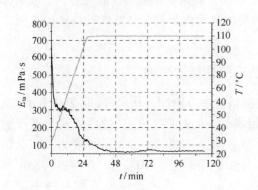

图 3　交联冻胶酸基液放置 16 h 后抗温
抗剪切能力评价结果

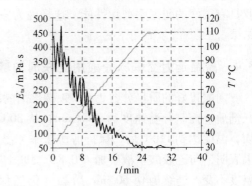

图 4　交联冻胶酸基液放置 2 d 后抗温
抗剪切能力评价结果

由图 1 至图 4 可知，冻胶酸基液在放置 16 h 左右，酸液的冻胶耐温耐剪切能力较好，放置时间太短或太长，冻胶酸耐温耐剪切能力较差。放置时间太长，由于氧气的作用，导致冻胶酸基液的黏度下降；放置时间太短，酸液没有完全溶胀开，对冻胶酸的交联有影响。在冻胶酸基液放置 5 和 8 h 时，冻胶酸在最初的时间内交联后黏度较低，而后黏度增加，其主要原因是由于高温和酸性条件下稠化剂分子间发生了主亚胺化交联引起。

3.3 高温延迟交联冻胶酸用稠化剂加量对对酸冻胶性能的影响分析

将稠化剂分别均匀地加入 20% 的 HCL 溶液中配成质量分数为 0.8% 和 1.0% 的冻胶酸基液，溶胀 16 h 后，然后分别加入 0.8% 的交联剂，在 110℃ 条件下，以 170 s^{-1} 的剪切速率连续剪切 60 min，测定其耐温耐剪切能力。

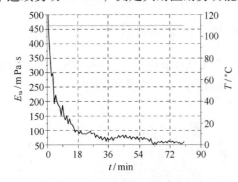

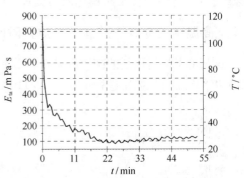

图 5　0.8% 稠化剂形成的冻胶耐温耐　　　　　图 6　1.0% 稠化剂形成的冻胶耐温耐剪
　　　　剪切能力评价结果　　　　　　　　　　　　　切能力评价结果

实验结果表明，加入 0.8% 稠化剂形成的冻胶放在 110℃ 条件下，用 170 s^{-1} 的剪切速率连续剪切 60 min 后黏度仍然保持在 50 mPa·s 以上，加入 1.0% 稠化剂形成的冻胶在 110℃ 条件下，用 170 s^{-1} 的剪切速率连续剪切 60 min 后黏度仍然保持在 100 mPa·s 以上；在加入量为 0.8% ~ 1.0% 时，随着稠化剂加量的增加，其耐温耐剪切性能更好，形成的冻胶具有很好的耐温耐剪切性能。这是因为冻胶的交联结构由于稠化剂浓度的增加而加强的结果。

3.4 高温延迟交联冻胶酸用交联剂加量对酸冻胶性能的影响

向配置好的质量分数为 0.8% 稠化剂的冻胶酸基液中分别加入 0.8% 交联剂和 1.0% 交联剂后，控制升温速度为 3℃/min，从 30℃ 开始实验，同时以 170 s^{-1} 的剪切速率连续剪切，温度达到 110℃ 后，保持剪切速率和温度不变，测定冻胶的耐温耐剪切能力。实验结果表明，向冻胶酸基液中加入 0.8% 交联剂时，当温度温度达到 110℃ 后，保持剪切速率和温度不变，连续剪切 60 min 后黏度仍然保持在 50 mPa·s 左右；向冻胶酸基液中加入 1.0% 交联剂时，当温度达到 110℃ 后，保持剪切速率和温度不变，连续剪切不到 30 min，黏度就降到 31 mPa·s。由此说明，向冻胶酸基液中加入 0.8% 交联剂时，冻胶耐温耐剪切能力较好，而向冻胶酸基液加入 1.0% 交联剂，冻胶耐温耐剪切能力较差，这是因为交联剂浓度太高，交联点太多，引起冻胶脱液收缩而造成的结果。

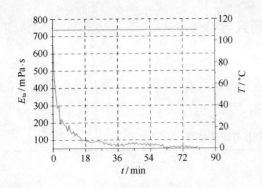

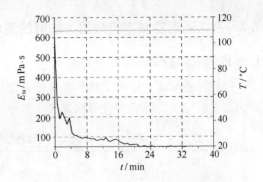

图7　0.8%交联剂形成冻胶耐温耐剪切　　　　图8　1.0%交联剂形成冻胶耐温耐剪切
　　　能力评价结果　　　　　　　　　　　　　　　能力评价结果

3.5　高温延迟交联冻胶酸体系基本配方的确定

在研究了延迟交联冻胶酸体系用稠化剂、交联剂、交联延迟剂的同时，分析了基液放置时间、稠化剂用量、交联剂用量对冻胶性能的影响，结合对高温延迟交联冻胶酸体系的延迟交联时间、耐温耐剪切性能的要求，初步确定了高温延迟交联冻胶酸的基本配方为：20% HCL + 1.0% 稠化剂；交联比为 100∶0.8，以此基本配方作为后续研究最终配方的基础。

3.6　高温延迟交联冻胶酸体系基本配方的延迟交联性能评价

确定了高温延迟交联冻胶酸的基本配方后，应用交联延迟剂进行了基本配方的延迟交联性能评价，通过改变交联延迟剂的用量，既要保证胶体的强度，又要达到延迟交联时间在 3 min 以上，基于以上两点技术要求，通过几组配方的实验，最终确定了基本配方的交联延迟剂的用量，具体的评价结果见表 1 所示。

表1　高温延迟交联冻胶酸基本配方延迟交联性能评价结果

配方	初交联时间/s	现象
基液 + 0.15% 交联延迟剂 + 0.8% 交联剂	20 ~ 30	3′可挑挂，胶体强度较好
基液 + 0.18% 交联延迟剂 + 0.8% 交联剂	30	3′15″可挑挂，胶体强度比加入 0.15% 的交联延迟剂形成的胶体强度差
基液 + 0.16% 交联延迟剂 + 0.8% 交联剂	25	3′15″可完全挑挂，胶体强度好
基液 + 0.17% 交联延迟剂 + 0.8% 交联剂	25	4′可完全挑挂，胶体强度好
基液配方：20% HCL + 1.0% 稠化剂		

通过上述实验，高温延迟交联冻胶酸基本配方的延迟交联时间在 3 ~ 4 min，能够满足研究目标对延迟交联时间的要求。

3.7 高温延迟交联冻胶酸用添加剂的室内研究与筛选

3.7.1 高温缓蚀剂筛选与评价

根据行业标准，评价了几种优选的高温缓蚀剂的动态腐蚀速率，最终优选出了符合标准的高温缓蚀剂，筛选与评价结果表2所示。

表2 高温缓蚀剂筛选与评价结果

高温缓蚀剂用量配方	反应温度/℃	反应时间/h	动态腐蚀速率/ $g \cdot m^{-2} \cdot h^{-1}$	现象
4% DM – A + 2% DM – B + 20% HCl	160	4	37.15	均匀腐蚀
5% DM – HS + 20% HCl	160	4	51.99	均匀腐蚀
5% DM – HS – 1 + 20% HCl	160	4	238.79	两端坑蚀

由实验数据可以看出，优选的高温缓蚀剂 DM – A 、DM – B、DM – HS 高温缓蚀剂都能满足行业标准的要求，其中，DM – A、DM – B 高温缓蚀剂缓蚀效果最好，因此初步选择 DM – A、DM – B 作为高温延迟交联冻胶酸体系用的高温缓蚀剂。

通过进一步的配伍性、延迟交联性能评价实验，优选的 DM – A、B 高温缓蚀剂虽然具有很好的缓蚀效果，但是其配伍性较差且影响了冻胶酸的延迟交联性能，因此选择缓蚀效果较好的 DM – HS 高温缓蚀剂进行配伍性和延迟交联性能评价。通过实验，优选的 DM – HS 高温缓蚀剂配伍性好且冻胶延迟交联时间在 3 ~ 4 min，能够满足研究目标对延迟交联时间的要求，因此最终选择 DM – HS 高温缓蚀剂作为高温延迟交联冻胶酸体系的缓蚀剂。

3.7.2 高温破乳助排剂的筛选与评价

表3 高温破乳助排剂筛选实验结果

高温破乳助排剂用量配方	反应温度/℃	原溶液表面张力/ $mN \cdot m^{-1}$	抗盐抗钙表面张力（标准盐水）/ $mN \cdot m^{-1}$	20%盐酸中表面张力/ $mN \cdot m^{-1}$	2%盐酸中表面张力/ $mN \cdot m^{-1}$	破乳率/%
20% HCl + 2% DM – ZS – 1	160	31.2	白色混浊，1.3	36.0	32.5	87.5
20% HCl + 2% DM – ZS – 3	160	21.5	22.3	22.5	21.8	97.5
20% HCl + 2% DM – ZS – 2	160	20.3	22.4	25.2	23.4	85

由表3实验结果看出，优选的 DM – ZS – 3 酸化用高温破乳助排剂具有较好的耐盐、耐温、耐酸能力，同时具有较低的表面张力及破乳效果，因此选择 DM – ZS – 3 高温破乳助排剂作为高温延迟交联冻胶酸体系的破乳助排剂。

3.7.3　高温铁离子稳定剂筛选与评价

表4　高温铁离子稳定剂筛选与评价结果

高温铁离子稳定剂用量配方	铁离子浓度/mg·L⁻¹	溶解混合后现象	20℃铁离子浓度/mg·L⁻¹	90℃、4h后浓度/mg·L⁻¹	160℃、4h后浓度/mg·L⁻¹	160℃、4h后稳定率/%
20% HCl + 2% DMTW – 1	1 000	黄绿色变黄	480	1 000	/	/
20% HCl + 2% 柠檬酸	1 000	黄绿色变浅	200	300	/	/
20% HCl + 2% DM – TS – 04	1 000	黄绿色立即消失	2.5	5（浅黄色透明液体）	150	85

由表4实验数据可以看出，常温和高温条件下，优选的 DM – TS – 04 高温铁离子稳定剂具有较强的稳定三价铁离子稳定性能，能够满足高温延迟交联冻胶酸体系对铁离子稳定剂的要求，最终选择 DM – TS – 04 高温铁离子稳定剂作为延迟交联冻胶酸体系的铁离子稳定。

3.8　高温延迟交联冻胶酸配方的确定

3.8.1　高温延迟交联冻胶酸配方配伍性评价

按照表5所述的基液配方将溶胀好的基液各取100 ml，进行常温和加热条件下的配伍性评价实验，最终实验结果为：基液在常温下放置16 h，无分层，无沉淀，为透明浅红褐色液体；在90℃水浴中加热2 h，无分层，无沉淀，为土黄色液体；表明该体系在室温和高温条件下均具有较好的配伍性。

3.8.2　高温延迟交联冻胶酸配方延迟交联性能评价

表5　延迟交联冻胶酸室内配方延迟交联性能评价结果

序号	配方	初交联时间/s	现象
1	基液 + 0.16% 交联延迟剂 + 0.8% 交联剂	25	3′20″完全交联，胶体强度最好
2	基液 + 0.17% 交联延迟剂 + 0.8% 交联剂	25	3′55″完全交联，胶体强度最好

注：基液配方：20% HCL + 1.0% 稠化剂 + 5% DM – HS 高温缓蚀剂 + 2% DM – ZS – 3 高温破乳助排剂 + 2% DM – TS – 04 高温铁离子稳定剂。

从表5实验结果可以看出，采用表中的两个配方，延迟交联时间在3~4 min，能够满足研究目标对延迟交联时间的要求，因此优选出的高温缓蚀剂、高温破乳助排剂、高温铁离子稳定剂与基本配方的配伍性能好且不影响基本配方的延迟交联性能。

3.8.3　高温延迟交联冻胶酸体系配方耐温耐剪切性能评价

按照表5配方1进行了高温延迟交联冻胶酸体系的耐温耐剪切性能评价，评价结果如图9所示。

从上述耐温耐剪切性能实验结果可以看出，研究出的延迟交联冻胶酸体系在150℃条件下，以170 s⁻¹的剪切速率连续剪切60 min以上，液体最终黏度保持在100 mPa·s左右，满足了现场酸压对交联冻胶酸体系黏度的要求，因此最终确定表5中的所列的配方可以作为高温延迟交联冻胶酸体系的最终配方。

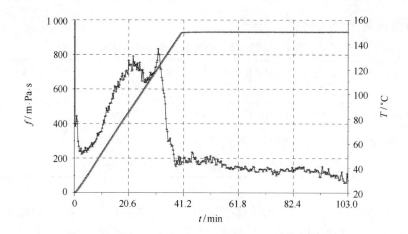

图 9　延迟交联冻胶酸室内配方耐温耐剪切性能评价结果

3.9　高温延迟交联冻胶酸用破胶剂的研究

针对交联冻胶酸体系的交联原理及交联后形成的冻胶特征，研究出一种以酚醛树脂、FPN 等制得的交联冻胶酸用破胶剂，为了兼顾酸压前期需要保持冻胶酸的高黏度与施工后期冻胶酸需彻底破胶两个方面的需要，随后采取用胶囊包裹破胶剂，在一定温度下，胶囊外衣可以熔化，缓慢释放出破胶剂，破坏冻胶的主体交联结构，使冻胶体变成黏度低的液体，降低残酸体系的黏度。

按照表 5 配方 1 制备冻胶备用，分别取 50 ml 冻胶，按照比例分别加入延迟交联冻胶酸用破胶剂，在 90℃条件下，30 min 后，测定其破胶液的黏度，最终的破胶剂用量评价结果如表 6 所示。

表 6　延迟交联冻胶酸用破胶剂用量确定结果

高温延迟交联冻胶酸用破胶剂用量/%	破胶后残酸黏度/mPa·s
0.05	冻胶黏度减小，但未完全破胶
0.10	12
0.15	6
0.2	5

通过上述实验，确定出延迟交联冻胶酸用破胶剂的最佳用量为 0.15%，能够满足现场施工对冻胶破胶研究目标的要求。

通过研究优选，最终形成了延迟交联时间控制在 3 min 以上的高温延迟交联冻胶酸体系配方，冻胶在 150℃，170 s^{-1} 的剪切速率下剪切 60 min，黏度仍能保持在 100 mPa·s 左右，破胶液黏度小于 10 mPa·s；完全满足研究目标要求。

4　现场应用

从 2011 年起，结合室内的研究成果，在冀东南堡油田奥陶系储层进行了高温延迟交联冻胶酸体系的现场应用，共现场应用 4 口井，均取得了较好的效果，为南堡油田奥陶系油气藏大规模的开发提供了较好的评价依据，表7。

表7　现场应用情况及效果统计表

井 号	施工井段	施工用液及液量	施工压力/MPa	施工排量/m³·min⁻¹	措施效果
NP286	4 811.03~5 022.97 m	高温延迟交联冻胶酸（30 m³）	35.28~15.17	1.8	油嘴 8 mm 放喷，折算日产油 3.2 t，产气 18.1×10⁴ m³
NP23 – P2008	4 656.2~4 920.0 m	高温延迟交联冻胶（120 m³）	55~8.43	4.3	油嘴 10 mm 放喷，折算日产气 25.1×10⁴ m³
NP23 – P2009	4 251.2~4 420.0 m	高温延迟交联冻胶酸（30 m³）	46.2~26~12	2.0	油嘴 10 mm 放喷，日产气 2.1×10⁴ m³
NP1 – 88C	4 056~4 490 m	高温延迟交联冻胶酸（70 m³）	55~32.6	4.5	油嘴 10 mm 放喷，日产液 120 m³，气 1.1×10⁴ m³

5　结论与认识

（1）在分析目前常用交联冻胶酸体系不足的基础上，研究出高温延迟交联冻胶酸体系用的稠化剂、交联剂、交联延迟剂并分析了基液放置时间、稠化剂加量、交联剂加量对酸冻胶性能的影响，最终确定出了高温延迟交联冻胶酸体系的基本配方；

（2）在确定高温延迟交联冻胶酸体系基本配方的基础上，室内优选出了高温缓蚀剂、高温破乳助排剂、高温铁离子稳定剂等酸液添加剂，最终通过配伍性、延迟交联性能、耐温耐剪切性能评价，确定了耐150℃的高温延迟交联冻胶酸体系配方；

（3）室内研究出了适合于高温延迟交联冻胶酸体系用破胶剂，并确定了最佳使用浓度，破胶液的黏度满足研究目标要求；

（4）通过现场 4 口井的应用，酸压改造后的储层渗流能力得到了明显改善，同时沟通了储层远处的天然裂缝，取得了较好的改造效果。

参考文献：

[1]　姚席斌. 高温地面交联酸酸液交联剂的研制 [J]. 钻井液与完井液，2012，29（2）.

[2]　赵全民. 地面交联冻胶酸体系 [J]. 油气田地面工程，2011，8.

High temperature delayed crosslinked gel acid system research and application

LI Jun[1], JIA Hongzhan[1], CHEN Tao[1], JI Zhi[1], LI Wenjie[1], XU Xinjuan[1],
DANG Wei[1], SUN Wei[2], CHEN Qi[2]

(1. *CNPC BHDC Engineering Technology Research Institute, Tianjing 300450, China*; 2. *Engineering Technology Department of Petro China Jidong Oilfield, Tianjin 300450, China*)

Abstract: Starting from the analysis of the current shortcomings of commonly crosslinked gel acid system, this paper developed high temperature delayed crosslinked gel acid system with the main agents (thickening agent, cross linking agent, delayed crosslinked agent, breaker), and preferred supporting adjuvants at the same time (high temperature corrosion inhibitor, high temperature demulsify cleanup additive, high temperature Fe stabilizer), subsequently adopted by the system compatibility properties, delayed crosslinked performance, good temperature resistance to shear performance evaluation, determined the adaptation 150℃ high temperature carbonate rock reservoir acid pressure delayed crosslinked gel acid formulation. Through the field application of four wells, the reservoir seepage ability was significantly improved after acid pressure, and communicated natural fractures of the reservoir far at the same time, obtained the good transformation effect.

Key words: high temperature; delayed crosslinked; gel acid

南堡东营组储层有机缓速酸体系的研究与应用

胡彬彬[1]，倪银[1]，张强[1]，乔孟占[1]，魏慧慧[1]，党光明[1]，
赵恩军[2]，李建强[2]

(1. 中国石油冀东油田 瑞丰化工公司，河北 唐海 063200；2. 中国石油冀东油田公司 南堡油田作业区，河北 唐海 063200)

摘要： 针对南堡东营组地层岩心固结程度低、敏感性矿物含量较高等特点，结合储层伤害原因分析，研究开发了一种新型的有机缓速酸体系并进行了评价。评价结果表明，与常规的酸化体系相比，该有机缓速酸体系具有较明显的优势。有机缓速酸体系在南堡东营组储层 7 口井中进行了应用，施工有效率达到100%，酸化后各井产液量均有明显提高，效果显著。

关键词： 砂岩；缓速酸；强酸敏；强水敏；南堡；东营组

1 引言

酸化是油气井稳产、增产，注水井稳注、增注的主要措施之一[1]。砂岩油藏酸化最常用的处理手段为常规土酸，其可以解除部分近井地层的伤害，提高近井地带的渗透率。但是，土酸与黏土胶结物反应速度非常迅速，大部分酸液消耗在近井地带，作用距离短，特别是在高温地层，土酸的增产效果并不理想。

2 储层特点

南堡东营组储层埋藏较深，以弱固结的三角洲砂泥岩为主，平均孔隙度范围为 $12.5\% \sim 30.8\%$，平均渗透率范围 $13.5 \times 10^{-3} \sim 6\,280 \times 10^{-3}\ \mu m^2$，属于中孔中渗储层。储层分选较差，岩石骨架间微粒呈松散状分布于大颗粒之间的孔隙中，在外来流体流入时，易发生颗粒运移堵塞孔道。

该地层中的岩石类型主要为长石砂岩，其次为岩屑砂岩。其中黏土矿物含量较高，通过实验测定，该储层岩心常规土酸酸敏指数为78.84，水敏指数为89.13，总体说来南堡东营组属于强水敏、极强酸敏储层。

作者简介： 胡彬彬（1981—），男，天津市人，助理工程师，现任职于瑞丰化工公司从事于油田化学采油助剂方面的工作。E-mail：jdrfhbb@ petrochina. com. cn

3 常规酸化体系对南堡东营组储层的适用性评价

氟硼酸体系是冀东油田陆上油田砂岩储层酸化时最常使用的缓速酸体系，多年来取得了良好的效果。为考察其在南堡东营组储层的适用性，进行了性能评价。

3.1 溶蚀率评价

选取 NP1 – 1 井东营组岩心，在 90℃ 时，利用氟硼酸分别测定对岩心中黏土胶结物和石英砂的溶蚀能力。实验结果见图 1。

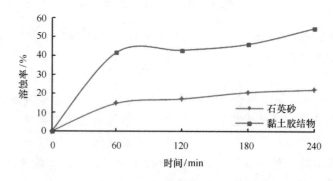

图 1　氟硼酸对南堡东营组黏土胶结物和石英砂的溶蚀率曲线

从图 1 的可知，氟硼酸溶蚀岩心中黏土胶结物的能力比石英砂高很多；这说明在使用氟硼酸对南堡东营组进行酸化时，对岩心骨架的破坏程度很高，会导致地层变得疏松甚至垮塌等严重后果。

3.2 散失率评价

选取 NP1 – 1 井东营组岩心，将其研磨成 5 ~ 10 目的岩心颗粒，在 90℃ 时，分别置于蒸馏水和氟硼酸溶液中浸泡 240 min，测定岩心的散失率。通过试验测定，NP1 – 1 井的岩心在蒸馏水中的散失率为 98.56%，而在氟硼酸中的散失率为 99.46%。表明氟硼酸无法抑制黏土胶结物的水化膨胀。

由上述评价结果可以看出，氟硼酸不适合在南堡东营组储层酸化时使用。因此，需要研究开发具有缓速性能好、降低酸液对储层岩心的伤害、防止二次沉淀等优点的砂岩缓速酸体系。

4 酸液体系的确定

采用近年来新研究开发的聚有机多酸，使其分别与盐酸、磷酸、甲酸等复配，组成不同的缓速酸体系，并对各缓速酸体系进行评价，优选出了适合在南堡东营组储层使用的砂岩缓速酸体系。缓速酸基础配方见表 1。

表1　缓速酸基础配方

酸液体系	酸液基础配方
盐酸缓速酸	20%盐酸+6%聚有机多酸+6%氟化氢铵+2%乙酸
磷酸缓速酸	6%磷酸+6%聚有机多酸+6%氟化氢铵+2%乙酸
有机缓速酸	6%甲酸+6%聚有机多酸+6%氟化氢铵+2%乙酸

4.1　溶蚀率评价实验

通过室内实验，考察3种缓速酸对岩心的溶蚀能力。选用NP1－1井东营组储层岩心，在90℃、标准大气压条件下，分别测定1、2、3、4 h时3种缓速酸对岩心的溶蚀率。实验结果见图2。

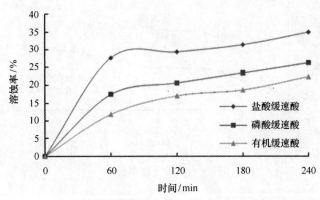

图2　3种缓速酸对NP1－1井的溶蚀率曲线

从图2中可以看出，有机缓速酸和磷酸缓速酸的溶蚀率变化较平稳，且溶蚀率均可控制在20%左右，比较适合在南堡东营组储层使用。

4.2　岩心流动实验

为了解3种缓速酸体系对储层岩心的解堵效果，在室内进行了酸液解堵效果的岩心流动试验。选取NP11－12L－X209井东营组储层岩心进行实验，实验温度为90℃，围压5 MPa。试验结果见表2。

表2　岩心流动试验

酸液体系	岩心编号	注入前渗透率/×10^{-3} μm²	注入后渗透率/×10^{-3} μm²	最终渗透率/×10^{-3} μm²
盐酸缓速酸	JRHS－01	2.12	1.73	0.95
磷酸缓速酸	JRHS－02	2.81	2.39	2.21
有机缓速酸	JRHS－03	2.64	2.66	2.82

从表2可以看出，用盐酸缓速酸和磷酸缓速酸处理过的岩心，渗透率均比处理之前有所下降，这说明盐酸缓速酸和磷酸缓速酸对岩心造成了不同程度的伤害。而使用有机缓速

酸处理过的岩心，其渗透率呈上升趋势，表明有机缓速酸可有效解除地层的堵塞。

综合分析可知，有机缓速酸可在南堡东营组酸化措施中使用。

5 有机缓速酸性能评价

5.1 溶蚀黏土胶结物的能力评价

为了研究有机缓速酸对岩石骨架的保护能力，在室内利用有机缓速酸和氟硼酸对 NP1 - 1 井东营组岩心中黏土胶结物和石英砂进行了溶蚀率测定。试验温度为 90℃，测定 60、120、180、240 min 的溶蚀率，并绘制出溶蚀率曲线。试验结果见图 3 和图 4。

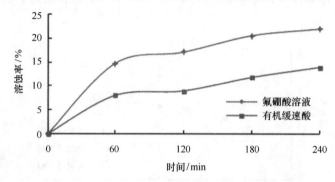

图 3 石英砂溶蚀率曲线

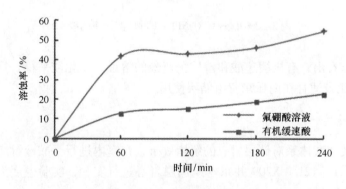

图 4 黏土胶结物溶蚀率曲线

从试验结果可以看出，有机缓速酸可大幅度降低黏土胶结物的溶蚀率，而对石英砂的溶蚀率影响较小。表明有机缓速酸可大幅度降低对岩石骨架的破坏程度，提高酸化质量。

5.2 散失率的测定

为了更直观地了解有机缓速酸对岩石骨架的保护能力，利用 NP1 - 1 井的岩心进行了散失率的评价，并与氟硼酸进行比较。将 NP1 - 1 井岩心研磨成 5 ~ 10 目的岩心颗粒，在 90℃的条件下，将岩心分别浸泡在有机缓速酸和氟硼酸的中，浸泡时间为 240 min。结果 NP1 - 1 井的岩心在氟硼酸中的散失率为 99. 46%，而在有机缓速酸中的散失率为 18. 25%。

表明有机缓速酸可通过降低溶蚀黏土胶结物来防止储层岩心松散甚至垮塌。

6 现场施工效果

在 2010 年 2—10 月间，采用有机缓速酸体系在南堡东营组共实施 4 口采油井和 4 口注水井的酸化作业。酸化效果见表 3 和表 4（截至 2011 年 3 月）。

表 3 南堡东营组采油井酸化效果统计表

井号	酸化前产液量/m³·d⁻¹	酸化后产液量/m³·d⁻¹	施工时间	有效时间/d
NP23 – X2210	14. 2	12. 6	2010 – 02 – 15	310
NP3 – 2	0	63. 8	2010 – 08 – 09	228
NP13 – X1122	1. 7	19. 1	2010 – 04 – 24	328

表 4 南堡东营组注水井酸化效果统计表

井号	酸化前注水量/m³·d⁻¹	酸化后注水量/m³·d⁻¹	施工时间	有效时间/d
NP13 – X1035	0	79	2010 – 05 – 16	318
NP11 – E27 – X226	26	50	2010 – 06 – 08	94
NP23 – X2296	22	70	2010 – 08 – 07	235
NP13 – X1041	75	170	2010 – 08 – 16	229

从各井酸化施工效果来看，酸化成功率达到 100%。有机缓速酸可有效解除强酸敏、强水敏储层的堵塞。酸化施工后，各井均达到或超过了施工目的。

7 结论

（1）南堡东营组储层属于强水敏、极强酸敏储层，使用氟硼酸进行酸化时，可对储层岩石结构进行破坏，导致酸化施工无法达到预期效果。

（2）有机缓速酸体系具有良好的缓速酸性，溶蚀黏土胶结物的能力仅为氟硼酸的三分之一，岩心的散失率下降了 70%，有效的保护了储层岩心的骨架结构。

（3）有机缓速酸体系为南堡油田东营组的开发提供一种新型的酸液体系。同时，对于类似南堡东营组这种强酸敏强水敏的储层酸化具有较强的借鉴意义，具有较好的应用前景。

参考文献：

[1]　邸伟娜. 新型油田酸化用缓速酸的研制 [J]. 精细石油化工进展，2009，10 (4)：8—10，18.

Research and application of organic retarded acid system for Dongying formation in Nanpu Oilfield

HU Binbin[1], NI Yin[1], ZHANG Qiang[1], QIAO Mengzhan[1], WEI Huihui[1],

DANG Guangming[1], ZHAO Enjun[2], LI Jianqiang[2]

(1. *Ruifeng Chemical Company, Jidong Oil Co. Ltd. , Tanghai* 063200, *China*; 2. *Nanpu Oilfield Operation Area, Petrochina Jidong Oilfield Company, Tanghai* 063200, *China*)

Abstract: Based on features of Dongying formation in Nanpu Oilfield such as weak consolidation and high sensitive mineral content, and combined with the reservoir pollution causes, a new type of organic retarded acid system was developed and evaluated. Results showed that compared with the conventional system, the organic retarded acid system has obvious advantages. The system was used in 7 wells and the efficiency approached 100%, the well fluid production volumes were increased significantly after acidification.

Key words: sandstone; retarded acid; strong acid sensitive; strong water sensitivity; Nanpu Oilfield; Dongying group formation

水平井压裂裂缝参数优化设计研究

张凌筱[1]，郭胜涛[2]，孙倩倩[1]，王黎[1]，徐立坤[1]

（1. 中国石油大学（北京），北京 102249；2. 中国石油长城钻探工程有限公司压裂公司，辽宁盘锦 124000）

摘要： 随着对油气田的勘探和开发，普通油气藏的开发范围受到了局限。全国的战略目标转移到低渗等特殊油气藏。同时，适应开采这类非常规油藏的水平井技术应用和发展迅速，但对于没有采用增产措施的水平井往往不同提供理想和前期预测的产量，而对于压裂井，裂缝参数是影响产量的重要因素。文中通过对水平井油水流动建立三维两相的渗流方程，运用数值模拟的方法和相关的软件平台对裂缝参数进行敏感性分析。结果发现，水平井产量初期随裂缝条数、长度、导流能力的增加而增加，但在生产一段时间后，受到地层压力、地应力和地层水的影响，产量增幅减小，对于固定一口井存在最佳的裂缝参数范围。对水平井压裂施工起到指导作用。

关键词： 压裂水平井；低渗透；裂缝参数；优化研究

由于勘探开发的进一步深入，国内常规油气藏的勘探开发范围日益减少，对特种油气藏的勘探开发需求日益增大，使得垂直井已难以满足勘探开发的需求，而越来越多的关注水平井的技术。但水平井所适宜开发的油藏存在特殊性，对于未采取增产措施的水平井，有时不能提供高的、有经济价值的产量。所以，水平井压裂已经成为低渗透油田开发的重要途径。深入研究水平井压裂优化设计是油藏工程和采油工程领域的重要研究内容之一，这对充分发挥水平井压裂的潜力和提高油田的开发效果具有十分重要的意义[1—4]。

压裂水平井主要是通过减少井筒周围的地层阻力，改变渗流模式来提高水平井的产量[5—6]。其中对压裂水平的产能预测发现，裂缝参数对产能有显著的影响。因此，优化压裂水平井的裂缝参数可以高效的提高压裂井的产能。其中裂缝参数主要包括：（1）裂缝条数；（2）缝间距；（3）裂缝长度；（4）导流能力；（5）裂缝位置分布。

1 压裂水平井的数学模型

针对研究油藏的生产特点和水力裂缝的渗流特征，把地层及裂缝看成两个相对独立的系统，通过地层向裂缝内窜流将这两个体系联系起来，相应地建立油藏与裂缝的物理模型

作者简介：张凌筱（1989—），女，河南省商丘市人，硕士，研究方向为油气田开发。E-mail：14116946508@qq.com

和数学模型。（水平井采用射孔方式完井）

1.1 油藏

1.1.1 假设条件

（1）油藏内流动为三维两相流动；

（2）油藏非均质，渗透率具有各向异性；

（3）地层和流体均微可压缩，压缩系数保持不变；

（4）忽略重力和毛管力影响。

1.1.2 数学模型

$$\frac{\partial}{\partial x}\left(\lambda_{ox}K_e\frac{\partial P_o}{\partial x}\right)+\frac{\partial}{\partial y}\left(\lambda_{oy}K_e\frac{\partial P_o}{\partial y}\right)+\frac{\partial}{\partial z}\left(\lambda_{oz}K_e\frac{\partial P_o}{\partial z}\right)+q_o=\frac{\partial}{\partial t}(\rho_o\varphi S_o) \tag{1}$$

$$\frac{\partial}{\partial x}\left(\lambda_{wx}K_e\frac{\partial P_w}{\partial x}\right)+\frac{\partial}{\partial y}\left(\lambda_{wy}K_e\frac{\partial P_w}{\partial y}\right)+\frac{\partial}{\partial z}\left(\lambda_{wz}K_e\frac{\partial P_w}{\partial z}\right)+q_w=\frac{\partial}{\partial t}(\rho_w\varphi S_w) \tag{2}$$

式中，

$$\lambda_o=\frac{M_oK_{ro}}{B_o\mu_o},\lambda_w=\frac{M_wK_{rw}}{B_w\mu_w},\quad M_l=1-\frac{G}{|\nabla P_l|}$$

其分量形式为：

$$\begin{cases} M_{lx}=\begin{cases} 1-\dfrac{G}{|\nabla_xP_l|} & |\nabla_xP_l|>G,\\[2mm] 0 & |\nabla_xP_l|\leqslant G, \end{cases}\\[6mm] M_{ly}=\begin{cases} 1-\dfrac{G}{|\nabla_yP_l|} & |\nabla_yP_l|>G,\\[2mm] 0 & |\nabla_yP_l|\leqslant G, \end{cases}\\[6mm] M_{lz}=\begin{cases} 1-\dfrac{G}{|\nabla_zP_l|} & |\nabla_zP_l|>G,\\[2mm] 0 & |\nabla_zP_l|\leqslant G_{\circ} \end{cases} \end{cases} \tag{3}$$

辅助方程：

$$S_o+S_w=1 \tag{4}$$

$$K_{ro}=K_{ro}(S_w) \tag{5}$$

$$K_{rw}=K_{rw}(S_w) \tag{6}$$

1.2 裂缝

1.2.1 假设条件

（1）裂缝均质，渗透率具有各向同性；

（2）考虑裂缝导流能力随时间衰减；

（3）认为裂缝中流体的流动是达西流动。

1.2.2 数学模型

（1）渗流模型

$$\frac{\partial}{\partial x}\left(\frac{k_f k_{rof}}{\mu_o B_o}\frac{\partial p_f}{\partial x}\right) + \frac{\partial}{\partial z}\left(\frac{k_f k_{rof}}{\mu_o B_o}\frac{\partial p_f}{\partial z}\right) = \frac{\partial}{\partial t}(\rho_o \varphi s_o) \tag{7}$$

$$\frac{\partial}{\partial x}\left(\frac{k_f k_{rwf}}{\mu_w B_w}\frac{\partial p_f}{\partial x}\right) + \frac{\partial}{\partial z}\left(\frac{k_f k_{rwf}}{\mu_w B_w}\frac{\partial p_f}{\partial z}\right) = \frac{\partial}{\partial t}(\rho_w \varphi s_w) \tag{8}$$

$$S_o + S_w = 1.0 \tag{9}$$

（2）边界条件

模拟计算时，假设油藏外边界为封闭边界。将油藏和裂缝看作两个相对独立的渗流系统，根据裂缝壁面与油藏内的渗流流量、压力相等的联立条件建立和求解方程。

对上述数学模型采用有限差分法进行微分方程的离散，将油藏模型和裂缝模型联立后采用 IMPES 方法求解。

2 压裂井的裂缝参数优化

通过研究发现裂缝参数的变化对压裂水平井产量影响显著，结合西部某油田实际井的储层特征参数，对压裂后裂缝参数进行优化。基础参数列表见表1。

表 1   水平井压裂油藏基本参数

参数项目	数值	参数项目	数值
地层厚度	7.5 m	油的体积系数	1.2
地层水平渗透率	0.2 md	油的密度	$0.8 \times 10^3 \text{kg/m}^3$
垂向与水平渗透率比	0.5	地下原油的黏度	1.4 mPa·s
原始地层压力	54.34 MPa	油的压缩系数	0.000 82 MPa^{-1}
孔隙度	0.06	地层压缩系数	0.000 024 MPa^{-1}
表皮系数	0	水的密度	$1 \times 10^3 \text{kg/m}^3$
初始含水饱和度	0.2	水的黏度	1 mPa·s
残余油饱和度	0.2	水的压缩系数	0.000 54 MPa^{-1}

2.1 裂缝条数的优化

应用水平井分段压裂软件，模拟该井不同裂缝条数下的日产油量和累计产油量，绘制出曲线如图1、图2所示（假设裂缝间距为120 m）。

从图1、图2中可以看出，在相同的生产时间内，当裂缝条数较少时，日产油量和累积产油量增加的幅度较大，当裂缝条数较多时，日产油量和增加的幅度逐渐减小。所以为了保证油藏在高效开采的同时获得最大的经济效益，裂缝条数选4、5条即可满足生产需要。

2.2 裂缝长度的优化

模拟井在裂缝长为 60 m、100 m、140 m、180 m、220 m 时的累计产油量的大小，其中设计井压开裂缝 4 条，作出曲线如图 3 所示。

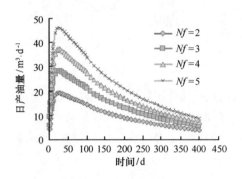

图 1　不同裂缝条数时日产油量曲线

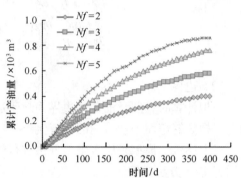

图 2　不同裂缝条数时累积产油量曲线

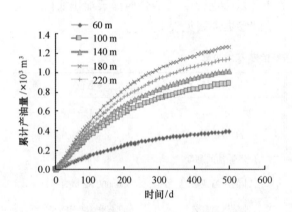

图 3　不同裂缝长度时的累积产油量曲线

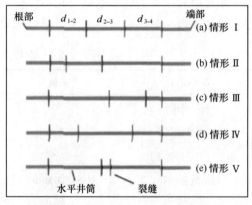

图 4　5 种非均匀裂缝间距方案

可以看出，缝长由 60 m 增加到 100 m 时，产量增幅很大，但缝长由 100 m 增加到 140 m 及 220 m 时，产量增加的幅度越来越小，结合产量投入产出比，优化该井的裂缝长为 180 m。

2.3　裂缝间距的优化

取图 4 中的 5 种情况对产量进行模拟，根据几种不同缝间距组合数据，利用所建立的水平井压后产能预测模型进行计算，得出了种缝间距方案累计产油量随时间变化的曲线。见图 5。

模拟结果表明，当水平井筒根部和端部的裂缝间距小、中部的缝间距大时产量最高（情形 Ⅳ），反之产量最低（情形 Ⅴ）。

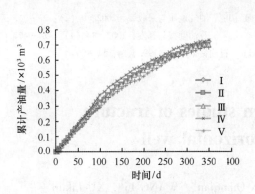

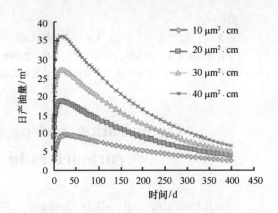

图5　不同裂缝间距下的累计产量曲线　　　　图6　不同导流能力下日油产量变化曲线

2.4　裂缝导流能力的优化

从图6可看出，裂缝初始导流能力对产量的影响主要表现在投产初始阶段，此时，近井地带的油藏压力较高，而且裂缝处于最大导流能力阶段，随着地层压力的降低以及裂缝导流能力的衰减，产量曲线趋于相近。随着时间的增大裂缝导流能力慢慢失效，最后趋向地层初始渗透率值。因此在投入产出比最优的基础上选择导流能力为 $20 \sim 30 \ \mu m^2 \cdot cm$。

3　结论

（1）由于裂缝间距没有足够大，随着裂缝条数的增加，各条裂缝之间产生的相互干扰会比较严重，地层压力下降幅度较大，使得每条裂缝的产量减小[2]。在相同的生产时间内，当裂缝条数较少时，日产油量和累积产油量增加的幅度较大，当裂缝条数较多时，日产油量和增加的幅度逐渐减小。

（2）对于具体油藏来说，在裂缝条数、储层渗透率及裂缝导流能力等参数一定时，应该存在一个相对最优的裂缝长度。

（3）位于水平井段两端的裂缝产量大于内部裂缝的产量。这是因为经过一段较长的时间后，由于裂缝的干扰两条外部裂缝之间的流动区域的压力下降大，而外部裂缝具有更大的泄油区域，所以两条外部裂缝的贡献将会占主导地位。

（4）裂缝初始导流能力对产量的影响主要表现在投产初始阶段，此时，近井地带的油藏压力较高，而且裂缝处于最大导流能力阶段，随着地层压力的降低以及裂缝导流能力的衰减，产量曲线趋于相近。

参考文献：

[1]　焕泉，曹刚，杨勇，等. 低渗透油田提高采收率技术［J］. 油气地质与采收率，2002，21（3）：23—25.

[2]　Roberts B E，Engen H Van. Productivity of Multiply Fractured Horizontal Wells in Tight Gas Reservoirs［R］. SPE23113，1991.

[3]　张学文，方宏长，裘怿楠，等. 低渗透率油藏压裂水平井产能影响因素［J］. 石油学报，1999，20（4）：

51—53.

[4] 杨勇，苏海芳，侯中吴，等. 水平井开发低渗透砂岩油藏 [J]. 油气地质与采收率，2002，9（2）：23—25.

[5] 曾凡辉，郭建春，徐严波，等. 压裂水平井产能影响因素 [J]. 石油勘探与开发，2007，34（4）：474—477.

[6] 苗和平，王鸿勋. 水平井压后产量预测及裂缝数优选 [J]. 石油钻采工艺，1992，14：51—56.

Optimization and design studies of fracture parameters in horizontal well

ZHANG Lingxiao[1], GUO Shengtao[2], SUN Qianqian[1], WANG Li[1], XU Likun[1]

（1. *China University of Petroleum Beijing Campus*, *Institute of Petroleum Engineering*, *Beijing* 102249, *China*; 2. *PetroChina the Great Wall Drilling Limited Company*, *Fracturing Company*, *Panjin* 124000, *China*）

Abstract: The normal reservoir scope is limited with the development of the oil field exploring. The whole nation strategic objective turns to low permeability reservoir. At the same time, the matching technology-horizontal technology applies and develops rapidly, while horizontal well with no stimulation measures usually can't get predicted yield. As for fracturing wells, the fracture parameter is one of the most important factors changing the production. This paper used the method of numerical simulation, combining a horizontal well in some western oil field, which analysed several factors involving the yield of horisontal well. The result showed that in the case of single well, the fractured well production increased as the fracture numbers, length, and flow conductivity. But with the consideration of reservoir pressure, crustal stress and formation water, the production growing rate decreased. All in all, it effectively guide fracturing operation.

Key words: horizontal well fracturing; low permeability; fracture parameters; optimization research

泥页岩储层压裂技术的实践与认识

张丽平[1]，牛增前[1]，党伟[1]，卢修峰[2]，姬智[1]，陈涛[1]，

王炳[1]，高岑[1]，周勋[1]

(1. 渤海钻探工程有限公司 工程技术研究院 天津 300450；2. 冀东油田公司 钻采工艺研究院
河北 唐山 063000)

摘要：泥页岩储层是资源量最大的非常规能源储层，美国页岩气已经实现了商业化开发，而我国尚处于勘探起步阶段。由于泥页岩孔隙度、渗透率很低，水力压裂技术是成功开发泥页岩储层的关键技术。渤海钻探在冀东油田 Y－A 井成功实施了泥页岩压裂施工，本文在研究水力压裂技术开发泥页岩原理的基础上，分析了页岩气成藏过程及页岩气压裂机理，并结合冀东油田 Y－A 井现场成功应用分析优化了泥页岩压裂过程中的工艺措施和施工参数，为今后的泥页岩压裂改造提供重要参考。

关键词：泥页岩；天然裂缝；缝网；工艺措施；现场应用

1 泥页岩压裂

页岩气是从泥页岩层中开采出来的天然气，主体位于暗色泥页岩或高碳泥页岩中，以吸附或游离状态存于泥岩、高碳泥岩、页岩及粉砂质岩类夹层中的天然气。与常规储层气藏不同，泥页岩既是天然气生成的源岩，也是聚集和保存天然气的储层和盖层。因此，有机质含量高的黑色页岩、高碳泥岩等常是最好的页岩气发育条件。

1.1 页岩气压裂机理分析

页岩气储层通常具有以下特点：储层渗透率极低，天然裂缝、层理发育是主要的渗流通道。页岩在压裂过程中只有不断产生各种形式的裂缝，形成裂缝网络，气井才能获得较高的产气量，实验结果标明，岩石的脆性是泥页岩缝网压裂所考虑的重要岩石力学特征参数之一，硬脆性泥页岩在压裂过程中越容易形成网状裂缝[1]（见图 1），所以页岩气压裂改造的主要目的压出大的水力裂缝面积，即要压出缝网，并尽可能多的沟通天然裂缝[2—5]。

作者简介：张丽平（1987—　），男，工程师，2008 年毕业于中国石油大学（北京）石油工程专业，现从事压裂室内设计研究与现场技术服务工作。E-mail：zlp0317@126.com

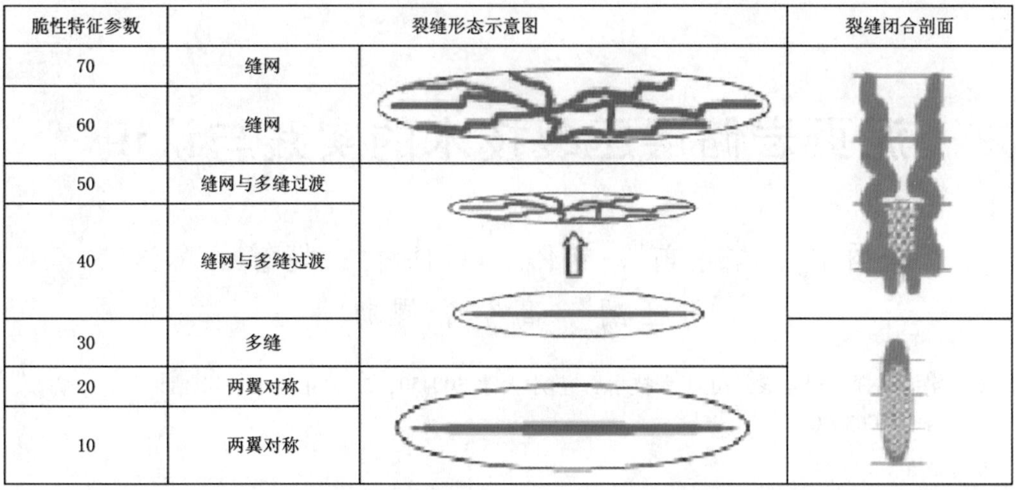

脆性特征参数	裂缝形态示意图		裂缝闭合剖面
70	缝网		
60	缝网		
50	缝网与多缝过渡		
40	缝网与多缝过渡		
30	多缝		
20	两翼对称		
10	两翼对称		

图1　岩石力学脆性与裂缝形态的关系图

1.2　天然裂缝与缝网

页岩气储层主要是页岩和泥岩，这两种岩石的渗透率极低，因此，压裂主要目的是压出缝网，并尽可能多的沟通天然裂缝。如何利用地层天然裂缝，主要有以下途径：

（1）多级压裂技术。通过采用多段压裂，让含气层尽可能都参与贡献，尽可能扩大储层的泄气体积。

（2）同步压裂技术。同步压裂利用裂缝的预测连通作用来加强井间裂缝的扩展，从而扩大裂缝网面积。虽然这种作用在平行井的压裂过程中不是很明显，但是应力的相互作用和应力盲区表明对产量有潜在增加作用的不仅是远离井眼的储集岩还有井间的储集岩。同步压裂的另一个优点是在城市环境和有丛式井的区域，能够更快的完井，从而提高井的经济效益。

（3）缝网压裂技术。通过注入大量的高滤失、高弹性、轻度胶化的液体，来探寻天然裂缝，并使用合适的规模和粒径的支撑剂作为筑堤砂的介质，使暴露裂缝面上产生更高的压差，从而使压裂液和支撑剂进入那些随后张开的裂缝，直至井底压力变化表明裂缝网络已过度扩展。其最终目的是形成裂缝网络，从而改善地层渗流面积。

（4）压裂工艺上主要通过大排量和大液量注入来充分沟通天然裂缝，形成裂缝网络。

1.3　压裂工艺

国外对于页岩气储层开发大多采用水平井，然后分段压裂。若产层厚度大而采用直井开发则采用缝网压裂的方法尽量沟通天然裂缝。页岩气水力压裂技术特点及适用性见表1。

表1　页岩气水力压裂技术特点及适用性表

技术名称	技术特点	适用性
多级压裂	多段压裂，分段压裂。技术成熟，使用广泛	产层较多，水平井段长的井
清水压裂	减阻水为压裂液主要成分，成本低，但携砂能力有限	适用于天然裂缝系统发育的井
水力喷射压裂	定位准确，无需机械封隔，节省作业时间	尤其适用于裸眼完井的生产井

技术名称	技术特点	适用性
重复压裂	通过重新打开裂缝或裂缝重新取向增产	对老井和产能下降的井均可使用
同步压裂	多口井同时作业，节省作业时间且效果好于依次压裂	井眼密度大，井位距离近
氮气泡沫压裂	地层伤害小、滤失低、携砂能力强	水敏性地层和埋深较浅的井
大型水力压裂	使用大量凝胶，完井成本高，地层伤害大	对储层无特别要求，适用广泛

1.4 压裂液

无论是在页岩气开发，还是在常规油气开发的压裂过程中，压裂液及其性能都是影响压裂最终效果的重要因素。压裂液及其性能对能否造出一条足够尺寸的、有足够导流能力的裂缝有直接关系。实验表明，低黏度压裂液产生的裂缝比胶黏性压裂液更长更窄。由于产生的裂缝面凹凸不平，这些裂缝面可以互相支撑。这种机理与低渗透率油藏相结合后，尽管使用很少量的支撑剂也会产生高无因次传导率[6]。

泥页岩压裂多采用低黏压裂液，低黏液体更容易形成裂缝网络[7]。常用的压裂液体体系有清水、滑溜水、压裂液基液、清洁压裂液、泡沫压裂液等。

另外，低黏压裂液形成网状裂缝，压裂液滤失严重，压裂过程中应注意压裂液降滤失，如加入降滤失剂等。对于高含泥质造成的停泵压力梯度高可使用降阻剂，若岩石遇水分散严重压裂液中应优选添加黏土稳定剂。

1.5 支撑剂

支撑剂是实现裂缝具有一定导流能力的关键因素。支撑剂性能的好坏直接影响裂缝的长期导流能力。早期页岩气井压裂通常使用 20/40 目支撑剂，由于减阻水压裂液黏度低，携砂能力差，支撑剂浓度极少超过 0.3 ppg，仅在最后阶段，支撑剂浓度由 0.3 ppg 逐渐增加到 1～2 ppg。2000 年以后，开始尝试使用 100 目、30/50 目和 40/70 目支撑剂，20/40 目砂作为尾追支撑剂，结果支撑剂用量和产量都明显提高。

2 现场应用情况

2.1 基本情况

冀东油田 Y－A 井是黄骅坳陷南堡凹陷南堡 2 号潜山北断块较高部位的一口评价井。完井方式为套管射孔完井，射孔井段为 4 025～4 048 m、4 072～4 105 m、4 194～4 220 m，射孔后根据合层试油（气）结果进行 4 194～4 220 m 的压裂。施工层位 Es，储层岩性为深灰色灰质泥岩。

2.2 储层分析

2.2.1 全岩定量分析

由黏土矿物分析可知，伊蒙混层含量 26.3%～78%，黏含量 23.1%～30.0%，储层水化膨胀颗粒运移比较严重，伊利石含量 18.4% ~ 68.4%，容易水锁，压后不利于返排。

表 2　X 射线衍射全岩定量分析数据

样品号	井深/m	矿物含量/%												
		黏土总量	石英	钾长石	斜长石	方解石	白云石	赤铁矿	菱铁矿	黄铁矿	菱锰矿	浊沸石	白云石类	绿帘石
1	4 031 ~ 4 050	23.8	38.1	/	8.4	23.9	/	/	/	/	/	/	5.9	/
2	4 063 ~ 4 085	30.0	37.8	/	6.0	18.4	/	3.2	/	/	/	/	4.7	/
3	4 086 ~ 4 102	27.5	35.4	/	6.6	25.8	/	/	/	/	/	/	4.7	/
4	4 160 ~ 4 180	23.1	33.9	/	3.3	30.3	/	3.1	/	/	/	2.1	4.3	/
5	4 195 ~ 4 220	25.1	35.8	/	3.1	29.0	/	2.7	/	/	/	1.9	/	/
6	4 260 ~ 4 280	26.4	35.1	/	/	33.9	/	/	/	/	/	/	4.7	/
7	4 300 ~ 4 320	23.6	27.9	/	7.5	33.0	/	3.5	/	/	/	/	4.6	/

表 3　黏土矿物分析数据

样品号	井深/m	相对百分含量/%						混层比 S/%
		蒙皂石	伊蒙混层	绿蒙混层	伊利石	高岭石	绿泥石	
1	4 031 ~ 4 050	/	34.8	/	49.3	6.0	10.0	25
2	4 063 ~ 4 085	/	27.3	/	60.6	3.7	8.5	25
3	4 086 ~ 4 102	/	38.2	/	50.0	4.9	6.9	20
4	4 160 ~ 4 180	/	46.0	/	50.6	/	3.5	15
5	4 195 ~ 4 220	/	26.3	/	68.4	2.4	2.8	15
6	4 260 ~ 4 280	/	46.2	/	52.3	1.5	/	15
7	4 300 ~ 4 320	/	78.0	/	18.4	/	3.7	15

2.2.2　应力剖面计算

根据储层应力剖面计算结果，压裂井段 4 194 ~ 4 220 m 计算的最小水平主应力 80.0 MPa（平均值），最大水平主应力 93.9 MPa（平均值），见图 2。结果表明储层裂缝开启宽度窄，加砂困难。

2.2.3　Meyer 软件模拟结果

采用页岩气压裂专业模拟软件，模拟压裂后泥页岩裂缝形态。模拟结果如下。

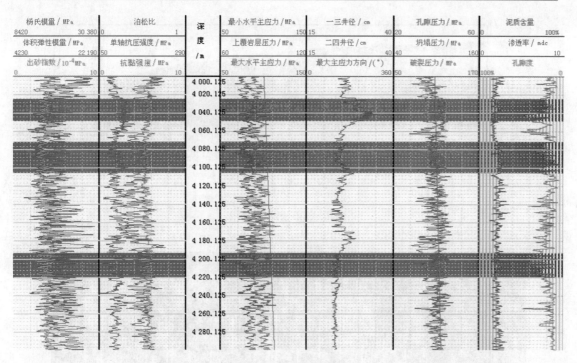

图2　Y–A井应力剖面

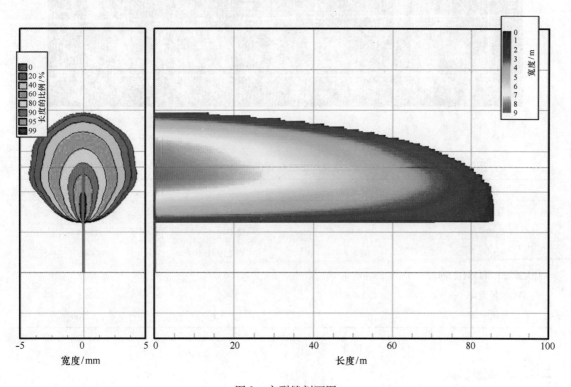

图3　主裂缝剖面图

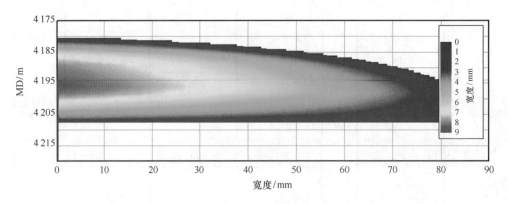

图 4　裂缝宽度剖面图

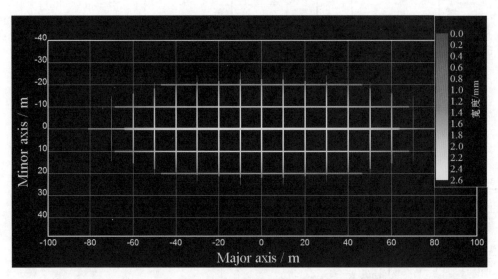

图 5　裂缝缝网图

表 4　模拟裂缝参数表

参数	压裂主缝	离散缝	次裂缝
缝长/m	171.5	1 557.4	1 385.9
平均缝高/m	23.844	23.844	23.844
面积/m²	4 089.1	37 135	33 046
射孔处最大裂缝宽度/mm	2.422 4	2.096 6	2.056 2
平均裂缝宽度/mm	4.366 6	3.779 2	3.706 5
液体效率	0.059 709	0.059 709	0.059 709

2.3　压裂液优选

（1）根据选用低黏压裂液的原则，综合考虑储层伤害及压裂液携砂性能，压裂液选取

泥页岩储层压裂技术的实践与认识

滑溜水和羟丙级瓜胶线性胶。

（2）经过储层全岩分析，储层伊蒙混层含量 26.3% ~ 78%，黏土含量 23.1% ~ 30.0%，储层水化膨胀、颗粒运移比较严重，伊利石含量 18.4% ~ 68.4%，容易水锁，压后不利于返排。因此在压裂液体系中加入防膨效果较好的小阳离子高效黏土稳定剂和防、解水锁剂。

表5　防、解水锁剂物理性能指标

参数	数值
pH 值	5 ~ 7
表面张力/N·m^{-1}	$< 28 \times 10^{-3}$
界面张力/N·m^{-1}	$< 0.05 \times 10^{-3}$
耐温/℃	150

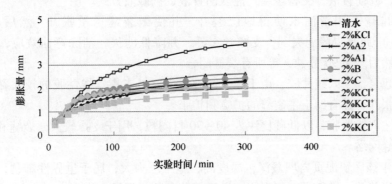

图6　Y – A 井压裂段岩心膨胀曲线图

（3）最终确定压裂液配方为：羟丙基瓜胶（一级）＋小阳离子高效黏土稳定剂＋防、解水锁剂＋氯化钾＋发泡剂＋助排剂。

（4）储层岩心酸蚀实验表明岩心酸溶解率较高，为降低破裂压力，在主压裂施工前向地层挤注预处理酸液，对地层进行预处理。

表6　储层岩心溶解率

温度/℃	时间/h	岩心	配方	溶解率/%
90.0	2	4 011 ~ 4 012.17 m	20% HCl	48.89
			12% HCl + 3% HF	78.87
		4 196 ~ 4 220 m	20% HCl	33.77
			12% HCl + 3% HF	69.83

2.4　支撑剂选择

（1）滑溜水压裂阶段支撑剂选择 80 ~ 120 目 BZGCY – Y – 03 抗高温降滤失剂，对裂缝的缝口和壁面进行打磨，充填远端微裂缝，降低压裂液滤失，扩展压裂裂缝体积。（BZGCY－Y－03具有较强降滤失性能，又对微裂缝堵而不死，具有支撑作用和较强的透气性）。

（2）线性胶主压裂阶段支撑剂选择40～70目陶粒支撑主裂缝，提高压裂增产效果。40～70目陶粒破碎率情况为7.16%（103 MPa）/4.59%（86 MPa）。

2.5　压裂方式

（1）该井采用4inN80外加厚油管注入施工。由于封隔器坐封失败，采取投球选压的压裂方式，即压裂目的层之前投球封堵目的层上部射孔层段。

（2）采取缝网压裂技术，大排量大液量注入低黏压裂液。通过综合考虑储层条件、设备等因素，设计施工排量为5.0 m^3/min左右。

（3）由于深灰色灰质泥页岩微裂缝发育，压裂过程中形成网状裂缝，地层滤失严重，采用大排量，高前置液，交替段塞式注入前置液、携砂液方式。

①在大排量下用滑溜水使得地层裂开，并使微裂缝尽量张开。然后段塞式注入BZGCY－Y－03抗高温降滤失剂，支撑微裂缝，并降低滤失，消除弯曲效应，尽量形成一个主裂缝。然后停泵90分钟，等所有裂缝闭合。

②重新起泵，泵入线性胶，由于原来微裂缝中已被支撑，线性胶的较大黏度可能迫使新的微裂缝张开，并有助于主裂缝的扩宽和扩张。

③交替注入线性胶，以低砂比注入40～70目陶粒，用于支撑较大微裂缝和主裂缝，形成立体式裂缝网络。

（4）由于该区块泥页岩埋藏深，温度高、施工压力大，属于世界性难题，为保证压裂成功，主压裂前首先进行小型压裂测试求取相关参数，指导主压裂施工。

2.6　压裂现场实施

压裂过程中，为降低裂缝延伸压力，首先泵入30 m^3 处理酸进行储层预处理，主压前期交替注入滑溜水与滑溜水携砂液后期交替注入羟丙基瓜胶线性胶与线性胶携砂液，施工总注入液量2 026 m^3。加砂前期注入80～120目（0.125～0.18 mm）20 m^3，后期注入40～70目（0.425～0.85 mm）40 m^3，最高加砂浓度123 kg/m^3。施工排量为5～5.4 m^3/min。现场施工曲线如图7－9。

该井现场压裂施工非常顺利，压裂后排液累计出水821.4 m^3，累计出油22.1 m^3，有效的起到了改造目的层的效果，进一步认识了泥页岩储层水力压裂。

3　认识与结论

（1）泥页岩储层开发方式为，对于探井采用直井，开发井采用水平井，直井主要认识纵向储层的产能，水平井针对已认识的储层进行开发。直井压裂改造主要通过大排量大量液体携带支撑剂，促使层理和天然裂缝撑开并互相沟通，水平井国外主要采用可钻桥塞分段多簇射孔压裂工艺，该技术国内还不成熟需要进一步研究。

（2）泥页岩压裂针对的储层与常规储层不同，储层室内评价技术与常规砂岩储层相差

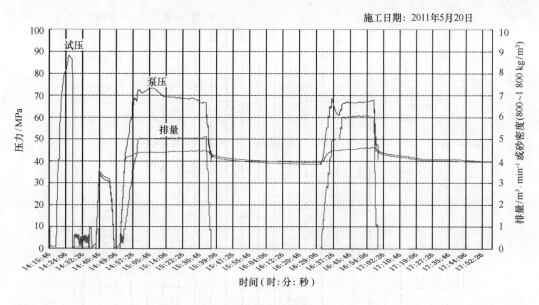

图7　小型压裂曲线图

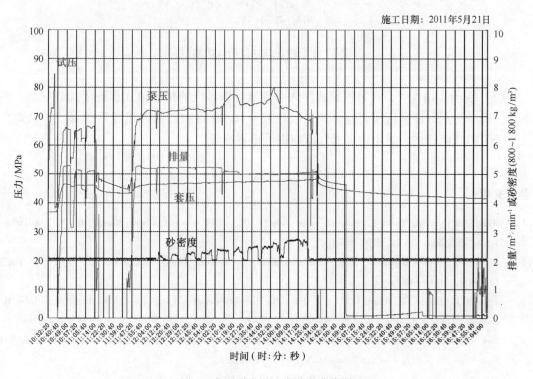

图8　主压裂注滑溜水阶段曲线图

较大，评价所需仪器设备亦不同，国内此方面的实验室还不完善，有必要针对此类储层建立专业试验室。另外，泥页岩压裂最终是否形成缝网需要通过裂缝检测进行验证。

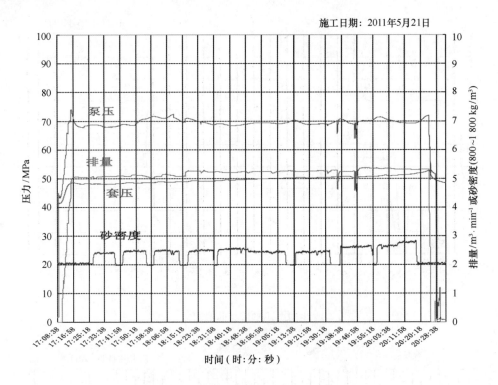

图9　主压裂注线性胶阶段曲线图

（3）现场应用表明，交替段塞式注入前置液、携砂液的加砂模式保证了加砂顺利，滑溜水＋降滤失剂保证了压裂裂缝体积，线性胶＋40/70目陶粒保证了缝网的形成，从而保证了施工的圆满完成，为今后页岩气压裂提供重要指导。

参考文献：

［1］　Wang Fred. Production fairway：speed rails in gas shale［C/OL］//7th Annual Gas Shale Summit, 6 – 7, 2008 Dallas, Texas, USA. http：//www. HPDI. com.

［2］　Xia Wenwu, Mike D. Burnaman, John Shelton. Geochemistry and Geologic Analysis in Shale Gas Play［J］. 中国石油勘探, 2009, 3：34—40.

［3］　Fisher M K, Heinze J R, Harris C D, et al. Optimizing Horizontal Completion Techniques in the Barnett Shale Using Microseismic Fracture Mapping［R］. SPE 90051.

［4］　Rick Rickman, Mike Mullen, Erik Petre. A Practical Use of Shale Petrophysics for Stimulation Design Optimization：All Shale Plays Are Not Clones of the Barnett Shale［R］. SPE 115258.

［5］　袁士义, 宋新民, 冉启全. 裂缝性油藏开发技术［M］. 北京：石油工业出版社, 2004.

［6］　Mathis Stephen Peta1. Water – Fracs Provide ）st – Ef – fective Well Stimulation Alternative in San Joaquin Valley Wells［R］. SPE 62521.

［7］　Murphy H D, Fehler M C. Hydraulic fracturing of Jointed Formations［R］. SPE 14088, 1986.

Practice and theory of the mud shale reservoior fracturing technology

ZHANG Liping[1], NIU Zengqian[1], DANG Wei[1], LU Xiufeng[2], JI Zhi[1], CHEN Tao[1], WANG Bing[1], GAO Cen[1], ZHOU Xun[1]

(1. *CNPC BHDC Engineering Technology Research Institute*, *Tianjin* 300450, *China* 2. *Drilling and Production Technology Research Institute of Jidong Oilfield*, *Tangshan* 063000, *China*)

Abstract: Mud shale reservoir is the largest resource of unconventional energy reservoir. U. S. mud shale gas has been achieved commercial development. But the exploration of China is still in the initial stage. Because of the low porosity and permeability, hydraulic fracturing technology is a key technology for successful development of mud shale reservoirs. BHDC has successfully implemented mud shale fracturing operation at Y – A wells in Jidong Oilfield. In this paper, on the basis of hydraulic fracturing technology development of mud shale principle, analyze the accumulation process and fracturing mechanism of mud shale gas. And combined with the Jidong Oilfield Y – A wells successful experience, analysis and optimization of the fracturing process and construction parameters for mud shale. And provide an important reference for future mud shale fracturing treatment.

Key words: mud shale; natural fractures; fracture network; process measures; field applications

泡沫酸洗技术在水平井的应用研究

邱贻旺[1]，马艳[1]，强晓光[1]，宋颖智[1]，裴素安[2]，王远征[2]

（1. 中国石油冀东油田公司 钻采工艺研究院，河北 唐山 063000；2. 中国石油冀东油田公司 陆上作业区，河北 唐山 063000）

摘要： 冀东油田浅层油藏水平井存在低压易漏失、近井地带污染严重、新井投产作业替浆不彻底、钻井岩屑返排困难等问题。为了解决这些问题，油田开展了泡沫酸洗技术的研究，并在现场进行了应用，取得了较好的投产效果。主要介绍了泡沫酸洗技术在冀东油田筛管完井水平井中的应用情况，以及取得的应用效果。

关键词： 水平井；筛管完井；泡沫酸；酸洗

目前，冀东油田筛管完井水平井一般采用 3 种方式进行投产：替浆后直接投产、常规酸洗、常规酸化。然而这几种投产方式都有其不足，替浆后直接投产一般泥饼清除的不够彻底且近井地带的污染不能够解除；常规酸洗投产井的近井污染物清除的不够彻底且残酸会腐蚀筛管；常规酸化投产对于一些地层会造成伤害，后期易出砂并且残酸同样会腐蚀筛管。这 3 种方式对于钻井岩屑返排效果都不好，而且，3 种方式无法解决低压易漏失地层的漏失问题，容易伤害储层，造成储层的二次污染。

与常规酸相比，泡沫酸是一种全新的酸液，具有液柱压力低、返排能力强、黏度高、滤失小、对地层伤害小、酸液有效作用距离长、施工简便、综合成本较低、经济效益高等特点。泡沫酸洗技术能够有效地解决水平井的漏失问题、岩屑返排问题、地层近井地带的污染问题等。

冀东油田 2008 年开展了泡沫酸洗技术的应用，并收到了良好的效果。2008 年共应用泡沫酸洗技术 6 井次——G104 - 5P101 井、G104 - 5P100 井、G104 - 5P96 井、G104 - 5P102 井、LN3 - 3P1 井、NP11 - A26 - P152 井。

1　泡沫酸洗的基本原理

在石油工程中应用的泡沫流体[1]是以水为液相，以空气、氮气、天然气、二氧化碳等气体为气相，两相充分混合形成的非牛顿连续体系。

作者简介：邱贻旺（1986—）男，山东省青州市人，助理工程师，2007 年毕业于中国石油大学（华东）勘查技术与工程（测井），现任职于冀东油田钻采工艺研究院井筒工程研究室，从事水平井完井的研究工作。E-mail：qiuyiwang1986@ sina. com

泡沫酸洗工艺是在地面将加入起泡剂的酸溶液与氮气一起注入泡沫发生器中，经过泡沫发生器的充分混合，形成稳定的泡沫酸流体，并注入井内，通过酸液的解堵作用以及泡沫流体的返排能力，对裸眼段储层环空进行改造的过程。

泡沫酸在改造储层时，首先选择性的进入高渗地层。在气阻叠加效应下形成贾敏效应，迫使后继流体进入中低渗层，压力平衡后，高低渗透层同步进酸，在纵向剖面上均匀布酸，使低渗透层得到解放，从而提高解堵效果。过程见图1。

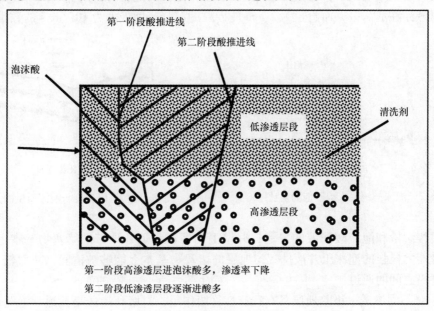

图1　泡沫酸洗过程图

2　泡沫酸洗工艺

2.1　泡沫酸洗工艺原理

用泡沫压井液在井筒中建立循环，产生一定的负压，则地层流体可以带出一部分泥饼和近井地带污染物。

替入的酸洗液与油层段泥饼反应一段时间，可以清除泥饼和少量的近井污染物。

替入的泡沫酸洗液，和反挤的泡沫酸洗液，能够进一步清除泥饼和近井地带的污染物，从而较为彻底地清除钻井形成的泥饼和轻微的地层污染，达到改造储层的目的。

2.2　泡沫酸洗工艺特点[2—5]

（1）密度低且方便调节，作为完井液便于控制井底压力，减少漏失和污染。在作业过程中，泡沫液的密度一般在 0.5~0.9 g/cm³ 之间，所以产生的静液柱压力低，减少了漏失和污染。高浅北区原始地层压力系数一般在 0.97 左右，LN3 – 3P1 井地层压力系数为 1.0，NP11 – A26 – P152 井地层压力系数为 1.02 左右，所以利用泡沫酸洗不会造成漏失和地层污染。

（2）泡沫在孔隙介质中具有高黏度，低摩阻，携带和悬浮能力比地层水强（见图2），便于将酸洗后的泥饼带出，即使在很小的排量下也不会沉淀。

据实测，砂粒在泡沫中的沉降速度极小，泡沫流体的悬浮能力比水或冻胶液大 10～100 倍。不同直径的砂粒在泡沫中的沉降速度如图 3 所示，由实验结果可以看出砂粒直径对砂粒沉降速度影响较大，直径为 0.5 mm 的砂粒的沉降速度为 10^{-5}～10^{-4} m/s 的数量级，几乎可以悬浮在泡沫中，而直径为 2 mm 的砂粒的沉降速度最大为 10^{-2} m/s 的数量级。

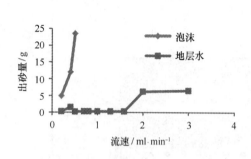

图2　泡沫与地层水携砂能力对比

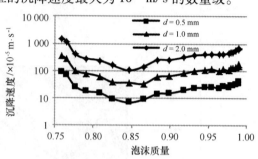

图3　砂粒沉降速度与泡沫质量的关系

经过酸洗液和泡沫酸洗液的浸泡，井壁上的泥饼和近井地带的堵塞物基本上被泡开，再用携带能力极强的泡沫压井液携带，地层的堵塞物基本上能够被清除，从而较好地沟通地层与井筒之间的通道。

（3）对不同渗透率级差地层具有选择性封堵作用，封堵高渗透率孔道。泡沫流体本身具有选择性，可以使更多的酸液进入中低渗透层和油层，适合非均质性强的水平井。泡沫在孔隙介质中具有很高视粘度，调剖能力强，且具有剪切变稀的特性，封堵能力随渗透率的增大而增大；使高渗透层得以暂堵，使酸液转向进入低渗透层，更高效和均匀地分布，达到了均匀酸洗的目的。

（4）缓速效果好。

图4 为土酸、泡沫酸基液、泡沫酸的岩心溶蚀率－反应时间图。

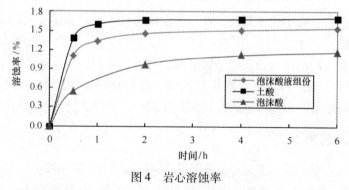

图4　岩心溶蚀率

从实验结果可以发现，泡沫酸基液的溶蚀速度和溶蚀率低于土酸，而泡沫酸的溶蚀率明显低于土酸和泡沫酸基液，并且反应时间也明显延长。因此，在酸洗过程中泡沫酸洗液能够进入近井地带与堵塞物反应，所以与常规酸洗液相比能够较为充分地清除泥饼和近井堵塞物，返出物中也能看到大量的泥浆和地层细砂粒。

3 泡沫酸洗施工工艺流程以及现场应用情况

3.1 泡沫酸洗施工工艺流程

（1）建立循环：反替泡沫优质压井液至井口返泡沫液；

（2）顶替泡沫酸至目的层：反替泡沫酸洗液；反替泡沫优质压井液，计算泡沫优质压井液用量，将泡沫酸洗液顶替至目的层位置；关井反应；

（3）挤泡沫酸：反挤泡沫优质压井液（酸浸厚度约 30 mm），关井反应；

（4）排酸：反替泡沫优质压井液（要求排量在 300～400 L/min），至返出液的 pH 值达到 6 且返出液干净。

3.2 泡沫酸洗工艺的现场应用

3.2.1 G104－5P101 井井况

G104－5P101 井位于高尚堡高浅北区高 104－5 区块 Ng6 小层构造高部位，完钻斜深 2 008 m，最大井斜 90.38°，筛管井段 1 924.45～1 990.20 m、1 847.51～1 881.79 m，筛管段长度 102.2 m，投产层位 Ng6。G104－5P101 井完井管柱见图 5，酸洗管柱图见图 6。

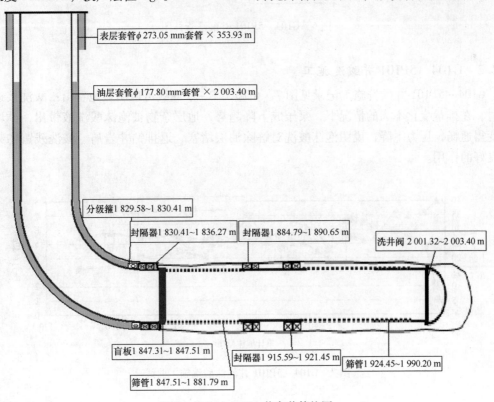

图 5　G104－5P101 井完井管柱图

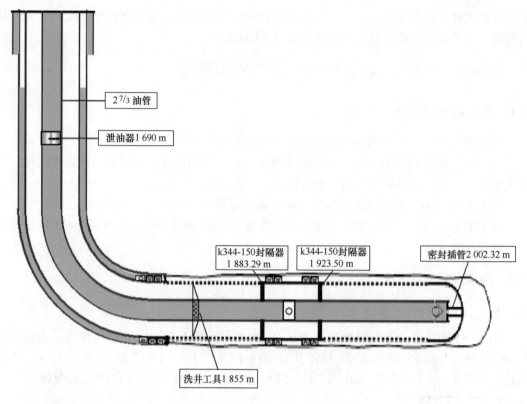

图 6　G104 – 5P101 井酸洗管柱图

3.2.2　G104 – 5P101 井酸洗施工

G104 – 5P101 井酸洗施工记录见图 7。由施工 P – Q 曲线可以明显地看出：酸洗接近结束时，在排量变化不大的情况下，泵压成下降趋势，地层杂物被泡沫酸洗液带出，循环通道变得通畅，压力下降，说明泡沫酸洗对解除油层堵塞、返排钻井岩屑、酸洗残留物起到了良好的作用。

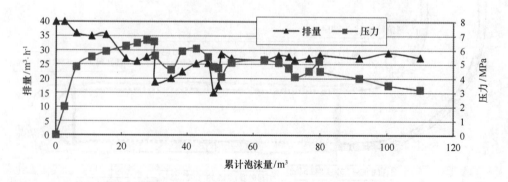

图 7　G104 – 5P101 井泡沫酸洗施工曲线

3.2.3 G104－5P101 井酸洗施工出口

G104－5P101 井酸洗施工出口返液采集图见图8。在施工过程中，通过采集出口返出物，发现返出物经沉淀后有细砂粒，泡沫液体携带能力强，有利于排出酸化反应后剥蚀砂粒以及二次反应物，因此投产施工造成的二次伤害较小。

图8　井口返液采样图

3.2.4 G104－5P101 井投产情况

G104－5P101 井 2008 年4月1日酸洗投产，图9 为 G104－5P101 井采油曲线。该井于 2008 年8月检泵，2008 年9月不动管柱酸化解堵，解堵周期为147 d。初期日产液70 m³，日产油12 t，到9月3日累计生产147 d，累产油 1 283.89 t，效果良好。

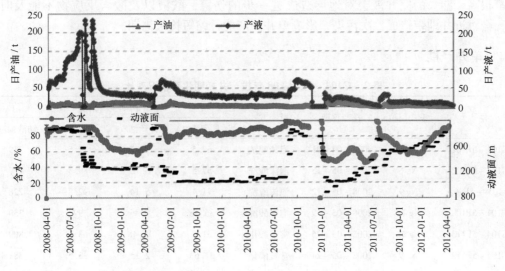

图9　G104－5P101 井生产曲线

4 泡沫酸酸洗在冀东油田的应用效果

4.1 泡沫酸洗与常规酸洗漏失量对比

表 1 泡沫酸洗与常规酸洗漏失量对比

酸洗措施	井号	洗井液量/m³	返出量/m³	漏失量/m³	漏失比例/%
常规酸洗井	G104 – 5P37	60	0	60	100
	G104 – 5P38	180	0	180	100
	G104 – 5P39	210	50	160	76.2
暂堵酸洗井	G104 – 5CP22	120	93	27	22.5
	G104 – 5P43	160	132	28	17.5
	G104 – 5P44	200	192	8	4
	G104 – 5P46	150	123	27	18
	G104 – 5P47	140	119	21	15
	G104 – 5P52	46.8	0	46.8	100
泡沫酸洗井	G104 – 5P101	345	320	25	7.2
	G104 – 5P100	327	302	25	7.6
	G104 – 5P96	298	170	38	12.7
	G104 – 5P102	305	290	15	5

高尚堡油田高 104 – 5 区块含油层系是高孔高渗储层，每口井都有漏失。漏失对比表 1 中显示，泡沫酸洗井漏失比例很低，平均在 9% 左右，而常规酸洗井、暂堵酸洗井漏失比例都很高。漏失的完井液会对地层造成进一步的伤害，酸液以及酸岩反应物不能及时返排，会对近井地带造成二次污染，影响单井的产能，缩短检泵周期。

4.2 单井产能

表 2 G104 –5 区块 08 年投产井初期生产情况对比

井号	投产层位	投产日期	投产方式	初期生产情况			
				日产液/t	日产油/t	含水/%	动液面/m
G104 – 5P101	Ng 6	2008 – 04 – 01	泡沫酸洗	67.5	9.97	72.5	209
G104 – 5P102	Ng 6	2008 – 05 – 13	泡沫酸洗	57.5	6.15	89.3	177
G104 – 5P96	Ng 9	2008 – 05 – 12	泡沫酸洗	71.4	5.14	92.8	228
G104 – 5P100	Ng 13	2008 – 05 – 19	泡沫酸洗	36.46	0.36	99	350
G104 – 5P113	Ng 12	2008 – 05 – 26	常规酸化	31.7	11.48	63.8	809
G104 – 5P112	Ng 9	2008 – 05 – 24	常规酸化	31.63	2.15	93.5	381
G104 – 5P109	Ng 8	2008 – 03 – 18	常规酸化	21.3	4.1	80.8	1048
G104 – 5P106	Ng 8	2008 – 03 – 27	常规酸化	22.3	1.45	93.5	659

从表2可以看出：泡沫酸酸洗的单井初期产量明显比常规酸化的单井产能高，单从这点可以看出，油层经泡沫酸酸洗后，渗流情况要比常规酸化好得多。

5 结论

（1）由于泡沫流体的特性，泡沫酸酸洗适合非均质性地层解堵，在水平段能够达到均匀布酸的目的，从而均匀改善不同井段的渗透率。

（2）现场应用证明，泡沫流体具有密度低且方便调节便于控制井底压力，减少漏失和污染，酸洗技术特别适合低压、漏失大的地层的解堵施工；泡沫流体中气体膨胀能为残酸返排提供能量，而且粘度高、携砂能力强，使得残酸返排更彻底，返排时可将固体颗粒和不溶物携带出井筒。

（3）泡沫酸洗技术能够较好的解除钻井期间形成的污染，且氮气泡沫酸洗基本不伤害地层，有效保护筛管并改善近井地带渗流状况。

参考文献：

[1] 万仁溥. 现代完井工程（3 版）[M]. 北京：石油工业出版社，2008.
[2] 关富佳，姚光庆，刘建民. 泡沫酸性能影响因素及其应用 [J]. 西南石油大学学报（自然科学版），2004，26 (1)：65—68.
[3] 蔺志鹏，雷桐，买炎广. 可循环泡沫钻井完井液研究与应用 [J]. 石油钻采工艺，2005，27（5）：35—39.
[4] 张泽兰. 吐哈油田深层稠油水平井酸化解堵技术研究与应用 [J]. 石油地质与工程，2007，21（4）：86—88.
[5] 蒋海岩 张建国，等. 低密度泡沫液洗压井技术分析 [J]. 石油矿场机械，2005，34（4）：102—106.

Application of foam acid pickling technology in horizontal well with sieve tube

QIU Yiwang[1], MA Yan[1], QIANG Xiaoguang[1], SONG Yingzhi[1],
PEI Su'an[2], WANG Yuanzheng[2]

(1. *Drilling and Production Technology Research Institute of PetroChina Jidong Oilfield*, *Tangshan* 063000, *China*; 2. *Lushang Oilfield Operation Area*, *Petrochina Jidong Oilfield Company*, *Tanghai* 063200, *China*)

Abstract：In Jidong Oil Field, horizontal well on shallow-middle reservoirs has exposed a lot of puzzles, for example：shallow – middle reservoirs exposed the leaking of low pressure, the serious pollution with stratum near well, for the downhole precautions of new well-flushing is not clean, to flowbacking drilling-cuttings is difficult. To resolve these puzzles, oil field has reserved foam acid pickling technology, applied on field test, and made a good start. This article primarily describes application of foam acid pickling technology in horizontal well with sieve tube in Jidong Oil-field, and made the field application effects.

Key words：horizontal well; well-completion with sieve tube; foam acid; acid pickling

浅层疏松砂岩油藏酸化解堵新工艺

姬智[1]，陈涛[1]，李军[1]，常青[1]，王远征[2]，王锐[3]，申权[3]

（1. 渤海钻探工程技术研究院，天津 300450；2. 冀东油田 陆上作业区 河北 唐海 063200；3. 冀东油田工程技术处，河北 唐山 063000）

摘要： 冀东油田浅层疏松砂岩油藏在钻、完井过程中以及后期生产极易受到伤害，需要酸化解堵来恢复油井产能。由于胶结疏松，酸化易破坏岩石骨架，加剧地层颗粒运移造成堵塞，从而缩短酸化有效期，这是目前油田开发中亟待解决的工艺问题。通过室内大量模拟实验，研究开发出适合于疏松砂岩油藏的解堵稳砂一体化技术，即在解堵的同时实施固砂，在近井地带建起一个挡砂带起到良好的稳砂作用，从而有效地解决"解、防"这一矛盾。并在现场推广应用后取得了明显的效果，证实了该项技术的先进性和实用性。

关键词： 浅层油藏；疏松砂岩；解堵稳砂；低伤害

冀东油田高浅北、高浅南、庙浅等 3 个区块，油层埋藏浅，储量丰富，是冀东油田南堡陆地的主要产油区块（约占冀东油田陆地原油产量的 45.3%）。如高浅北区块，含油层系为馆陶组，油层埋深 1 700～1 900 m。含油面积 6.8 km^2。区块储层孔隙度平均 32%，渗透率平均 1 900×10^{-3} μm^2，属高孔、高渗型储层，储层非均质性严重，胶结疏松。地下原油黏度 90.34 mPa·s，饱和压力 9.02 MPa，地层温度 65℃，边底水能量充足，属于未饱和边底水驱常规稠油油藏。

对于高孔、高渗型疏松砂岩储层，在钻完井过程中以及后期生产极易受到伤害，其主要堵塞类型主要有两种：一是钻、完井过程中的伤害，为固相堵塞和滤液污染[1]；二是生产过程中的颗粒运移堵塞，储层胶结疏松，在生产一段时间后，会出现颗粒运移堵塞油层导致供液不足或不出的现象。这些均需要应用酸化解堵技术来恢复或释放产能。按传统的解堵工艺进行解堵会破坏岩石骨架，加剧地层颗粒运移造成堵塞，采用常规防砂措施又会一定程度地降低油层渗透性，这两种措施对同一油层同时实施是一对极为严重的矛盾。通过研究，提出"解"、"防"一体化工艺技术，为浅层疏松砂岩油藏酸化解堵开创一条新路。

作者简介： 姬智（1975—），男，1997 年毕业于大庆石油学院采油工程专业，高级工程师，现任职于渤海钻探工程技术研究院，主要从事油气井酸化压裂技术研究。E-mail：jizhi@cnpc.com.cn

1 室内研究

1.1 解堵液

室内通过研究，研发了一种新型的低伤害缓速酸体系 DHS，其主体材料为膦酸，膦酸是一种多级电离酸，它逐步电离出氢离子，因此控制了与氟盐反应生产 HF 的速度，从而实现缓速，并且可与黏土反应在黏土表面生成铝硅膦酸盐的"薄层"，这个薄层可以阻止黏土与酸液的反应，减小黏土的溶解度；另外，解堵液体系对溶液中多价金属离子具有的络合能力，对 Ca^{2+}、Na^+、K^+、NH_4^+ 之类的离子有很强的吸附能力可有效抑制二次沉淀的产生。

1.1.1 缓速性能评价

与现场常用的土酸体系和氟硼酸体系对比，考察在不同时间下酸液对黏土的溶蚀率，以及最终的溶蚀率，评价 DHS 解堵液的缓速性能，试验结果见表 1。

表 1　3 种酸液体系与黏土的溶蚀试验测定结果表

酸液体系	反应时间/min					
	30	60	90	120	180	240
土酸	26.39	31.98	31.65	30.80	32.29	33.09
氟硼酸	34.51	40.21	31.25	39.75	30.49	31.06
DHS 解堵液	26.54	32.76	27.75	21.20	26.73	27.81

通过上述试验可以看出，在设计的各个反应时间下 GCY – 01 解堵液的溶蚀率均低于土酸和氟硼酸。表明该解堵液体系与土酸和氟硼酸相比具有较好的缓速性能。

1.1.2 抑制二次沉淀性能评价

用复合盐水来模拟地层酸化时可能产生的的各种金属离子，考察 DHS 解堵液体系对氟化物沉淀的抑制作用。盐水由 2% KCl、2% NaCl、2% $CaCl_2$、2% $MgCl_2$ 以及蒸馏水组成，将盐水与酸液 1∶1 混合（50 ml∶50 ml），酸液与盐水的混合液分两次用碳酸钠调高溶液的 pH 值，观测沉淀情况，试验结果见表 2

表 2　抑制氟化物沉淀能力评价试验结果表

配方酸液	初始状态	第一次加入碳酸钠	第二次加入碳酸钠
土酸	无	有少量气泡产生，溶液有轻微混浊	有少量气泡产生，溶液较为混浊
氟硼酸	无	有少量气泡产生，溶液混浊，立刻分层，出现絮状沉淀	有少量气泡产生，溶液更为混浊，出现更多絮状沉淀
DHS 解堵液	无	反应剧烈有大量气泡产生，溶液澄清，反应时间长，且最终有气泡留在溶液中	反应剧烈，有大量气泡产生，溶液仍然澄清，反应时间长，最终有更多气泡留在溶液中

1.2 稳砂剂

DCYF 稳砂剂是一水溶性高分子支链状阳离子聚合物，通过阳离子多点牢固地吸附在带负电的地层砂表面上，将其桥接起来，防止砂粒分散、运移；另外，它通过松散砂粒表面羟基形成分子间氢键和高分子聚合物长链对颗粒的束缚和包被作用，使其免受地层流体的侵害和冲刷，从而提高油层砂粒桥接作用，削弱、抑制和阻挠砂粒运移，从而起到稳砂、抑砂的作用。

1.2.1 稳砂剂使用浓度确定

由稳砂剂稳砂机理可以看出，在稳定地层砂粒的同时，必将会降低地层的渗透率，为此，只追求高的稳砂性能，而忽视其对渗透率的影响是不符合现场需要的[2]。因此，在选则稳砂剂使用浓度时，必须将稳砂性能和渗透率影响两个因素相结合。室内通过岩心流动试验，记录不同稳砂剂浓度下的出砂量和计算其对渗透率的变化，来确定最优的使用浓度。试验结果见表3和图1。

表3 DCYF 稳砂剂不同使用浓度下的试验结果

序号	DCYF 稳砂剂用量/%	围压/MPa	流量/ml·min⁻¹	渗透率/μm²	出砂量/g·h⁻¹	时间/h
1	0	1.5	9.86	2.16	38.59	2
2	5	1.5	9.81	2.09	17.29	2
3	8	1.5	9.83	2.07	4.29	2
4	10	1.5	9.88	2.05	2.79	2
5	15	1.5	9.83	1.95	2.5	2
6	20	1.5	9.86	1.83	1.8	2

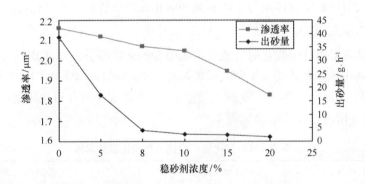

图1 DCYF 稳砂剂不同使用浓度下的试验结果

由表3和图1可以看出，DCYF 稳砂剂浓度在8%～10%之间，对应的出砂量及渗透率测试结果比较理想。

1.2.2 DCYF 稳砂剂评价

a. DCYF 稳砂剂对地层伤害低，均小于5%。试验结果见表4。

表4　DCYF 稳砂剂岩心伤害性能评价结果

评价项目			评价结果		
原始渗透率 $K_0/\mu m^2$	0.85	1.12	1.86	2.41	3.21
注后渗透率 $K_1/\mu m^2$	0.81	1.07	1.77	2.30	3.06
伤害系数 $1-K_1/K_0/\%$	4.7	4.5	4.8	4.6	4.7

b. DCYF 稳砂剂具有较好的稳砂性能。处理后的岩心出砂量仅为处理前的 7%，试验结果见表5。

表5　DCYF 稳砂剂稳砂性能评价结果

项目	围压/MPa	压差/MPa	流量 $ml \cdot s^{-1}$	时间/h	出砂量/$mg \cdot h^{-1}$	备注
处理前	1.5	0.31	0.42	4	38.5	岩心 $\Phi = 25.4$ mm,
处理后	1.5	0.32	0.41	4	2.7	$L = 76$ mm

1.3　解堵稳砂模拟试验

室内通过岩心流动试验，模拟通过解堵液及稳砂剂体系前后渗透率及出砂量的变化情况，来验证解堵稳砂一体化工艺的可行性，试验结果见表6。

表6　解堵稳砂模拟试验结果

地层砂	注入液体系	流量/mL·(3 min)$^{-1}$	渗透率/μm^2	出砂量/$g \cdot h^{-1}$
G104 – 5P69	高浅北地层水	8.545	1.26	16.7
	DHS 解堵液 + DCYF 稳砂剂	12.012	1.58	1.3
M125 – P5	庙浅地层水	5.485	0.82	12.5
	DHS 解堵液 + DCYF 稳砂剂	8.355	1.18	1.1

由试验可以看出，向岩心注入 DHS 解堵液后，紧接着注入 DCYF 稳砂剂，其流量比注入地层水时增加，同时出砂量剧减，说明具有良好的解堵及稳砂作用。

2　现场应用

2.1　工艺技术的应用过程

该工艺简化了作业工序，不需要动用大型防砂车组，施工时按设计用液顺序依次泵入油层，待压力扩散后起出管柱，直接下入生产管柱完井投产。设计用液顺序及用途见表7。

表7　解堵稳砂施工用液及用途表

序号	处理液	处理液名称	用途
1	前置液	地层清洗液	顶替地层中的原油，防止油与酸形成酸渣污染地层；清洗油膜
2	预处理液	盐酸溶液	溶解地层中的 $CaCO_3$ 和别的盐酸溶解物

序号	处理液	处理液名称	用途
3	主处理液	解堵溶液	除去黏土、其他微粒和泥质伤害
4	隔离液	防膨剂溶液	将油管内的解堵溶液顶入地层
5	稳砂液	稳砂剂溶液	稳定地层颗粒
6	顶替液	活性水	将油管内稳砂剂溶液顶入地层

2.2 应用情况

目前，已在冀东油田完成 5 井次的现场应用，施工成功率 100%，措施有效率 100%，平均有效期 290 d，最长有效期 380d，平均单井检泵周期延长了 190 d。

井例：M30 - 11 井，层位：NgⅡ5，措施井段：2 247.4 ~ 2 249.8 m，孔隙度：27.62%，渗透率：331.52 × 10^{-3} μm^2。于 2009 年 6 月 29 日进行解堵稳砂工艺施工，于 2009 年 7 月 3 日开井生产，该井措施前不能正常生产，措施后日产液 12 m^3，日产液 1.43 t，正常生产 380 d。

3 结论

（1）将解堵工艺和稳砂工艺有机结合，既能解除近井地带伤害，又能防止地层颗粒运移，形成了适合于浅层疏松砂岩储层的解堵稳砂一体化工艺技术。

（2）现场推广应用后取得了明显的效果，证实了该项技术的先进性和实用性。可进一步推广应用。

参考文献：

[1]　王秋实. 现代石油完井工程关键技术实用手册 [M]. 北京：石油工业出版社，2007.

[2]　罗英俊，万仁溥. 采油技术手册（3 版）[M]. 北京：石油工业出版社，2005.

The new deplugging and stabilizing technology for shallow unconsolidated sandstone reservoir

JI Zhi[1], CHEN Tao[1], LI Jun[1], CHANG Qing[1], WANG Yuanzheng[2], WANG Rui[3], SHEN Quan[3]

(1. CNPC BHDC Engineering Technology Research Institute, Tianjin 300450, China; 2. Lushang Qilfield Operation Areas Petrochina Jidong Oilfield, Tianjin 300450, China; 3. Engincering Technology Department, Detrochina Jidong Oiefield Compang, Tangshan 063000, China)

Abstract：The shallow unconsolidated sandstone reservoir in Jidong Oilfield is easily damaged after drilling, completion and post-production. In order to recovery oil production, acidizing technology should be used. The consolidation strength of the reservoir is so low that acidizing will destroy the rock matrix and the destruction will lead to intensifying particle migration and shortening the acidizing validity. In allusion to this critical problem, this paper brings forward the technology of deplugging and stabilizing suitable for unconsolidated sandstone reservoir. According to lots of simulation experiments, this technology can set up a sand block in the near wellbore, so we can do the sand consolidation while deplugging. Field application has proved its practicality and progressiveness.

Key words: shallow reservoir; unconsolidated sandstone; deplugging and stabilizing; low damage

低渗油藏压力恢复试井压力响应研究

刘同敬[1,2,3,4]，姜宝益[5]，刘睿[6]，张新红[7]，第五鹏祥[5]，王建宁[8]

（1. 中国石油大学（北京）提高采收率研究院，北京 102249；2. 中石油三次采油重点实验室，北京 100083；3. 北京市温室气体封存与资源化利用重点实验室，北京 102249；4. 中国石油大学（北京）石油工程教育部重点实验室，北京 102249；5. 中国地质大学（北京）能源学院，北京 100083；6. 中国石油勘探研究院西北分院油藏描述研究所，甘肃 兰州 730020；7. 中国原子能科学研究院同位素研究所，北京 102413；8. 中国石化集团国际石油勘探开发有限公司，北京 100029）

摘要：目前低渗透储层试井解释模型、解释方法尚缺少系统研究，对压力传播机理的数学描述、启动压力梯度的影响作用都存在不清之处。本文针对低渗储层压力恢复试井流程，考虑了启动压力梯度、渗透率各向异性、井筒储集效应和表皮系数等，建立了低渗储层压力恢复试井复合数学模型，利用 Laplace 变换和非齐次虚宗量贝赛尔函数，推导了低渗储层压力恢复试井复合数学模型的解析解，通过单位阶跃函数从数学角度验证了低渗透储层水井压降试井压力响应叠加模式的正确性，并将 Laplace Stehfest 数值反演结果和解析解计算结果进行精度比较确定反演方法的准确性和正确性。研究结果表明：低渗透储层井下关井水井试井压力响应是一个存在启动压力梯度时注水压力变化与一个不存在启动压力梯度时等效产出压力变化的叠加。

关键词：低渗透油藏；压力响应；压力恢复试井；启动压力梯度；复合模型

试井是目前油田开发过程中最为常规的油藏动态监测技术之一，理论研究和现场应用时间长，对常规砂岩油藏开发起到很好的指导和支持作用，形成了相对系统的技术体系[1—4]。目前常规中高渗砂岩油藏单井试井数学模型、求解方法、解释方法已经较为完善；近年来，随着低渗透油藏投入规模开发，试井技术进一步得到重视和推广应用，应用过程中发现，在低渗透–超低渗透油藏试井解释模型研究、解释方法选择、解释过程可靠性分析、解释结果现场应用以及与低渗透油藏工程研究结合方面依然存在较多的问题[4—7]。低渗透油藏压力恢复试井模型是低渗透油藏压力恢复试井解释的基础，许多学者都开展了大

基金项目：国家自然科学基金（10802079）；国家科技重大专项（2011ZX05009；2011ZX05054；2011ZX05011）；中石油创新基金（2009D – 5006 – 02 – 01）。

作者简介：刘同敬（1972—），男，1995 年毕业于中国石油大学（华东），工学博士，主要从事油气田开发工程相关的研究和教学工作。E-mail：ltjhdpu@ sohu. com

量的研究，冯文光、葛家理推导出单层均质油藏，存在启动压力梯度、不考虑表皮因子和井储效应的拉氏空间井底压力解[8]；程时清、徐论勖建立了单层均质油藏，考虑启动压力梯度、表皮因子（有效井径方式表现）、井储效应的均质油藏数学模型[9]；宋付权、刘慈群建立了变形介质不定常渗流的微分方程[10]；同登科、李萍将压敏效应和分形介质结合在一起，提出了此情况下分形介质渗透率的定义式[11]；杨蕾、林红针对高压低渗油藏的特性，考虑油藏的压力敏感性对压力动态分析的影响，建立了应力敏感低渗复合油藏的数学模型[12]。综合分析，笔者提出低渗透油藏压力恢复试井过程中，低渗储层启动压力梯度具有方向性和时效性，井底压降不能简单叠加处理，建立了低渗储层合理的压力恢复试井数学模型。

1 低渗透两层储层压力恢复试井渗流模型的建立

1.1 低渗透储层物理模型

根据低渗油藏压力恢复试井过程，假设：单相微可压缩液体在地层中作平面径向渗流；流体在地层流动为等温流动；油井半径为 r_w，考虑井筒储存和表皮的影响；油井生产前，地层中各点的压力均布，均为 P_i；忽略重力和毛管力的影响；流体流动为非线性达西渗流，存在启动压力梯度 λ_b；地层径向分区、等厚、各向异性，井以一常产量 q 生产；地层岩石微可压缩。

参考选取的现场典型区块地层特征，确定低渗油藏压力恢复试井压力响应的地质模型为：平面上为流体分布差异或者渗透率差异形成的复合油藏，见图 1；外边界为无限大，能够考虑拟稳态的影响。

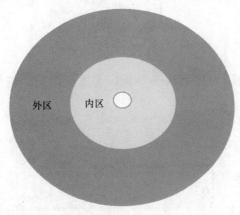

外区　内区

图 1　平面示意图

由于低渗透储层渗流过程中存在启动压力梯度，压力传播过程不同于常规中高渗储层，低渗油藏压力恢复试井压力响应机理模型，即井底压力响应叠加模型如下：

低渗透储层井下关井水井试井压力 = P_i + 存在启动压力梯度时注水压力变化 + 不存在启动压力梯度时等效产出（停注）压力变化

压力叠加过程如图 2 所示，横坐标为与测试井的距离，纵坐标为压力；坐标原点对应的距离为0，对应的压力为平均地层压力；图中实线表示井间压力分布，虚线表示启动压力梯度造成的附加压力分布；图中分布表示了注水井压力升高和等效生产井压力降落。

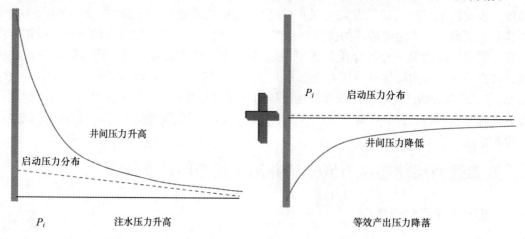

图2　低渗油藏压力恢复试井压力响应示意图

1.2　数学模型及求解

1）各向异性的处理

平面直角坐标系任一点处的渗透率为K_x，K_y（$K_x < K_y$），且分别与x轴、y轴平行。坐标变换如下：

$$\begin{cases} x_1 = x\left(\dfrac{K}{K_x}\right)^{1/2} \\[2mm] y_1 = y\left(\dfrac{K}{K_y}\right)^{1/2} \end{cases} \tag{1}$$

式中，$K = \sqrt{K_x K_y}$，启动压力梯度取平均值；为方便书写，新坐标(x_1, y_1)仍用(x, y)表示。

2）运动方程

$$v_1 = \begin{cases} -\dfrac{K_1}{\mu_1}\left(\dfrac{\partial p_1}{\partial r} - \lambda_{b1}\right) & \left|\dfrac{\partial p_1}{\partial r}\right| \geqslant \lambda_{b1} \\[3mm] 0 & \left|\dfrac{\partial p_1}{\partial r}\right| < \lambda_{b1} \end{cases}\Bigg|_{r \leqslant R} \tag{2}$$

$$v_2 = \begin{cases} -\dfrac{K_2}{\mu_2}\left(\dfrac{\partial p_2}{\partial r} - \lambda_{b2}\right) & \left|\dfrac{\partial p_2}{\partial r}\right| \geqslant \lambda_{b2} \\[3mm] 0 & \left|\dfrac{\partial p_2}{\partial r}\right| < \lambda_{b2} \end{cases}\Bigg|_{r \geqslant R} \tag{3}$$

式中，v_1、v_2为内外区流速，cm^3/s；K_1、K_2为内外区渗透率，μm^2；μ_1、μ_2为内外区流体黏

度，mPa. s；p_1、p_2 为内外区压力，atm；λ_{b1}、λ_{b2} 为内外区启动压力梯度，atm/cm；R 为内区半径，cm。

3）连续性方程

对于平面坐标，依据质量守恒原则，有连续性方程如下：

$$\frac{\partial^2 p_1}{\partial r^2}\bigg|_{r \leq R} + \frac{1}{r}\frac{\partial p_1}{\partial r}\bigg|_{r \leq R} - \frac{1}{r}\lambda_{b1}\bigg|_{r \leq R} = \frac{\phi\mu_1 C_{t1}}{k_1}\frac{\partial p_1}{\partial t} \tag{4}$$

$$\frac{\partial^2 p_2}{\partial r^2}\bigg|_{r \geq R} + \frac{1}{r}\frac{\partial p_2}{\partial r}\bigg|_{r \geq R} - \frac{1}{r}\lambda_{b2}\bigg|_{r \geq R} = \frac{\phi\mu_2 C_{t2}}{k_2}\frac{\partial p_2}{\partial t} \tag{5}$$

式中，c_t 为综合压缩系数，$c_t = c_l + c_f$（atm^{-1}）；ϕ 为储层孔隙度，f；t 为压力测试时间，s。

4）初始条件

$$p_1(r,t)\big|_{t=0, r \leq R} = p_i, \tag{6}$$

$$p_2(r,t)\big|_{t=0, r \geq R} = p_i, \tag{7}$$

5）内边界条件

由表皮效应引起的内边界条件：

$$p_w = p_1(r_w, t) - \frac{Q_f\mu_1}{2\pi k_1 h}S \tag{8}$$

由井储效应引起的内边界条件：

$$Q_f = 2\pi r_w h \frac{k_1}{\mu_1}\left(\frac{\partial p_1}{\partial r} - \lambda_{1b}\right)_{r=r_w} \tag{9}$$

由 $Q = Q_c + Q_f$，有：

$$qB = 2\pi r_w h \frac{k_1}{\mu_1}\left(\frac{\partial p_1}{\partial r} - \lambda_{1b}\right)_{r=r_w} - C\frac{\mathrm{d}p_w}{\mathrm{d}t} \tag{10}$$

式中，r_{we} 为有效井径，$r_{we} = r_w e^{-S}$，cm；h 为油藏储层厚度，cm；C 为井筒储集效应，$\mathrm{cm}^3/$ atm；p_w 为井底压力，atm；B 为流体体积系数。

6）外边界条件

$$\lim_{r \to \infty} p_2(r,t) = p_i \tag{11}$$

7）衔接条件

R 处压力相等：

$$p_1(r,t)\big|_{r=R} = p_2(r,t)\big|_{r=R} \tag{12}$$

R 处流量相等：

$$\frac{2\pi rhk_1}{\mu_1}\left(\frac{\partial p_1}{\partial r} - \lambda_{1b}\right)\bigg|_{r=R} = \frac{2\pi rhk_2}{\mu_2}\left(\frac{\partial p_2}{\partial r} - \lambda_{2b}\right)\bigg|_{r=R} \tag{13}$$

式（4）～（13）即构成单层复合油藏的试井模型。

$$\left\{\begin{array}{l}
\dfrac{\partial^2 p_1}{\partial r^2}\Big|_{r\leqslant R} + \dfrac{1}{r}\dfrac{\partial p_1}{\partial r}\Big|_{r\leqslant R} - \dfrac{1}{r}\lambda_{1b}\Big|_{r\leqslant R} = \dfrac{\phi\mu_1 C_{t1}}{k_1}\dfrac{\partial p_1}{\partial t} \\[3mm]
\dfrac{\partial^2 p_2}{\partial r^2}\Big|_{r\geqslant R} + \dfrac{1}{r}\dfrac{\partial p_2}{\partial r}\Big|_{r\geqslant R} - \dfrac{1}{r}\lambda_{2b}\Big|_{r\geqslant R} = \dfrac{\phi\mu_2 C_{t2}}{k_2}\dfrac{\partial p_2}{\partial t} \\[3mm]
p_1(r,t)\big|_{t=0,r\leqslant R} = p_i \\[2mm]
p_2(r,t)\big|_{t=0,r\geqslant R} = p_i \\[2mm]
p_w = p_1(r_w,t) - r_w S\left(\dfrac{\partial p_1}{\partial r} - \lambda_{1b}\right)_{r=r_w} \\[3mm]
qB = 2\pi r_w h\dfrac{k_1}{\mu_1}\left(\dfrac{\partial p_1}{\partial r} - \lambda_{1b}\right)_{r=r_w} - C\dfrac{dp_w}{dt} \\[3mm]
\lim\limits_{r\to\infty} p_2(r,t) = p_i \\[2mm]
p_1(r,t)\big|_{r=R} = p_2(r,t)\big|_{r=R} \\[3mm]
\dfrac{2\pi rhk_1}{\mu_1}\left(\dfrac{\partial p_1}{\partial r} - \lambda_{1b}\right)\Big|_{r=R} = \dfrac{2\pi rhk_2}{\mu_2}\left(\dfrac{\partial p_2}{\partial r} - \lambda_{2b}\right)\Big|_{r=R}
\end{array}\right. \tag{14}$$

数学模型的求解过程：首先将模型无因次化，然后利用 Laplace 变换和非齐次虚宗量贝赛尔函数，推导得到低渗储层压力恢复试井复合数学模型的解析解为：

$$\overline{p_{wD}} = A_1 I_0(\beta_1) + B_1 K_0(\beta_1) + \dfrac{M_1}{\beta_1}I_0(\beta_1)\int_{\beta_1}^{\infty} K_0(\xi)d\xi \tag{15}$$

其中，

$$A_1 = \dfrac{\beta_2 K_1(\beta_2 R')[uK_0(\beta_1)+\beta_1 K_1(\beta_1)]}{E} \cdot$$

$$\left\{D_1 + \dfrac{D_2\dfrac{\mu_2 k_1}{\mu_1 k_2}K_0(\beta_2 R')}{\beta_2 K_1(\beta_2 R')} + \dfrac{D_3\beta_1 K_1(\beta_1 R')\dfrac{\mu_2 k_1}{\mu_1 k_2}K_0(\beta_2 R') - D_3 K_0(\beta_1 R')\beta_2 K_1(\beta_2 R')}{\beta_2 K_1(\beta_2 R')[uK_0(\beta_1)+\beta_1 K_1(\beta_1)]}\right\} \tag{16}$$

$$B_1 = \dfrac{D_3}{[uK_0(\beta_1)+\beta_1 K_1(\beta_1)]} - \dfrac{\beta_2 K_1(\beta_2 R')[uI_0(\beta_1)-\beta_1 I_1(\beta_1)]}{E} \cdot$$

$$\left\{D_1 + \dfrac{D_2\dfrac{\mu_2 k_1}{\mu_1 k_2}K_0(\beta_2 R')}{\beta_2 K_1(\beta_2 R')} + \dfrac{D_3\beta_1 K_1(\beta_1 R')\dfrac{\mu_2 k_1}{\mu_1 k_2}K_0(\beta_2 R') - D_3 K_0(\beta_1 R')\beta_2 K_1(\beta_2 R')}{\beta_2 K_1(\beta_2 R')[uK_0(\beta_1)+\beta_1 K_1(\beta_1)]}\right\} \tag{17}$$

$$M_1 = \dfrac{\lambda_{1D}e^{-S}}{u}, \quad \beta_1 = \sqrt{\dfrac{u}{C_D e^{2S}}} \tag{18}$$

$$M_2 = \dfrac{\lambda_{2D}e^{-s}}{u}, \quad \beta_2 = \sqrt{\dfrac{uk_1\mu_2 C_{t2}}{C_D k_2\mu_1 C_{t1}e^{2S}}} \tag{19}$$

$$D_1 = -\frac{M_1}{\beta_1}K_0(\beta_1 R')\int_{\beta_1}^{\beta_1 R'}I_0(\xi)\mathrm{d}\xi - \frac{M_1}{\beta_1}I_0(\beta_1 R')\int_{\beta_1 R'}^{\infty}K_0(\xi)\mathrm{d}\xi +$$

$$\frac{\mu_2 k_1}{\mu_1 k_2}\frac{M_2}{\beta_2}K_0(\beta_2 R')\int_{\beta_2}^{\beta_2 R'}I_0(\xi)\mathrm{d}\xi + \frac{\mu_2 k_1}{\mu_1 k_2}\frac{M_2}{\beta_2}I_0(\beta_2 R')\int_{\beta_2 R'}^{\infty}K_0(\xi)\mathrm{d}\xi \qquad (20)$$

$$D_2 = M_1 K_1(\beta_1 R')\int_{\beta_1}^{\beta_1 R'}I_0(\xi)\mathrm{d}\xi - M_1 I_1(\beta_1 R')\int_{\beta_1 R'}^{\infty}K_0(\xi)\mathrm{d}\xi - \frac{\lambda_{1D}\mathrm{e}^{-S}}{u} -$$

$$M_2 K_1(\beta_2 R')\int_{\beta_2}^{\beta_2 R'}I_0(\xi)\mathrm{d}\xi + M_2 I_1(\beta_2 R')\int_{\beta_2 R'}^{\infty}K_0(\xi)\mathrm{d}\xi + \frac{\lambda_{2D}\mathrm{e}^{-S}}{u} \qquad (21)$$

$$D_3 = \frac{1+\lambda_{1D}\mathrm{e}^{-S}}{u} + u\frac{M_1}{\beta_1}I_0(\beta_1)\int_{\beta_1}^{\infty}K_0(\xi)\mathrm{d}\xi - M_1 I_1(\beta_1)\int_{\beta_1}^{\infty}K_0(\xi)\mathrm{d}\xi \qquad (22)$$

2 低渗透储层压降试井中的压降叠加方式的验证

为了从数学角度验证提出的低渗透储层井下关井水井压降试井压力响应叠加模式，以低渗透储层水井压降试井数学模型为例，假设水井持续注水 t_p 时间后关井试井，Δt 为关井时间，$\theta(t-t_p)$ 为单位阶跃函数：

$$\begin{cases} \dfrac{\partial^2 p}{\partial r^2} + \dfrac{1}{r}\dfrac{\partial p}{\partial r} - \dfrac{1}{r}\lambda_b = \dfrac{\phi\mu C_t}{K}\dfrac{\partial p}{\partial t} \\[2mm] p(r,t)\big|_{t=0} = p_i \\[2mm] \lim_{r\to\infty}p(r,t) = p_i \\[2mm] -qB + qB\theta(t-t_p) = 2\pi r_w h\dfrac{k}{\mu}\left(\dfrac{\partial p}{\partial r}-\lambda_b\right)_{r=r_w} - C\dfrac{dp_w}{dt} \\[2mm] p_w = p(r_w,t) - r_w S\left(\dfrac{\partial p}{\partial r}-\lambda_b\right)_{r=r_w} \end{cases} \qquad (23)$$

令：$\Delta p = p_i - p$，则方程化为：

$$\begin{cases} \dfrac{\partial^2 \Delta p}{\partial r^2} + \dfrac{1}{r}\dfrac{\partial \Delta p}{\partial r} + \dfrac{1}{r}\lambda_b = \dfrac{\phi\mu C_t}{K}\dfrac{\partial \Delta p}{\partial t} \\[2mm] \Delta p(r,t)\big|_{t=0} = 0 \\[2mm] \lim_{r\to\infty}\Delta p(r,t) = 0 \\[2mm] -qB + qB\theta(t-t_p) = 2\pi r_w h\dfrac{k}{\mu}\left(-\dfrac{\partial \Delta p}{\partial r}-\lambda_b\right)_{r=r_w} + C\dfrac{d\Delta p_w}{dt} \\[2mm] \Delta p_w = \Delta p(r_w,t) + r_w S\left(-\dfrac{\partial \Delta p}{\partial r}-\lambda_b\right)_{r=r_w} \end{cases} \qquad (24)$$

令 $\Delta p = \Delta p_1 + \Delta p_2 = (p_i - p_1) + (p_i - p_2)$，方程化为：

$$\begin{cases} \dfrac{\partial^2(\Delta p_1 + \Delta p_2)}{\partial r^2} + \dfrac{1}{r}\dfrac{\partial(\Delta p_1 + \Delta p_2)}{\partial r} + \dfrac{1}{r}\lambda_b = \dfrac{\phi\mu C_t}{K}\dfrac{\partial(\Delta p_1 + \Delta p_2)}{\partial t} \cdot \\[2mm] \left[\Delta p_1(r,t) + \Delta p_{2(r,t)}\right]\big|_{t=0} = 0 \\[2mm] \lim\limits_{r\to\infty}\left[\Delta p_1(r,t) + \Delta p_{2(r,t)}\right] = 0 \\[2mm] -qB + qB\theta(t - t_p) = 2\pi r_w h\dfrac{k}{\mu}\left[-\dfrac{\partial(\Delta p_1 + \Delta p_2)}{\partial r} - \lambda_b\right]_{r=r_w} + C\dfrac{d(\Delta p_{1w} + \Delta p_{2w})}{dt} \cdot \\[2mm] (\Delta p_{1w} + \Delta p_{2w}) = \left[\Delta p_1(r,t) + \Delta p_{2(r,t)}\right]_{r=r_w} + r_w S\left(-\dfrac{\partial(\Delta p_1 + \Delta p_2)}{\partial r} - \lambda_b\right)_{r=r_w} \end{cases}$$

$$(25)$$

则如果 Δp_1 满足：

$$\begin{cases} \dfrac{\partial^2 \Delta p_1}{\partial r^2} + \dfrac{1}{r}\dfrac{\partial \Delta p_1}{\partial r} + \dfrac{1}{r}\lambda_b = \dfrac{\phi\mu C_t}{K}\dfrac{\partial \Delta p_1}{\partial t} \\[2mm] \Delta p_1(r,t)\big|_{t=0} = 0 \\[2mm] \lim\limits_{r\to\infty}\Delta p_1(r,t) = 0 \\[2mm] -qB = 2\pi r_w h\dfrac{k}{\mu}\left[-\dfrac{\partial \Delta p_1}{\partial r} - \lambda_b\right]_{r=r_w} + C\dfrac{d\Delta p_{1w}}{dt} \\[2mm] \Delta p_{1w} = \Delta p_1(r,t)_{r=r_w} + r_w S\left(-\dfrac{\partial \Delta p_1}{\partial r} - \lambda_b\right)_{r=r_w} \end{cases}$$

$$(26)$$

同时 Δp_2 满足：

$$\begin{cases} \dfrac{\partial^2 \Delta p_2}{\partial r^2} + \dfrac{1}{r}\dfrac{\partial \Delta p_2}{\partial r} = \dfrac{\phi\mu C_t}{K}\dfrac{\partial \Delta p_2}{\partial t} \\[2mm] \Delta p_{2(r,t)}\big|_{t=0} = 0 \\[2mm] \lim\limits_{r\to\infty}\Delta p_{2(r,t)} = 0 \\[2mm] qB\theta(t - t_p) = 2\pi r_w h\dfrac{k}{\mu}\left[-\dfrac{\partial \Delta p_2}{\partial r}\right]_{r=r_w} + C\dfrac{d\Delta p_{2w}}{dt} \\[2mm] \Delta p_{2w} = \Delta p_{2(r,t)\,r=r_w} + r_w S\left(-\dfrac{\partial \Delta p_2}{\partial r}\right)_{r=r_w} \end{cases}$$

$$(27)$$

则 $\Delta p = \Delta p_1 + \Delta p_2 = (p_i - p_1) + (p_i - p_2)$ 肯定是原方程的解。

根据上面方程可见：

（1）Δp_1 即为存在启动压力梯度，水井持续注水时井底压力变化值的解；

（2）Δp_2 即为不存在启动压力梯度，水井处一口虚拟油井从 t_p 时投产，且产量与水井注入量相等时，井底压力变化值的解；

（3）低渗储层水井关井压力恢复试井井底压力变化值（基于原始地层压力），等于一个考虑启动压力梯度时变化值与一个不考虑启动压力梯度时变化值的叠加，前期低渗储层水井压力恢复试井压降简单叠加的表示错误。

水井压降试井井底压力变化值正确表述为：

$$\Delta p_w = \Delta p_w(-q, t_p + \Delta t) + \Delta p_w(q, \Delta t) - \Delta p_w(-q, t_p) \qquad (28)$$

3 数值反演精度分析

取油藏参数如表 1 所示，利用 Laplace Stehfest 数值反演对比数值反演方法井点、井间计算结果与解析解计算结果，见图 3 和图 4 所示。

表 1   数值反演精度分析油藏参数表

参数	数值	参数	数值
原始地层压力/MPa	15	稳定产量/m³·d⁻¹	10
储层渗透率/×10⁻³ μm²	10	井筒半径/m	0.1
储层孔隙度/f	0.2	井储系数/m³·MPa	0
有效厚度/m	10	表皮因子	1
流体黏度/mPa·s	2	流体孔隙综合压缩系数，MPa⁻¹	0.002
启动压力梯度/MPa·m	0	油藏模型	单层均质无限大

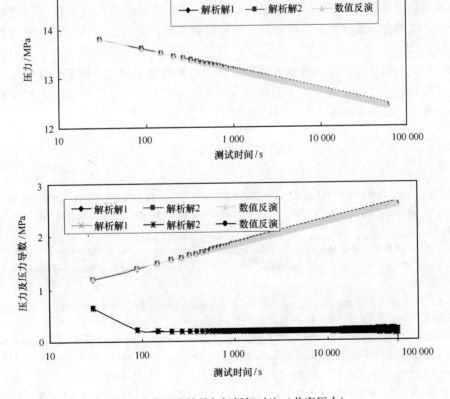

图 3   数值反演结果与解析解对比（井底压力）

图 3、图 4 中，解析解 1 为幂积分函数法，解析解 2 为有限制条件的简化解。通过对比

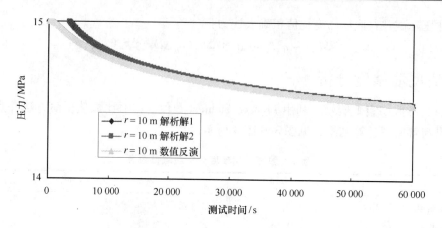

图4 数值反演结果与解析解对比（$r = 10$ m）

可见，数值反演方法的精度足够高，能够反映井底压力的微小变化。

4 结论

（1）综合考虑低渗透储层启动压力梯度、渗透率各向异性、水井附近复合特征、井储效应和表皮系数等因素，建立了单层复合低渗透油藏压力降落试井数学模型，利用 Laplace 变换和非齐次的虚宗量贝塞尔方程通解，推导得到了低渗储层压力恢复试井复合数学模型的解析解。

（2）确定和验证了低渗油藏水井压降试井压力响应叠加模式，即低渗储层水井关井压力恢复试井井底压力变化值（基于原始地层压力），等于一个考虑启动压力梯度时变化值与一个不考虑启动压力梯度时变化值的叠加。

参考文献：

［1］ 贾永禄，李允. 特殊开采方式低速非达西渗流试井模型研究［J］. 西南石油学院学报，2000，22（4）：37—40.
［2］ 刘启国，杨旭明. 动边界影响的低渗双重介质油气藏试井解释模型［J］. 西南石油学院学报，2004，26（5）：30—33.
［3］ Fair P S. Novel Well Testing Applications of Laplace Transform Deconvolution［R］. SPE 24716.
［4］ Thompson，Novy P A. Pressure drop in horizontal wells：when can they be ignored SPE Reservoir Engineering［J］. 1995，2：29—35.
［5］ Odeh A S，Babu D K. Comprising of solutions for the nonlinear and linearized diffusion equations［J］. SPE Reservoir Engineering，1998，3（4）：1202—1206.
［6］ Chakrabarty C，Farouq Ali S M，Tortike W S. Analytical solutions for radial pressure distribution including the effects of the quadratic gradient term［J］. Water Resource Research，1993，29（4）：1171—1177.
［7］ 阮敏，王连刚. 低渗油田开发与压敏效应［J］. 石油学报，2002，23（3）：73—76.
［8］ 冯文光，葛家理. 单一介质、双重介质中非定常非达西低速渗流问题［J］. 石油勘探与开发，1985，12（1）：56—62.
［9］ 程时清，李跃刚. 低速非达西渗流试井模型的数值解及其应用［J］. 天然气工业，1996，16（3）：27—30.
［10］ 宋付权，刘慈群. 变形介质油藏压力产量分析方法［J］. 石油勘探与开发，2000，27（1）：57—58.

[11]　同登科，李萍. 压力依赖于地层渗透率的分形油藏的数值研究 [J]. 西安石油学报（自然科学版），2001，16（2）：21—24.

[12]　杨蕾，林红. 应力敏感低渗复合油藏试井模型 [J]. 西部探矿工程，2006，2：73—74.

Study on pressure response of build-up well test in low permeability reservoir

LIU Tongjing[1,2,3,4], JIANG Baoyi[5], LIU Rui[6], ZHANG Xinhong[7],
DIWU Pengxiang[5], WANG Jianning[8]

(1. *EOR Research Institute of China University of Petroleum*, *Beijing* 102249, *China*; 2. *CNPC EOR Key Laboratory*, *Beijing* 100083, *China*; 3. *Beijing Key Laboratory of GHG Storage and Utilization*, *Beijing* 102249, *China*; 4. *Key Laboratory for Petroleum Engineering of the Ministry of Education*, *CUP*, *Beijing* 102249, *China*; 5. *School of Energy Resources China University of Geosciences* (*Beijing*), *Beijing*, 100083, *China*; 6. *Department of Reservoir Description*, *Research Institute of Petroleum Exploration & Development-Northwest*, *PetroChina*, *Lanzhou* 730020, *China*; 7. *Department of Isotope*, *China Institute of Atomic Energy*, *Beijing*, 102413; 8. *SIPC*, *Beijing* 100029, *China*)

Abstract：At present, the mathematical model, solving and explaining of low permeability reservoir are lack of systematic research. The mathematical description of pressure response and the affects of starting pressure gradient are not clear. In this paper, to low permeability reservoir build-up well test process, considering the starting pressure gradient, permeability anisotropy, wellbore storage effect and well skin, we established mathematical model of the low permeability reservoir build-up well test. Using the virtual argument BESSEL functions and Laplace transform, deduced the analytical solution of the mathematical model for build-up well test in low permeability. Using the deduced theoretical formula, analyze the B. H. pressure response law of build-up well test in low permeability reservoirs, and prove the pressure model by unit step function from a mathematical point of view. The results of the study show that：the pressure response of build-up well test in low permeability reservoir is a superposition of change in pressure when starting pressure gradient exists in water well and not exists in oil well.

Key words：low permeability reservoir; pressure response; build-up well test; starting pressure gradient; well bore storage coefficient

稠油冷采高采收率的原因分析及探讨

张军涛[1,2]，王瑞河[1]，吴晓东[2]，杨志[3]

(1. 中油天然气勘探开发公司，北京 100034；2. 中国石油大学 石油工程教育部重点实验室，北京 102249；3. 中石油长庆油田分公司 第一采油厂，陕西 西安 717409)

摘要：稠油出砂冷采机理主要有蚯蚓洞网络机理和泡沫油机理，也有学者认为还存在压实机理和边底水驱动机理；其中以前两个机理为主，后两个机理所起的作用相对较小；本文主要对蚯蚓洞网络与泡沫油使得油田高采收率的机理进行详细讨论。分别研究了蚯蚓洞的形成机理与泡沫油的形成机理及油相中气泡的形成、生长和分裂等机理。针对出砂形成蚯蚓洞方面，其作用机理是增大了泄油半径、降低了原油流动阻力以及一定程度上清除了钻井污染等。针对泡沫油方面，分析其作用机理是延缓地层能量衰竭，并首次提出贾敏效应抑制作用和小孔隙中气泡的膨胀驱油作用等。

关键词：冷采；高采收率；出砂；蚯蚓洞；泡沫油；气泡生长；气泡分裂

20 世纪 80 年代中期以来，加拿大学者对稠油出砂冷采技术的机理进行了大量理论研究和相应的室内实验；结果表明[1—2]，出砂冷采之所以能保持长期高产，其机理主要有四个方面，一是大量出砂形成蚯蚓洞网络，二是溶解气驱过程中稳定的泡沫油流动，三是上覆地层的压实驱动，四是边底水的驱动，其中以前两个机理为主，后两个机理所起的作用相对较小；因此，主要对蚯蚓洞网络与泡沫油机理进行详细讨论。

1 出砂形成蚯蚓洞

实验研究表明，稠油油藏埋藏浅，油层胶结疏松，而原油黏度高，携砂能力强，使砂粒随原油一道产出。随着大量砂粒的产出，井筒周围地应力发生不同程度的变化，形成"蚯蚓洞"，并呈树枝状向外延伸，逐渐形成"蚯蚓洞"网络。进一步的研究[3]证实了冷采过程中确实形成了蚯蚓洞。"蚯蚓洞"的形成主要靠砂粒间结合力强弱差异来实现，而"蚯蚓洞"的维持与稳定，则靠砂粒间的结合力强弱、岩石骨架膨胀来实现。

通过分析，导致产量大幅度增加的机理基本上可以归纳为以下几个方面：

（1）增大了泄油半径。大量产砂使井眼的几何形态发生了改变，形成"蚯蚓洞"。孔

基金项目：加拿大 CMG 基金会项目 "Industrial Research Chair in Non - Conventional Reservoirs Modeling"（1602316）。

作者简介：张军涛，男，毕业于中国石油大学（北京）油气田开发工程专业，现从事非常规稠油研究和油藏开发工作。

图1 "蚯蚓洞"网络生长示意图

隙度可以从30%提高到50%以上；渗透率从 $2~\mu m^2$ 左右提高到数十至数百平方微米，极大地提高油层的渗流能力[4]。

（2）原油流动阻力降低。砂粒随原油一起流动，将使原油的流动阻力降低；

（3）孔隙堵塞物得以清除。原油生产过程中，微粒的迁移将堵塞孔隙喉道，使原油可流动的路径减少。而大量产砂有助于消除这种瓶颈效应，同时，大量产砂还导致储层发生膨胀，也有助于产生规模更大的孔隙喉道，要使这些孔隙喉道堵塞则比较困难[4]。

（4）清除钻井污染。钻井泥浆及其中的颗粒可能污染井筒附近的油层，而油层大量产砂则是解除这种污染的最有效的方法[4]。

2 泡沫油的形成

2.1 延缓地层能量衰竭（延缓连续气相的形成）

当压力降到泡点压力以下时，岩心中含气饱和度从零开始逐渐增加，从原油中开始析出微小气泡。这些微小气泡呈孤立状态分散在油相中，并在压力梯度的作用下随油相一起流动，形成泡沫油流[5]。随着压力的进一步降低，越来越多的气泡析出，原油气泡逐渐生成大气泡，大气泡在流经骨架颗粒或液滴时会发生分裂，使得油相中的气泡一直处于微小状态，延缓了形成流度更高的连续气相的过程[6]。

进一步对之前实验的视频及图片研究分析，发现稠油中大小气泡不容易合并，甚至小气泡撞向大气泡时也不发生合并。分裂的几率要大于合并的几率，这一机理从另一方面解释了稠油中气泡数量多的原因。

油相中的气泡在多孔介质中流动时，发生的分裂的方式有倾覆分裂、细长气泡分裂和跃变分裂。

气泡分裂的3种方式（示意图）：

（1）倾覆分裂：一个移动气泡进入两个孔隙，并从中间分开，分裂成两个新的气泡。这种分裂机理在中，高流速条件下很普遍。

（2）细长气泡分裂：由于细长气泡不稳定而导致的分裂。一些气泡在流速的影响下被拉长，最终分裂成几个部分。这种机理不是很普遍，只在高速条件下出现。

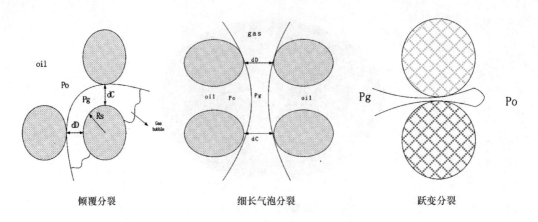

倾覆分裂   细长气泡分裂   跃变分裂

图2　3种分裂方式的示意图

（3）跃变分裂（snap-off）：当气泡通过孔喉进入充满油相的孔隙时，气泡前端的一小部分气体形成一个新的小气泡，并且在大气泡前端流动。这种分裂机理称为跃变分裂。当孔喉比很大时，跃变机理表现的很明显。

气泡经过孔隙时，为了抵抗外界作用力，气泡会急剧收缩，其中半径最小的那一点最容易分裂，此处称为分裂点，气泡分裂点处的外部作用力与表面张力的平衡关系控制着气泡分裂的机理，在气泡表面任意一点的表面张力可以由 Laplace 方程表示：

$$P_c = \sigma(r_1 + r_2)/r_1 r_2 \tag{1}$$

式中，P_c 为毛管力，kN；σ 为表面张量，kN/m^2；r_1, r_2 为任意简单曲面的两个主曲率半径，m；相应的曲面半径为：

（1）对于倾覆分裂：

$$r_1 = 0.25(d_C + d_D) \times 0.7$$
$$r_2 = 0.5d_s + 0.25(d_C + d_D) \tag{2}$$

（2）对于细长气泡：

$$r_1 = 0.25(d_C + d_D) \times 0.7$$
$$r_2 \to \infty \tag{3}$$

（3）对于跃变（snap-off）气泡：

$$r_1 = 0.5d_s$$
$$r_2 = 0.5d_C \times 0.7 \tag{4}$$

式中，d_s 为砂粒直径；d_C, d_D 为相邻孔喉的直径；当气泡处于临界状态时：

$$P_c + P_v = P_{out} \tag{5}$$

式中，P_v 为黏滞力，kN；P_{out} 为压力梯度引起的外部压力，kN。

可以看出，分裂点处的毛管力，黏滞力以及压力梯度决定了气泡分裂所需的时间。毛管力越小，黏滞力越小，压力梯度越大，气泡分裂所需的时间越少，气泡越容易分裂，反之亦然。

实验观察到的3种气泡分裂方式：

这样虽然气体的饱和度逐渐增大，但由于小气泡没有形成自己的流通通道，而是分散

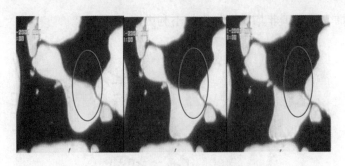

图 3　倾覆分裂（实验图片）

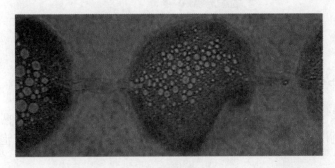

图 4　跃变分裂（实验图片）

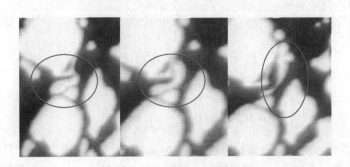

图 5　细长气泡分裂（实验图片）

在油中，所以气体相对渗透率增加很小。该阶段微小气泡的出现代替了连续气相的出现，延缓了压力递减。

2.2　贾敏效应抑制作用

气泡在孔隙喉道处遇阻，欲通过喉道，则需克服气泡变形带来的阻力 P_c ，即：

$$P_c = 2\sigma\left(\frac{1}{R_1} - \frac{1}{R_2}\right) \tag{6}$$

这种气泡或液珠通过孔隙喉道时，产生的阻力称为贾敏效应[7]。

由于油藏岩石孔隙的非均质性，油相中的气泡会优先将大孔道封堵住（暂时），则调整了流体渗流剖面，减弱了非均质性带来的不利影响。

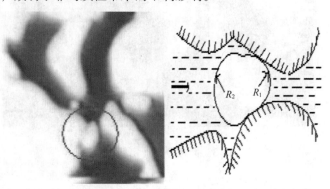

图 6　气泡的贾敏效应

2.3　微小孔隙中气泡的膨胀驱油作用

根据气泡成核[7]理论：成核主要分为单一均相体系中的气泡成核与两相不相溶界面上的气泡成核两种情况[9—12]。在小孔隙中，异相成核优先于均相成核，气泡在固－液界面上形成[10]。

时间越长，压力衰竭速率越高，气泡半径增加越大。用气体在油相中的扩散方程和水动力方程来描述气泡的生长。

水动力方程为：

$$\begin{cases} P_g - P_i = \dfrac{2\sigma}{R} + \rho_l\left[\dfrac{3}{2}\dot{R}^2 + R\ddot{R}\right] + 4u\dfrac{\dot{R}}{R} \\ R = R_o, \quad t = 0 \\ \dfrac{\mathrm{d}R}{\mathrm{d}t} = 0, \quad t = 0 \end{cases} \tag{7}$$

式中，R 为气泡半径，μm；ρ 为油相密度，kg/m^3；P_g 为气泡内压，MPa；P_i 为外边界压力，MPa；σ 为表面张力，N/m；u 为油相黏度，MPa·s；t 为时间，s；R_o 为初始泡径，μm。

扩散方程为：由菲克扩散第一定律和菲克扩散第二定律可以推导出如下方程，下式中同时包含初始条件和边界条件，

$$\begin{cases} \dfrac{\partial C}{\partial t} = D\left(\dfrac{\partial^2 C}{\partial^2 r} + \dfrac{2}{r}\dfrac{\partial C}{\partial r}\right) - \left(\dfrac{R}{r}\right)^2\dfrac{\mathrm{d}R}{\mathrm{d}t}\dfrac{\partial C}{\partial r}, \quad r \geqslant R \\ C = C_o, \quad t = 0, \quad r \geqslant R \\ P_G = f(C), \quad r = R \end{cases} \tag{8}$$

式中，C 为油相中溶解气浓度，m^3/m^3；D 为气体在油相中扩散系数，m^2/s；r 为油相中距离气泡中心的距离，μm；C_o 为油相中溶解气初始浓度 m^3/m^3。

通过求解气泡生长方程，即联系水动力方程与扩散方程，可以看出，气泡在成核之后，生长速度较快。因此，随着气泡的不断生长，微小孔隙中的原油被膨胀的小气泡驱替出来。

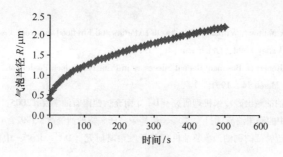

图 7 气泡生长曲线

图 8 气泡在微小孔隙中的驱油作用

3 出砂与泡沫油的联系

"蚯蚓洞"的形成只是提高了油藏的孔隙度和渗透率，增加了油层的渗流通道。但是出砂冷采过程中的驱动机制却是溶解气驱，但是稠油中的这种溶解气驱机理却与稀油中的溶解气驱机理大不相同，即地层压力低于泡点压力时析出气不是立即形成连续自由气相，而是呈气泡状分散于稠油中，并与油相一起流动，产出后呈泡沫状，即所谓的泡沫油。分析认为：出砂与泡沫油有着密不可分的关系，两者相互影响。出砂使得原油流动能力提高，使得泡沫油的渗流阻力不至于过大；另一方面，泡沫油的形成增加了原油的携砂能力，避免了沙粒的沉降造成孔喉堵塞。

4 结论

（1）稠油出砂冷采机理主要有蚯蚓洞网络机理和泡沫油机理；

（2）蚯蚓洞的形成增大了泄油半径、降低了原油流动阻力以及一定程度上清除了钻井污染等；

（3）泡沫油的形成，延缓地层能量衰竭，并首次提出了调整了流体渗流剖面以及对微小孔隙中气泡膨胀驱油；

（4）出砂与泡沫油有着密不可分的关系，两者相互影响。出砂使得原油流动能力提高，使得泡沫油的渗流阻力不至于过大；另一方面，泡沫油的形成增加了原油的携砂能力，避免了沙粒的沉降造成孔喉堵塞。

参考文献：

［1］ 程绍志，等 . Ekl Point 天然沥青（超稠油）出砂冷采，稠油出砂冷采技术 ［M］. 北京：石油工业出版

社，1998.

[2] Lincoln F Elkins, Diek Morton, William A Blaekwell. ExPerimental Fireflood in a very Viseous Oil – Unconsolidated Sand Resevroir, S. E. Pauls Valley Field, Oklahoma [R]. SPE4086.

[3] William J. McCaffrey, Robert D. Bowman. Recent Sueeesses in Primary Bitumen Produetion, 1991 Heavy Oil and Oil Sands Technical SymPosium, Mareh 14, 1991.

[4] 孙建平. 疏松砂岩稠油油藏出砂冷采机理研究 [D]. 南充：西南石油学院，2005：82—105.

[5] Brij Maini. 稠油开采中的泡沫油流 [J]. 彭峰，伊培荣，译. 特种油气藏，1997，4 (2)：58—61.

[6] 陈亚强. 具有泡沫油流特征的稠油油藏驱油机理及开发策略研究 [D]. 北京：中国石油大学（北京），2004：32—36.

[7] 秦积瞬，李爱芬. 油层物理学 [M]. 北京：中国石油大学出版社，2001：217—218.

[8] 赵瑞东，吴晓东，王瑞河. 稠油冷采泡沫油中气泡成核生长机理研究 [J]. 特种油气藏，2011，18 (3)：78—79.

[9] 蔡业彬，国明成，等. 泡沫塑料加工过程中的气泡成核理论（1）——经典成核理论及述评 [J]. 塑料科技. 2005.6.

[10] 蔡业彬，国明成，等. 泡沫塑料加工过程中的气泡成核理论（2）——剪切能成核理论及其发展 [J]. 塑料科技. 2005.8.

[11] Colton J S, Suh N P. The nucleation of microcellular thermoplastic foam with additives, Part Ⅰ: Theoretical considerations [J]. Polymer Engineering and Science, 1987, 6 (3)：175—180.

[12] 吴舜英，徐敬一. 泡沫塑料成型 [M]. 北京：化学工业出版社，2000：64—68.

Analysis and discussion on heavy oil cold production high recovery reasons

ZHANG Juntao[1,2], WANG Ruihe[1], WU Xiaodong[2], YANG Zhi[3]

(1. *China's Oil and Gas Exploration and Development Company*, *Beijing* 100034, *China*; 2. *MOE Key Laboratory of Petroleum Engineering*, *China University of Petroleum*, *Beijing* 102249, *China*; 3. *First Oil Production Plant of PetroChina Changqing Oilfield Company*, *Xi'an* 717409, *China*)

Abstract: The reasons of high recovery in the cold production of heavy oil are thought to be the formation of wormhole and foamy oil. In this paper, the foamy oil and wormhole is researched and studied mainly. Firstly, in the respect of wormhole mechanism, increasing the oil discharge radius, reducing resistance of oil phase flowing, eliminating a degree of drilling pollution are taken into account; and then, in the respect of foamy oil mechanism, delaying the depletion of reservoir pressure, the bubble expanding in micropore, jiamin effect are studied to explain the contribution that foamy oil make to the high recovery.

Key words: cold production; high recovery; sand production; wormhole; foamy oil; bubble growth; bubble break

页岩气储层应力敏感影响因素分析

杜立红[1,2]，周贤[1,2]

(1. 中国石油大学石油工程教育部重点实验室，北京，102249；2. 中国石油华北油田公司，河北 任丘，062552)

摘要：随着世界各国对于煤、石油、天然气等化石能源需求的不断攀升，页岩气、致密气、煤层气等非常规能源，作为常规能源的重要补充，逐渐进入人们的视野。在开发过程中，孔隙度和渗透率与页岩气储层的产能有着密切的关系，孔隙度和渗透率随有效压力发生变化，这就涉及到应力敏感的问题，之前对应力敏感的研究主要针对常规油气田储层，页岩气属低孔低渗致密储层资源，储层具有微裂缝发育的特点，该论文就针对页岩气储层特点对影响页岩气储层应力敏感的因素进行了总结和分析。

关键词：页岩气；应力敏感；裂缝；岩石性质

1 常规储层的应力敏感简介

应力敏感的测定通常应用 GMS – 300 高压孔渗仪，给待测岩样一个固定的进口压力值，通过逐渐增大围压的方式增大岩样所受的有效压力，图 1 为岩样在加卸载过程中测得的渗透率变化。

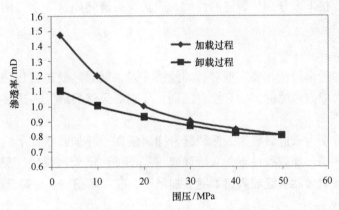

图 1 加卸载过程渗透率变化曲线

作者简介：杜立红（1987—），河北遵化人，现为中国石油大学（北京）2010 级油气田开发专业硕士研究生，主要从事储层应力敏感方面的研究。E-mail：happydlh@126.com

由图可以看出岩样的渗透率随着围压的增大而减小，且在围压逐渐增大的初始阶段渗透率下降速度大，在围压达到一定数值时，渗透率的下降速度逐渐减小，不过总的来说渗透率随围压的增大是下降的。卸载过程中随着围压逐步减小渗透率随之增大，但增大的幅度比加载过程中减小的幅度小，并且在点对点的加载和卸载过程中，相同应力下加载过程的渗透率总是大于卸载过程的，在围压恢复到初始值 2 MPa 的时候，渗透率有相当程度的损失。地质力学根据野外考察和实验研究的结果，认为这主要是由于岩石在长期力作用下是弹塑性体，而弹塑性是指物体在外力施加的同时立即产生全部变形，而在外力解除的同时，只有一部分变形立即消失，其余部分变形在外力解除后却永远不会自行消失的性能。在弹塑性体的变形中，有一部分是弹性变形，其余部分是塑性变形。岩石就是这样，在经过应力的加载和卸载之后，发生弹性变形的部分可以恢复过来，而发生塑性变形部分则是不可逆的、永久性的变形[1-5]。

2 致密裂缝型页岩气藏的应力敏感

页岩气是指主体位于暗色泥页岩或高碳泥页岩中，以吸附或游离状态为主要存在方式的天然气聚集。页岩在地层组成上，多为暗色泥岩与浅色粉砂岩的薄互层。岩石组成一般为 30% ~ 50% 的黏土矿物、15% ~ 25% 的粉砂质（石英颗粒）和 4% ~ 30% 的有机质。页岩岩心孔隙度小于 4% ~ 6.5%，平均 5.2%；渗透率一般为（0.001 ~ 2）× 10^{-3}D，平均 40.9×10^{-6}D[6]。表现为孔隙度低，微裂缝发育的特点，这就使得页岩气储层具有更强的应力敏感性。接下来主要从裂缝和岩性 2 方面分析其对应力敏感的影响。

2.1 裂缝

页岩气储层的微裂缝发育，在已开发的页岩气储层中，我们发现即使具有相似气体组分和渗透率的储层的生产井生产状况也会有很大的不同，这主要是由于裂缝的结构对应力敏感的影响不同，接下来分别从裂缝的性质，产状及裂缝间隔这 3 个方面介绍裂缝对应力敏感的影响。

2.1.1 裂缝的性质

页岩气储层渗透率极低，要实现对其的经济开发，就必然要进行压裂，为了研究天然裂缝和人造裂缝对应力敏感的影响有没有区别，分别对天然裂缝及人造裂缝岩心进行了应力敏感测定。

图 2 和图 3 分别为人造裂缝和天然裂缝岩样裂缝在循环加载条件下的变形情况[7]。从图中可以看出，在循环加载条件下，人造裂缝（见图 2）比天然裂缝（见图 3）产生更大的永久变形。这表明天然裂缝较人造裂缝更加坚硬，应力敏感比人造裂缝的应力敏感要弱。

2.1.2 裂缝产状

之前的研究已经表明随着开发的进行，储层压力逐渐降低，有效压力增大从而造成渗透率降低，但是对于微裂缝发育的页岩气储层，在一定条件下渗透率可能会出现增加的情况[8]，这与裂缝的产状相关。

对于拉伸裂缝，有效应力与裂缝面垂直，随着有效应力的增加，产生压缩变形，裂缝

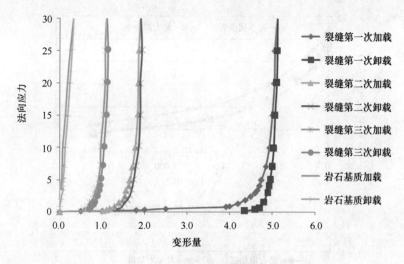

图2　人造裂缝岩样裂缝的变形图

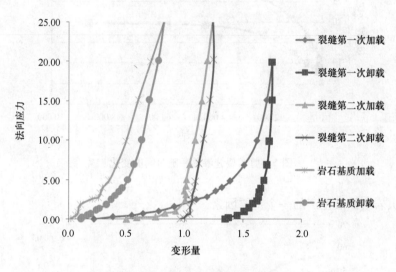

图3　天然裂缝岩样裂缝的变形图

开度减小，根据裂缝渗透率的计算公式，随着裂缝开度的减小，裂缝渗透率逐渐降低，如图4。

　　对于剪切裂缝，有效应力有裂缝面相切，在有效应力增大的情况下，剪切缝的裂缝壁面会发生相对错位，裂缝膨胀，因此在一定情况下，会发生渗透率随有效压力增大而增加的情况，如图5。

2.1.3　裂缝间隔

　　页岩气储层由于微裂缝发育的特点，其产量不仅受裂缝和基质的渗透率的影响，裂缝间距同样是影响产量的一个重要因素[9]。裂缝间距越大，表明流体从基质到裂缝的距离越长，通过基质的体积通量越小，裂缝的体积通量与裂缝间距的平方成反比，这就表明裂缝

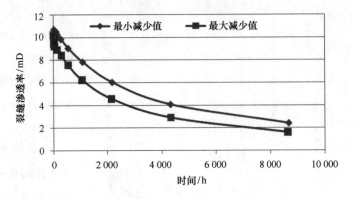

图4 拉伸裂缝渗透率随时间的变化

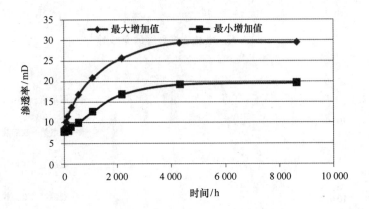

图5 剪切裂缝渗透率随时间的变化

间距是影响页岩气储层生产的一个重要因素。

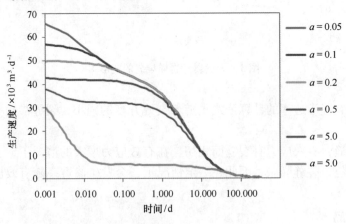

图6 不同裂缝间隔下的生产速率

图6为基质渗透率1×10^{-5}mD 裂缝渗透率 5 mD 条件下，不同裂缝间隔页岩气储层的生产速度。从图6可以看出，生产速度随裂缝间隔的增大而减小，当裂缝间隔小于 20 cm

时，继续减小裂缝间隔对生产的影响不大，但当裂缝间隔大于 20 cm 时，增加裂缝间隔会使生产速度迅速减小。

2.2 岩石性质

对于常规储层应力敏感的研究已经证明在双对数曲线上导流系数和有效压力存在良好的线性关系，然而对于页岩气这样的致密储层，却出现了较大的偏差，其原因主要是对于常规疏松储层，我们认为孔隙压缩系数为一常数，但对于致密页岩气储层这一假设不再成立，孔隙压缩系数会随着有效压力发生相应的变化[10]，这是因为对于致密储层，随着有效压力的增加，裂缝及孔隙表面的颗粒会发生变形及压碎的现象。

2.2.1 杨氏模量对应力敏感的影响

随着杨氏模量减小，有效压力对渗透率的影响会更加严重，如图 7。

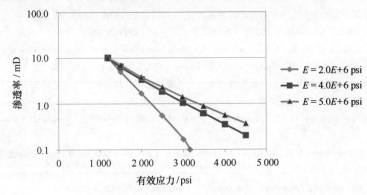

图 7　有效压力和杨氏模量对渗透率的影响

由图 7 可以看出，在双对数坐标上随着有效应力的增加，渗透率表现为线性下降，而对于不同的弹性模量的岩样，渗透率下降强度又有所差异，弹性模量越小，渗透率下降程度越大，这主要是因为弹性模量越低，岩石越软，在相同有效应力下越容易发生变形，对渗透率的损害越严重。页岩储层岩石较之常规储层，岩石模量更低，因此应力敏感现象也更严重[11]。

3　结论

（1）油气田储层普遍存在应力敏感性，其主要表现形式主要为渗透率随围压的增加而逐渐减小，且在围压逐渐增大的初始阶段渗透率下降速度大，在围压达到一定数值时，渗透率的下降速度逐渐减小，不过总的来说渗透率随围压的增大是下降的。

（2）页岩气储层较常规储层表现为更强烈的应力敏感性，主要受页岩气储层微裂缝和岩石性质的影响。

（3）天然裂缝比人造裂缝更为坚硬，因而其应力敏感性较之人造裂缝相对较弱。

（4）不同裂缝产状对渗透率的影响不同，拉伸裂缝在有效压力增加的情况下，渗透率逐渐降低，然而对于剪切裂缝在一定条件下，随着有效压力的增加，裂缝开度增加，渗透率反而会有所增加。

（5）裂缝间隔是影响应力敏感的重要因素，裂缝间隔越大应力敏感越强，反之则越小。

（6）致密储层的压缩系数不再是常数，而是随有效压力发生变化，而这一变化与储层的杨氏模量有关，杨氏模量越小表明岩石颗粒硬度越小，随着有效压力的增加越容易发生变形，即应力敏感现象越严重。

参考文献：

［1］ 李传亮. 储层岩石的应力敏感性评价方法［J］. 大庆石油地质开发，2006，25（1）：40—42.

［2］ 张熙，单钰铭，洪成云，等. 低渗储层砂岩应力敏感性实验研究与分析［J］. 新疆石油天然气，2011，7（1）：76—80.

［3］ 代平. 低渗透应力敏感油藏实验及数值模拟研究［D］. 四川成都：西南石油大学，2006.

［4］ 刘晓旭，胡勇，朱斌，等. 储层应力敏感性影响因素研究［J］. 特种油气藏，2006，13（3）：18—21.

［5］ Chen S，Li H，Zhang Q，et al. A New Technique for Production Prediction in Stress – Sensitive Reservoirs［J］. paper SPE 08 – 03 – 49，Journal of Canadian Petroleum Technology，2008，47（3）：15—21.

［6］ 陈更生，董大忠，王世谦等. 页岩气藏形成机理与富集规律初探［J］. 天然气工业，2009，29（5）：17—21.

［7］ Gale John E. The effects of fracture type（induced versus natural）on the stress – fracture closure – fracture permeability relationships［C］. The 23rd U. S Symposium on Rock Mechanics（USRMS），Berkeley，California，August 25—27，1982.

［8］ TAO Q，Ehlig – Economides C A，Ghassemi A. Investigation of stress – dependent fracture permeability in naturally fractured reservoirs using a fully coupled poroelayistic displacement discontinuity model［C］. paper SPE 124745，SPE Annual Technical Conference and Exhibition，New Orleans，Louisiana，4 – 7 October 2009.

［9］ Bustin A M M，Bustin R M，Cui X，et al. Important of Fabric on the production of gas shales［C］. paper SPE 114167，SPE Unconventional Reservoirs Conference，Keystone，Colorado，USA，10 – 12 February 2008.

［10］ McKee C R，Bumb A C，Koenig R A，et al. Stress – dependent permeability and porosity of coal and other geologic formations［J］. paper SPE 12858 – PA，SPE Formation Evaluation，1988，3（1）：81—91.

［11］ Cipolla C L，Lolon E P，Erdle J C，et al. Reservoir modeling in shale – gas reservoirs［C］. paper SPE 125530 – MS，SPE Eastern Regional Meeting，Charleston，West Virginia，USA，23 – 25 September 2009.

Analysis of influence factors to stress sensitivity of shale gas reservoir

DU Lihong[1,2], ZHOU Xian[1,2]

(1. College of petroleum engineering, China University of Petroleum, Beijing 102249, China; 2. Petro China Huabei Oielfield Company, Renqiu 062552, China)

Abstract：As the demand forfossil energy of coal, oil and natural gas is increasing, the unconventional energy of shale gas, tight, coalbed methane gas, as an important complement of conventional energy sources, gradually comes into people's perspective. In the development process, porosity and permeability have close relation to the shale gas reservoir productivity. Porosity and permeability change with effective pressure, and this comes down to stress sensitive problem. The study of stress sensitive is to conventional oil reservoir before, shale gas is the reservoir resource of low porosity and permeability, it has the characteristic of abundant microfractures. According to the features of shale gas reservoir this paper summaries and analyzes the factors that influence stress sensitive.

Key words: shale gas; stress sensitive; fracture; rock properties

一种改进的多孔介质示踪剂运移数学模型

刘同敬[1,2,3,4]，刘睿[5]，谢晓庆[6]，张新红[7]，周建[8]

(1. 中国石油大学（北京）提高采收率研究院，北京 102249；2. 中石油三次采油重点实验室，北京 102249；3. 北京市温室气体封存与资源化利用重点实验室，北京 102249；4. 中国石油大学（北京）石油工程教育部重点实验室，北京 102249；5. 中国石油勘探研究院西北分院油藏描述研究所，兰州 730020；6. 中海油研究总院，北京 100027；7. 中国原子能科学研究院同位素研究所，北京 102413；8. 北京金土力源科技有限公司，北京 100083)

摘要： 国内矿场实践证明，目前常用的基础公式以及建立在此基础上的解释模型部分明显偏离了合理的范畴，存在考虑因素过于单一、片面的问题，不能很好适应多孔介质复杂渗流的定量化描述。针对存在的问题，从渗流力学的角度，考虑微观机理和宏观现象，基于连续性假设，归纳了井间示踪测试的物理模型，建立了多孔介质传质扩散的基本数学模型，分析了多孔介质传质扩散特征参数的表征方法，建立了考虑传质扩散的单重介质数学模型，利用 Lapalace 变换得到了解的表达式。

关键词： 多孔介质；示踪剂；物理模型；数学模型；传质扩散

随着矿场应用和推广，暴露出了目前应用的基础理论中，至少存在以下两个方面的局限性[1—10]：

（1）虽然前期已经开展了很多的多孔介质传质扩散的研究，但是实际建模过程中，没有将研究成果应用到针对性的描述油藏多孔介质以及多相非均质对示踪剂微观渗流的影响。由于油藏多孔介质中，微观渗流空间存在很强的骨架非均质、结构的非均质和流体非均质，因此，如何从微观上描述传质扩散直接关系到测试解释结果的可靠性。目前的应用理论是基于管流建立的，缺乏针对性，因此，如何把多孔介质的特征更好的定量刻画出来，反映到井间示踪测试解释的模型中来，是研究的目标之一。

（2）没有考虑横向扩散对产出示踪剂的影响，认为横向扩散对混合带影响小。在有些情况下，横向扩散可以忽略，但是，在绝大多数情况下，定量化解释必须考虑包括横向扩散在内的多向扩散。一方面，通过现场测试解释工作发现，解释结果明显偏离合理参数范

基金项目： 国家自然科学基金（10802079）；国家科技重大专项（2011ZX05009，2011ZX05054，2011ZX05011）；中石油创新基金（2009D – 5006 – 02 – 01）。

作者简介： 刘同敬（1972—），男，1995 毕业于中国石油大学（华东），工学博士，主要从事油气田开发工程相关的研究和教学工作。E-mail：ltjhdpu@ sohu. com

畴，与实际动态不符，另一方面，通过与数值模拟对比发现，二者的结果差距极大。分析各个环节的原因，认为，基础理论的片面性导致定量化解释的部分失败。

因此，针对存在的上述问题，基础理论研究成为目前当务之急，需要建立更为合理、量化的测试解释模型。

1 物理模型

对于井间示踪测试，目前国内的地质特征、布井方式、层系划分、注水方式、注水强度条件下，短期－中长期井间示踪测试主要检测的对象是井间不同方向上通过少量层内单元、通道到达取样井的示踪剂，且对于水驱过程，示踪剂是完全溶于水的，因此，其物理原型的平面示意图见图1，剖面示意图见图2，小规模－大规模级别示意图见图3。

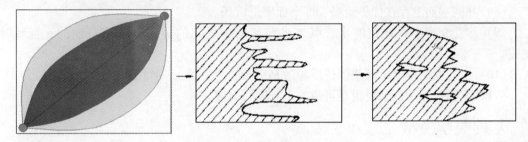

图1　示踪剂运移平面示意图

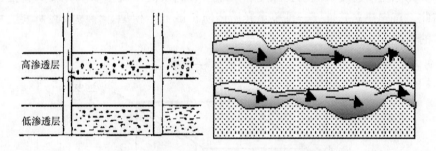

图2　示踪剂运移层间、层内剖面示意图

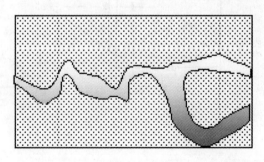

图3　示踪剂运移中、小规模层内剖面（平面）窜流示意图

因此，可以从中总结出示踪剂传质扩散的地质模型和流体模型的基本条件：

（1）示踪剂运移过程是等温过程。

（2）示踪剂完全溶于水，且浓度低，不改变水的粘度和密度等物理性质。

（3）孔隙介质中仅有油水两相，且油相渗流速度远远低于水相，渗流规律均遵循达西方程。

（4）储层内部垂向上存在至少一个流动单元。示踪剂从注入井注入，穿越部分层内一个或者多个通道，到达生产井，混合后产出。

（5）储层传质扩散过程中，储层渗流通道存在不同级别的非均质特征，导致拟双重介质特征的存在。

（6）示踪剂仅在流动孔隙中流动，在连通孔隙中流动和混合（含扩散和弥散）。

（7）水驱过程中，高渗通道内剩余油近似平均分布。

（8）井间平面上存在优势流场，即平面突进流场。

（9）多孔介质中存在束缚水，束缚水与流动水之间的传质扩散是可逆的，且瞬时完成。

（10）多孔介质中，示踪剂的传质扩散是三维的。

（11）岩石骨架表面的吸附是可逆的，且瞬时完成。

2　基础数学模型

根据上面的分析，在建立多孔介质传质扩散数学模型时，需要对不同方向的传质扩散能力、真实孔隙流动速度、流动孔隙度、束缚水、剩余油以及拟双重介质等特征进行系统考虑，在此，首先建立并推导一维单重介质传质扩散数学模型，作为实验研究解释和复杂模型建立的基础。

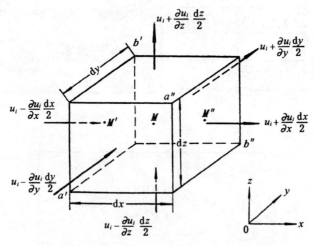

图4　单元体示意图

2.1　传质扩散连续性方程的建立

如图4所示，设在单元六面体中，M 点的示踪剂混合作用传质扩散的速度为 u_i，则 M'

点示踪剂混合作用传质扩散的速度为：$u_i - \dfrac{\partial u_i}{\partial x}\dfrac{\mathrm{d}x}{2}$。

考虑束缚水和剩余油在流动孔隙和连通孔隙中均匀分布，经过 $\mathrm{d}t$ 时间后流过 $a'b'$ 面的示踪剂流量为：$\left(u_i - \dfrac{\partial u_i}{\partial x}\dfrac{\mathrm{d}x}{2}\right)\varphi_f(1 - S_o - S_{wc})\mathrm{d}y\mathrm{d}z\mathrm{d}t$。

M'' 点示踪剂混合作用传质扩散的速度为：$u_i + \dfrac{\partial u_i}{\partial x}\dfrac{\mathrm{d}x}{2}$。

经过 $\mathrm{d}t$ 时间后流过 $a''b''$ 面的示踪剂流量为：$\left(u_i + \dfrac{\partial u_i}{\partial x}\dfrac{\mathrm{d}x}{2}\right)\varphi_f(1 - S_o - S_{wc})\mathrm{d}y\mathrm{d}z\mathrm{d}t$。

在 $\mathrm{d}t$ 时间内 x 方向上混合作用下流入与流出的示踪剂的质量差为：$-\dfrac{\partial u_i}{\partial x}\varphi_f(1 - S_o - S_{wc})\mathrm{d}x\mathrm{d}y\mathrm{d}z\mathrm{d}t$。

同理，在 $\mathrm{d}t$ 时间内 y 方向上混合作用下流入与流出的示踪剂的质量差为：$-\dfrac{\partial u_i}{\partial y}\varphi_f(1 - S_o - S_{wc})\mathrm{d}x\mathrm{d}y\mathrm{d}z\mathrm{d}t$。

在 $\mathrm{d}t$ 时间内 z 方向上混合作用下流入与流出的示踪剂的质量差为：$-\dfrac{\partial u_i}{\partial z}\varphi_f(1 - S_o - S_{wc})\mathrm{d}x\mathrm{d}y\mathrm{d}z\mathrm{d}t$。

在 $\mathrm{d}t$ 时间内，六面体混合作用下流入的示踪剂质量为：

$$-\left(\frac{\partial u_i}{\partial x} + \frac{\partial u_i}{\partial y} + \frac{\partial u_i}{\partial z}\right)\varphi_f(1 - S_o - S_{wc})\mathrm{d}x\mathrm{d}y\mathrm{d}z\mathrm{d}t \tag{1}$$

设 t 时刻六面体内的质量浓度为 C，x 方向上流体的孔隙真实流动速度为 u_x，y 方向上流体的孔隙真实流动速度为 u_y，z 方向上流体的孔隙真实流动速度为 u_z，且方向对流动孔隙度和束缚水没有影响。

在 $\mathrm{d}t$ 时间内，由于流体流动流入的示踪剂质量为：

$$-\left(u_x\frac{\partial C}{\partial x} + u_y\frac{\partial C}{\partial y} + u_z\frac{\partial C}{\partial z}\right)\varphi_f(1 - S_o - S_{wc})\mathrm{d}x\mathrm{d}y\mathrm{d}z\mathrm{d}t \tag{2}$$

在 $t + \mathrm{d}t$ 时刻六面体内的质量浓度为 $C + \dfrac{\partial C}{\partial t}\mathrm{d}t$，在 $\mathrm{d}t$ 时间内引起孔隙内的浓度变化为 $\dfrac{\partial C}{\partial t}\mathrm{d}t$。流动孔隙空间可流动部分示踪剂的增加量：$\dfrac{\partial C}{\partial t}\varphi_f(1 - S_o - S_{wc})\mathrm{d}x\mathrm{d}y\mathrm{d}z\mathrm{d}t$。

设 t 时刻六面体内的吸附浓度为 C_r，在 $t + \mathrm{d}t$ 时刻六面体内的质量浓度为 $C_r + \dfrac{\partial C_r}{\partial t}\mathrm{d}t$，在 $\mathrm{d}t$ 时间内引起岩石的吸附浓度变化为 $\dfrac{\partial C_r}{\partial t}\mathrm{d}t$。岩石吸附部分示踪剂的增加量：$\dfrac{\partial C_r}{\partial t}(1 - \varphi)\rho_r\mathrm{d}x\mathrm{d}y\mathrm{d}z\mathrm{d}t$。

设 t 时刻六面体束缚水内的浓度为 C_{swc}，在 $t + \mathrm{d}t$ 时刻六面体内的质量浓度为 $C_{swc} + \dfrac{\partial C_{swc}}{\partial t}\mathrm{d}t$，在 $\mathrm{d}t$ 时间内孔隙束缚水内的浓度变化为 $\dfrac{\partial C_{swc}}{\partial t}\mathrm{d}t$。孔隙束缚水部分示踪剂的增加

量：$\dfrac{\partial C_{swc}}{\partial t}\varphi S_{wc}\mathrm{d}x\mathrm{d}y\mathrm{d}z\mathrm{d}t$

设 t 时刻六面体内连通但是不能流动的不流动孔隙内示踪剂的浓度为 C_{nonp}，在 $t + \mathrm{d}t$ 时刻不流动孔隙内的质量浓度为 $C_{nonp} + \dfrac{\partial C_{nonp}}{\partial t}\mathrm{d}t$，在 $\mathrm{d}t$ 时间内不流动孔隙内的浓度变化为 $\dfrac{\partial C_{nonp}}{\partial t}\mathrm{d}t$。不流动孔隙部分示踪剂的增加量为：

$$\frac{\partial C_{nonp}}{\partial t}(\varphi - \varphi_f)(1 - S_o - S_{wc})\mathrm{d}x\mathrm{d}y\mathrm{d}z\mathrm{d}t$$

$\mathrm{d}t$ 时间内单元体示踪剂的增加量为：

$$\left[\frac{\partial C}{\partial t}\varphi_f(1 - S_o - S_{wc}) + \frac{\partial C_r}{\partial t}(1 - \varphi)\rho_r + \frac{\partial C_{swc}}{\partial t} + \frac{\partial C_{nonp}}{\partial t}(\varphi - \varphi_f)(1 - S_o - S_{wc})\right]\mathrm{d}x\mathrm{d}y\mathrm{d}z$$

代入吸附、束缚水、不流动孔隙造成的示踪剂变化公式得：

$$\left[\varphi_f(1 - S_o - S_{wc}) + a(1 - \varphi)\rho_r + \varphi S_{wc} + (\varphi - \varphi_f)(1 - S_o - S_{wc})\right]\frac{\partial C}{\partial t}\mathrm{d}x\mathrm{d}y\mathrm{d}z\mathrm{d}t$$

$$= \left[\varphi(1 - S_o) + a(1 - \varphi)\rho_r\right]\frac{\partial C}{\partial t}\mathrm{d}x\mathrm{d}y\mathrm{d}z\mathrm{d}t \tag{3}$$

根据物质守恒：示踪剂流入的质量，等于单元体内示踪剂的增加量。得到：

$$-\left(\frac{\partial u_i}{\partial x} + \frac{\partial u_i}{\partial y} + \frac{\partial u_i}{\partial z}\right)\varphi_f(1 - S_o - S_{wc})\mathrm{d}x\mathrm{d}y\mathrm{d}z\mathrm{d}t -$$

$$\left(u_x\frac{\partial C}{\partial x} + u_y\frac{\partial C}{\partial y} + u_z\frac{\partial C}{\partial z}\right)\varphi_f(1 - S_o - S_{wc})\mathrm{d}x\mathrm{d}y\mathrm{d}z\mathrm{d}t$$

$$= \left[\varphi(1 - S_o) + a(1 - \varphi)\rho_r\right]\frac{\partial C}{\partial t}\mathrm{d}x\mathrm{d}y\mathrm{d}z\mathrm{d}t$$

两端同时除以 $\varphi_f(1 - S_o - S_{wc})\mathrm{d}x\mathrm{d}y\mathrm{d}z\mathrm{d}t$ 得：$-\left(\dfrac{\partial u_i}{\partial x} + \dfrac{\partial u_i}{\partial y} + \dfrac{\partial u_i}{\partial z}\right) -$ $\left(u_x\dfrac{\partial C}{\partial x} + u_y\dfrac{\partial C}{\partial y} + u_z\dfrac{\partial C}{\partial z}\right) = \dfrac{[\varphi(1 - S_o) + a(1 - \varphi)\rho_r]}{\varphi_f(1 - S_o - S_{wc})}\dfrac{\partial C}{\partial t}$。由于混合作用引起的传质扩散速度 u_i 表示为：

$$\frac{\partial u_i}{\partial x} = \frac{\partial}{\partial x}\left(- D_x\frac{\partial C}{\partial x}\right),$$

$$\frac{\partial u_i}{\partial y} = \frac{\partial}{\partial y}\left(- D_y\frac{\partial C}{\partial y}\right),$$

$$\frac{\partial u_i}{\partial z} = \frac{\partial}{\partial z}\left(- D_z\frac{\partial C}{\partial z}\right).$$

忽略混合系数的变化，得到三维单重介质示踪剂传质扩散数学模型：

$$\left(D_x\frac{\partial^2 C}{\partial x^2} + D_y\frac{\partial^2 C}{\partial y^2} + D_z\frac{\partial^2 C}{\partial z^2}\right) - \left(u_x\frac{\partial C}{\partial x} + u_y\frac{\partial C}{\partial y} + u_z\frac{\partial C}{\partial z}\right)$$

$$= \frac{[\varphi(1 - S_o) + a(1 - \varphi)\rho_r]}{\varphi_f(1 - S_o - S_{wc})}\frac{\partial C}{\partial t} \tag{4}$$

一维流动情况下，三维单重介质示踪剂传质扩散基础数学模型：

$$\left(D_x \frac{\partial^2 C}{\partial x^2} + D_y \frac{\partial^2 C}{\partial y^2} + D_z \frac{\partial^2 C}{\partial z^2} \right) - u_x \frac{\partial C}{\partial x} = \frac{\left[\varphi(1 - S_o) + a(1 - \varphi)\rho_r \right]}{\varphi_f(1 - S_o - S_{wc})} \frac{\partial C}{\partial t} \tag{5}$$

一维流动情况下，一维单重介质示踪剂传质扩散基础数学模型：

$$D \frac{\partial^2 C}{\partial x^2} - u \frac{\partial C}{\partial x} = \frac{\left[\varphi(1 - S_o) + a(1 - \varphi)\rho_r \right]}{\varphi_f(1 - S_o - S_{wc})} \frac{\partial C}{\partial t} \tag{6}$$

2.2 边界条件和初始条件

在井间示踪测试过程中，考虑示踪剂从 $t = 0$ 时刻开始连续稳定注入，一维情况下，边界条件和初始条件设置为：

$$C(x,0) = \begin{cases} C_o & x \leqslant 0, \\ 0 & x > 0, \end{cases}$$

$$C(0,t) = C_o \qquad t > 0,$$

$$C(\infty,t) = 0 \qquad t > 0.$$

2.3 数学模型的解析解

利用 Laplace 变换求解一维流动情况下，一维单重介质示踪剂传质扩散数学模型，作为实验分析的工具。

令 $t' = \dfrac{\varphi_f(1 - S_o - S_{wc})}{\left[\varphi(1 - S_o) + a(1 - \varphi)\rho_r \right]} t$，一维单重介质示踪剂传质扩散数学模型化为：

$$D \frac{\partial^2 C}{\partial x^2} - u \frac{\partial C}{\partial x} = \frac{\partial C}{\partial t'} \tag{7}$$

边界条件和初始条件为：

$$C(x,0) = \begin{cases} C_o & x \leqslant 0, \\ 0 & x > 0, \end{cases}$$

$$C(0,t) = C_o \qquad t' > 0,$$

$$C(\infty,t) = 0 \qquad t' > 0.$$

对数学模型进行针对时间 t' 的 Laplace 变换：

$$\overline{C}(s) = L\left[C(t') \right]$$

得到：

$$D \frac{d^2 \overline{C}}{dx^2} - u \frac{d\overline{C}}{dx} - s\overline{C} = 0 \tag{8}$$

$$\overline{C}(0) = \frac{C_o}{s},$$

$$\overline{C}(\infty) = 0.$$

方程（8）为二阶常微分方程，通解为：

$$\overline{C} = c_1 e^{\lambda_1 x} + c_2 e^{\lambda_2 x},$$

$$\lambda_1 = \frac{u + \sqrt{u^2 + 4Ds}}{2D}, \lambda_2 = \frac{u - \sqrt{u^2 + 4Ds}}{2D},$$

即：

$$\bar{C} = c_1 e^{\frac{u + \sqrt{u^2 + 4Ds}}{2D}x} + c_2 e^{\frac{u - \sqrt{u^2 + 4Ds}}{2D}x}.$$

将边界条件代入：

$$\begin{cases} c_1 + c_2 = \dfrac{C_o}{s} \\ c_1 e^{\infty} + c_2 e^{-\infty} = 0 \end{cases}$$

解得：$c_1 = 0, c_2 = \dfrac{C_o}{s}$，得到 Laplace 空间解：

$$\bar{C} = \frac{C_o}{s} e^{\frac{u - \sqrt{u^2 + 4Ds}}{2D}x}. \tag{9}$$

令：$a_1 = \dfrac{x}{\sqrt{D}}, b_1 = \sqrt{\dfrac{u^2}{4D}}$，则（9）化为：

$$\frac{\bar{C}}{C_o} = e^{\frac{ux}{2D}} \frac{1}{s} e^{-a_1\sqrt{b_1^2 + s}}.$$

利用 Laplace 逆变换进行反演。因为：

$$L^{-1}[F(s - s_o)] = e^{s_o t}f(t), L^{-1}[e^{-a\sqrt{s}}] = \frac{a}{2\sqrt{\pi t^3}}e^{-\frac{a^2}{4t}} L^{-1}\left[\frac{F(s)}{s}\right] = \int_0^t f(\tau)\mathrm{d}\tau,$$

所以，

$$\frac{C}{C_o} = e^{\frac{ux}{2D}} L^{-1}\left[\frac{1}{s}e^{-a_1\sqrt{b_1^2 + s}}\right]$$

$$= e^{\frac{ux}{2D}}\int_0^t e^{-b_1^2\tau}\frac{a_1}{2\sqrt{\pi\tau^3}}e^{-\frac{a_1^2}{4\tau}}\mathrm{d}\tau = e^{\frac{ux}{2D}}\int_0^t \frac{a_1}{2\sqrt{\pi\tau^3}}e^{-\frac{a_1^2}{4\tau}-b_1^2\tau}\mathrm{d}\tau$$

$$= e^{\frac{ux}{2D}}\left[e^{-a_1 b_1}\int_0^t \frac{a_1 + 2b_1\tau}{4\sqrt{\pi\tau^3}}e^{-\frac{(a_1 - 2b_1\tau)^2}{4\tau}}\mathrm{d}\tau + e^{a_1 b_1}\int_0^t \frac{a_1 - 2b_1\tau}{4\sqrt{\pi\tau^3}}e^{-\frac{(a_1 + 2b_1\tau)^2}{4\tau}}\mathrm{d}\tau\right]$$

换元，令:，则：

$$\mathrm{d}\xi = -\frac{a_1 + 2b_1\tau}{4\tau^{\frac{3}{2}}}\mathrm{d}\tau, \mathrm{d}\zeta = -\frac{a_1 - 2b_1\tau}{4\tau^{\frac{3}{2}}}\mathrm{d}\tau$$

代入前式，合并化简后得：

$$\frac{C}{C_o} = e^{\frac{ux}{2D}}\left[-\frac{e^{-a_1 b_1}}{\sqrt{\pi}}\int_\infty^{\frac{a_1 - 2b_1 t}{\sqrt{4t}}} e^{-\xi^2}\mathrm{d}\xi - \frac{e^{a_1 b_1}}{\sqrt{\pi}}\int_\infty^{\frac{a_1 + 2b_1 t}{\sqrt{4t}}} e^{-\xi^2}\mathrm{d}\xi\right] = e^{\frac{ux}{2D}}\left[\frac{e^{-a_1 b_1}}{2}erfc\left(\frac{a_1 - 2b_1 t}{2\sqrt{t}}\right) + \frac{e^{a_1 b_1}}{2}erfc\left(\frac{a_1 + 2b_1 t}{2\sqrt{t}}\right)\right].$$

代入 a_1, b_1 得到解析解为：

$$\frac{C}{C_o} = \frac{1}{2}erfc\left(\frac{x - ut'}{2\sqrt{Dt'}}\right) + \frac{1}{2}e^{\frac{ux}{D}}erfc\left(\frac{x + ut'}{2\sqrt{Dt'}}\right) \tag{10}$$

将 $t' = \dfrac{\varphi_f(1 - S_o - S_{wc})}{[\varphi(1 - S_o) + a(1 - \varphi)\rho_r]}t$ 代入得到所求解。

对于示踪剂段塞监测，从开始注剂计时，段塞注入时间为 Δt，则理论产出示踪剂的浓度变化表达式为：

$$t'' = \frac{\varphi_f(1 - S_o - S_{wc})}{[\varphi(1 - S_o) + a(1 - \varphi)\rho_r]}(t - \Delta t).$$

$$\frac{C}{C_o} = \frac{1}{2}erfc\left(\frac{x - ut'}{2\sqrt{Dt'}}\right) + \frac{1}{2}e^{\frac{ux}{D}}erfc\left(\frac{x + ut'}{2\sqrt{Dt'}}\right) - \frac{1}{2}erfc\left(\frac{x - ut''}{2\sqrt{Dt''}}\right) - \frac{1}{2}e^{\frac{ux}{D}}erfc\left(\frac{x + ut''}{2\sqrt{Dt''}}\right)$$

因为，

$$erfc(y) = \frac{2}{\sqrt{\pi}}\int_y^\infty e^{-t^2}\mathrm{d}t.$$

在很多数情况下，小段塞注入方式下，公式（10）的第二项可以忽略，此时浓度解为：

$$\frac{C}{C_o} = \frac{u\Delta t}{2\sqrt{\pi Dt'}}e^{-\frac{(x - ut')^2}{4Dt'}}.$$

对于变截面流管，采用 Aronofsky 等的处理方法，引入示踪剂浓度分布曲线的方差 σ^2：

$$Dt = \frac{\sigma^2}{2} = \alpha u^2(\bar{x})\int_0^{\bar{x}}\frac{\mathrm{d}x}{u^2(x)}. \tag{11}$$

3　结论

从渗流力学的角度，提出了多孔介质示踪剂传质扩散物理模型，基于连续性假设，针对微观机理和宏观现象，建立了同时考虑了轴向和横向传质扩散的单重介质，利用 Laplace 变换实现了模型求解。

参考文献：

［1］ 姜汉桥，刘同敬. 示踪剂测试解释原理与矿场实践［M］. 东营：石油大学出版社，2001.

［2］ 李淑霞，陈月明，冯其红，等. 利用井间示踪剂确定剩余油饱和度的方法［J］. 石油勘探与开发，2001，28（2）：73—75.

［3］ 姜瑞忠，姜汉桥，杨双虎. 多种示踪剂井间分析技术［J］. 石油学报，1996，17（3）：85—91.

［4］ 常学军，郝建明，郑家朋，等. 平面非均质边水驱油藏来水方向诊断和调整［J］. 石油学报，2004，25（4）：58—61.

［5］ 陈月明，姜汉桥，李淑霞. 井间示踪剂监测技术在油藏非均质性描述中的应用［J］. 石油大学学报：自然科学版，1994，18（增刊）：1—7.

［6］ Yuen D L，Brigham W E，Cindo－Ley H. Analysis of Five－Spot Tracer Test to Determine Reservoir Layering［R］. DOE Report SAW 12658. Feb. 1979.

［7］ Maghsood Abbasazadeh-Dehaghani and William E. Brigham：Analysis of Well Tracer Flow to Determine Reservoir Layering［R］. JPT. Oct. 1984.

［8］ Allison S B，Pope G A，Sepehrnoori K. Analysis of Field Tracer for Reservoir Description［J］. J of Petroleum Science and Engineering，1991，5（2）：173—186.

［9］ Akhil Datta Gupta，Laka L W，Pope G A，et al. Type-Curve Approach to Analyzing Two-Well Tracer Tests［R］. SPE/DOE 24139.

［10］ Ghori S G，Heller J P. Use of Well-Well Tracer Tests to Determine Geostatistical Parameters of Permeability［R］. SPE/

DOE 24138.

One improved mathematical model of tracer
movement in porous medium

LIU Tongjing[1,2,3,4], LIU Rui[5], XIE Xiaoqing[6], ZHANG Xinhong[7], ZHOU Jian[8]

(1. *EOR Research Institute of China University of Petroleum, Beijing 102249, China*; 2. *CNPC EOR Key Laboratory, Beijing 102249, China*; 3. *Beijing Key Laboratory of GHG Storage and Utilization, Beijing 102249, China*; 4. *Key Laboratory for Petroleum Engineering of the Ministry of Education, CUP, Beijing 102249, China*; 5. *Department of Reservoir Description, Research Institute of Petroleum Exploration & Development – Northwest, PetroChina, Lanzhou 730020, China*; 6. *CNOOC Research Institute, Beijing 100027, China*; 7. *Department of Isotope, China Institute of Atomic Energy, Beijing 102413, China*; 8. *Beijing Jinshiliyuan Technology Co. Ltd, Beijing 100029, China*)

Abstract: The domestic field practice proves that part of the common basic formula and interpretation model departures from the reasonable category, existing the problem of too onefold factors, one – sided, and cannot be very good to adapt to the quantitative description for complex seepage in porous media. Aimed at the problems, from the point of fluid mechanics in porous medium, considering microscopic mechanism and macro phenomena, based on the assumption that continuity, summarizes the between Wells tracer test of physical model, established the porous media and mass of diffusion basic mathematic model, analyzes the porous media and mass proliferation of characteristic parameters characterization method, established considering the spread of mass transfer single heavy medium mathematical model, using Lapalace transform get know expression.

Key words: porous medium; tracer; physical model; mathematical model; mass transfer and diffuse